WPS
智能办公技术
案例教程

主　编　裴千贤　王科峰　王海熔　商凌霞
副主编　李永平　崔沛琦

中国水利水电出版社
www.waterpub.com.cn
·北京·

内 容 提 要

《WPS 智能办公技术案例教程》全书共 4 篇，从学习工作的实际应用出发，全面系统地讲解了信息基础、WPS 文字应用案例、WPS 表格应用案例、WPS 演示高级应用案例以及 WPS 的一些应用技巧。

本书最大的特点是通过实际案例来讲解每部分的知识点，让读者在完成案例的过程中掌握了 WPS 的相关操作。让读者不仅能学会使用 WPS 软件，而且能够熟练用好 WPS 软件，以达到智能化高效办公的目的。

本书内容丰富，讲解详细，不仅适合高等院校和大中专职业院校作为教学用书，同时也适合初学者自学使用。本书是在 WPS Office 2019 版本基础上编写的，适用于 WPS Office 2019 及以上版本。

图书在版编目（CIP）数据

WPS智能办公技术案例教程 / 裴千贤等主编. 北京 : 中国水利水电出版社, 2024. 8. -- ISBN 978-7-5226-2663-5

Ⅰ. TP317.1

中国国家版本馆CIP数据核字第2024F5F238号

书　　名	WPS 智能办公技术案例教程 WPS ZHINENG BANGONG JISHU ANLI JIAOCHENG
作　　者	主　编　裴千贤　王科峰　王海熔　商凌霞 副主编　李永平　崔沛琦
出版发行	中国水利水电出版社 （北京市海淀区玉渊潭南路 1 号 D 座　100038） 网址：www.waterpub.com.cn E-mail：sales@mwr.gov.cn 电话：（010）68545888（营销中心）
经　　售	北京科水图书销售有限公司 电话：（010）68545874、63202643 全国各地新华书店和相关出版物销售网点
排　　版	中国水利水电出版社微机排版中心
印　　刷	天津嘉恒印务有限公司
规　　格	184mm×260mm　16 开本　13.75 印张　388 千字
版　　次	2024 年 8 月第 1 版　2024 年 8 月第 1 次印刷
印　　数	0001—5500 册
定　　价	**49.50** 元

前　言

党的二十大主题为高举中国特色社会主义伟大旗帜，全面贯彻新时代中国特色社会主义思想，弘扬伟大建党精神，自信自强、守正创新，踔厉奋发、勇毅前行，为全面建设社会主义现代化国家、全面推进中华民族伟大复兴而团结奋斗。党的二十大报告提出：必须坚持人民至上，坚持自信自立，坚持守正创新，坚持问题导向，坚持系统观念，坚持胸怀天下。在办公软件领域，同样需要我们坚持守正创新，坚持自信自立，自信自强，使用自己的软件，把研究的主动权、使用的主动权、开发的主动权牢牢掌握在自己手中。

本书主要介绍信息技术基础以及国内著名智能办公软件 WPS 办公软件的高级应用，以当前行业需求及相应工作岗位实际应用为背景，采用项目化形式编排内容。每个项目均包含“项目背景”“项目分析”“项目实现”“项目总结”“课后练习”5 个部分。学生通过实际项目的学习与训练，在提高计算机应用能力的同时，巩固计算机知识，为今后更进一步的专业学习和智能化办公奠定良好的基础。

本书由 4 篇共 17 个项目组成，主要内容包含信息基础以及 WPS 软件的常用功能组件，主要涉及 WPS 文字、WPS 表格、WPS 演示的实际应用。

第 1 篇包括项目 1～项目 3，主要介绍信息基础内容，涵盖计算机硬件基础、计算机软件基础和信息新技术基础等。

第 2 篇包括项目 4～项目 10，主要介绍 WPS 文字，涵盖图文混排、表格设计应用、长文档排版操作、邮件合并、文档修订等内容；主要知识点包括字符和段落格式化、表格设置、页面设置、页眉页脚设置、分节、页码编辑、多级列表、样式的应用、目录的生成、图表题注及交叉引用、各种域的使用、索引、书签、邮件合并等。

第 3 篇包括项目 11～项目 15，主要介绍 WPS 表格的数据输入、各类常用函数，以及数据分析、统计等；主要知识点包括 WPS 表格模板使用、窗口管理、条件格式、数据有效性、公式和数组公式、自动筛选、高级筛选、分类汇总、数据透视表和数据透视图的设计、迷你图和切片器的使用等。

第 4 篇包括项目 16～项目 17，主要介绍 WPS 演示中演示文稿的创建、编辑、设计、放映、输出；主要知识点包括模板的使用、配色方案的编辑与使用、母版的编辑与使用、动画设置、切换方式、动作按钮、放映方式、输出方式等。

本书力求做到知识丰富、内容新颖，深入浅出地介绍信息技术以及 WPS 文字、WPS 表格、WPS 演示的相关高级应用技术，为智能化办公、高效率办公提供有力的技术支持。

由于编者水平有限再加之办公软件高级应用技术使用范围广、发展迅速，书中难免存在不足之处，敬请广大读者批评指正。

编　者

2024 年 6 月

"行水云课"数字教材使用说明

"行水云课"水利职业教育服务平台是中国水利水电出版社立足水电、整合行业优质资源全力打造的"内容"+"平台"的一体化数字教学产品。平台包含高等教育、职业教育、职工教育、专题培训、行水讲堂五大版块，旨在提供一套与传统教学紧密衔接、可扩展、智能化的学习教育解决方案。

本套教材是整合传统纸质教材内容和富媒体数字资源的新型教材，将大量图片、音频、视频、3D 动画等教学素材与纸质教材内容相结合，用以辅助教学。读者可通过扫描纸质教材二维码查看与纸质内容相对应的知识点多媒体资源，完整数字教材及其配套数字资源可通过移动终端 App"行水云课"微信公众号或中国水利水电出版社"行水云课"平台查看。

扫描下列二维码可获取课后练习资料。

课后练习资料

目　　录

第 3 篇 WPS 表格应用案例

第 4 篇 WPS 演示高级应用案例

第1篇 信 息 基 础

项目1 计算机硬件基础

1.1 项 目 背 景

万同学是某高校计算机专业大二的学生，暑假放假在家。有天万同学二表哥来找他帮忙配置一台计算机，只要能满足自己网店的日常办公就行，价钱方面尽量便宜点，毕竟自己的网店刚刚起步。为了帮助二表哥，万同学先对二表哥的需求进行了分析，然后到网上查找了相关的资料，开始着手帮助二表哥选择相应的计算机硬件。

1.2 项 目 分 析

通过网上查找资料，万同学了解到计算机硬件主要包括五大部分，分别是：运算器、控制器、存储器、输入设备、输出设备。

运算器、控制器在计算机的硬件 CPU 中，CPU 就是我们常说的中央处理器。另外还有内存储器、外存储器、输入设备、输出设备。内存储器包括随机存储器和只读存储器两种；外存储器主要包括硬盘、光盘、U 盘等；输入设备主要包括鼠标、键盘等；输出设备主要包括显示器、打印机等。

1.3 项 目 实 现

1.3.1 计算机的工作原理

计算机的工作过程看似自动，实际上是根据预先设置的指令集而自动地进行工作。这个预先设置的指令集就是程序。也就是说计算机是按程序的要求进行自动工作的。

计算机在运行时，先从内存中取出第一条指令，通过控制器的译码，按指令的要求，从存储器中取出数据进行指定的运算和逻辑操作等加工，然后再按地址把结果送到内存中去。接下来，再取出第二条指令，在控制器的指挥下完成规定操作，依次进行下去，直至遇到停止指令。计算机的工作过程就是不断地取出指令、执行指令和存储结果。

1.3.2 计算机的数据和数制转换

计算机中的数据是用二进制进行表示和计算的，常用的单位有位、字节和字。位是计算机中最小的数据单位，存放 1 位二进制数 0 或 1。字节是计算机中表示存储容量常用的基本单位，1 个字节包含 8 位二进制数，1 个汉字占 2 个字节。

1. 计算机的数据单位

（1）位（bit，简称 b）。位也称比特，是计算机数据编码中最小的单位，表示 1 位二进制数 0 或 1。

（2）字节（Byte，简称 B）。字节是计算机信息存储的基本单位。1 字节包含 8 位二进制数。存储容量的单位除了用字节表示外，还可以用千字节（kB）、兆字节（MB）、吉字节（GB）、太字节（TB）等来表示。换算关系如下：

$1kB=2^{10}B=1024B$　　$1MB=2^{10}kB=1024kB=2^{20}B$

$1GB=2^{10}MB=1024MB=2^{30}B$　　$1TB=2^{10}GB=1024GB=2^{40}B$

（3）字（WORD）。字由多个字节组成（一般为字节的整数倍），如 2 字节（16 位）、4 字节（32 位）、8 字节（64 位）。字是计算机进行数据处理和运算的单位，包含的位数称为字长。字长是计算机的一个重要性能指标。

2. 计算机的数制

（1）数制。按一定进位计数的进位制称为数制，常用的数制有以下几种：

1）十进制（D）。日常生活中我们最常用的数制就是十进制，十进制采用 0、1、2、3、4、5、6、7、8、9 这 10 个符号来表示，计数规则是逢十进一、借一当十。

2）二进制（B）。二进制是计算机系统中采用的数制，二进制采用 0 和 1 两个符号来表示，计数规则是逢二进一、借一当二。

3）八进制（O）。八进制采用 0、1、2、3、4、5、6、7 这 8 个符号来表示，计数规则是逢八进一、借一当八。

4）十六进制（H）。十六进制是在计算机指令代码和数据的书写中经常使用的数制。十六进制采用 0～9 和 A～F（a～f）这 16 个符号来表示，计数规则是逢十六进一、借一当十六。

（2）数码。数码是数制中用来表示数值的数字符号。二进制有 2 个数码，十进制有 10 个数码，八进制有 8 个数码，十六进制有 16 个数码。

（3）基数。基数是数制所使用的数码的个数。二进制基数为 2，十进制基数为 10，八进制基数为 8，十六进制基数为 16。

（4）位权。在一个数中，数码处于不同的位数上，它所代表的数值是不同的。在进位制中，每个数码所表示的数值等于该数码本身的值乘以一个与它所在位数有关的常数，这个常数就称为该位的位权，简称权。

3. 数制转换

在日常生活中常用十进制，而计算机则采用二进制，这就需要在十进制和二进制之间进行转换。

（1）二进制数转换成十进制数。将二进制数的每一位的数码乘以对应的位权依次相加。

【例 1.1】 将二进制数 1011.0101 转换成十进制数。

根据公式：$N=a_n2^n+a_{n-1}2^{n-1}+a_{n-2}2^{n-2}+\cdots+a_12^1+a_02^0+a_{-1}2^{-1}+a_{-2}2^{-2}+\cdots+a_{-m}2^{-m}$

$$
\begin{aligned}
(1011.0101)_2&=1\times2^3+0\times2^2+1\times2^1+1\times2^0+0\times2^{-1}+1\times2^{-2}+0\times2^{-3}+1\times2^{-4}\\
&=1\times8+0\times4+1\times2+1\times1+0\times0.5+1\times0.25+0\times0.125+1\times0.0625\\
&=8+0+2+1+0+0.25+0+0.0625\\
&=(11.3125)_{10}
\end{aligned}
$$

（2）十进制数转换成二进制数。对于十进制转换成二进制数，整数部分采用“除以二取余，倒序排列”法。是将十进制的整数部分除以 2 取余数然后用商再除以 2 取余数，如此进行直到商为 0 为止，然后将先得到余数作为二进制的低位，后得到的余数作为二进制的高位，依次排列起来。

小数部分采用“乘以 2 取整”法，即将小数部分乘以 2 取得到数的整数部分，然后再将得到数的小数部分乘以 2 再取得到数的整数部分，如此进行直到得到数的小数部分为 0 为止，然后将先得到的整数部分作为小数点右侧第一位向右排列最后得到的整数排在最右侧。

【例 1.2】将十进制数 11.3125 转换成二进制数。

转换整数部分：

得到二进制的整数部分为：$(1011)_2$

转换小数部分：

0.3125×2=0.625　　整数部分 …… 0

0.625×2=1.25　　整数部分 …… 1

0.25×2=0.5　　整数部分 …… 0

0.5×2=1.0　　整数部分 …… 1

得到小数部分为：$(0.0101)_2$

将整数部分和小数部分组合得到：$(1011.0101)_2$ 所以：$(11.3125)_{10}=(1011.0101)_2$

常用数制对照表如表 1.1 所示。

表 1.1　常用数制对照表

十进制	二进制	八进制	十六进制	十进制	二进制	八进制	十六进制
0	0	0	0	8	1000	10	8
1	1	1	1	9	1001	11	9
2	10	2	2	10	1010	12	A
3	11	3	3	11	1011	13	B
4	100	4	4	12	1100	14	C
5	101	5	5	13	1101	15	D
6	110	6	6	14	1110	16	E
7	111	7	7	15	1111	17	F

1.3.3　计算机的硬件组成

1．中央处理器（CPU）

中央处理器（central processing unit，简称 CPU）作为计算机系统的运算和控制核心，是信息处理、程序运行的最终执行单元。中央处理器主要包括运算器和控制器两大部分。

运算器主要作用是对控制器从存储器中取出的数据进行算术运算或者逻辑运算，并把处理后的结果送回存储器。

控制器的主要作用是使整个计算机能够自动地运行。在程序执行时，控制器从主存储器中取出相应的指令数据，然后向其他功能部件发出指令所需的控制信号，完成相应的操作，再从主存储器中取出下一条指令执行，如此循环，直至程序执行完毕。

1971 年，Intel 生产的 4004 微处理器将运算器和控制器集成在一个芯片上，标志着 CPU 的诞生；1978 年，8086 处理器的出现奠定了 X86 指令集架构，随后 8086 系列处理器被广泛应用于个人计算机终端、高性能服务器以及云服务器中。

英特尔公司（Intel）和超威半导体公司（AMD）是全球主要的 CPU（中央处理器）生产商，CPU 外观如图 1.1、图 1.2 所示。CPU 的发展主要分为六个阶段：

图 1.1　CPU 外观

图 1.2　Intel 酷睿 i7 CPU 外观

（1）第一阶段（1971—1973 年）。这是 4 位和 8 位低档微处理器时代，代表产品是 Intel 4004 处理器。

（2）第二阶段（1974—1977 年）。这是 8 位中高档微处理器时代，代表产品是 Intel 8080。此时指令系统已经比较完善了。

（3）第三阶段（1978—1984 年）。这是 16 位微处理器的时代，代表产品是 Intel 8086。相对而言已经比较成熟了。

（4）第四阶段（1985—1992 年）。这是 32 位微处理器时代，代表产品是 Intel 80386。已经可以胜任多任务、多用户的作业。1989 年发布的 80486 处理器实现了 5 级标量流水线，标志着 CPU 的初步成熟，也标志着传统处理器发展阶段的结束。

（5）第五阶段（1993—2005 年）。这是奔腾系列微处理器的时代。1995 年 11 月，Intel 发布了 Pentium 处理器，该处理器首次采用超标量指令流水结构，引入了指令的乱序执行和分支预测技术，大大提高了处理器的性能，因此，超标量指令流水线结构一直被后续出现的现代处理器，如 AMD（advanced micro devices）的锐龙、Intel 的酷睿系列等所采用。

（6）第六阶段（2005 年后）。处理器逐渐向更多核心、更高并行度发展。典型的代表有 Intel 的酷睿系列处理器和 AMD 的锐龙系列处理器。

CPU 是整个计算机系统的核心，它的性能基本决定了计算机的性能。CPU 的主要性能指标如下：

（1）主频。CPU 的频率是指计算机运行时的工作频率，也称为“主频”或“时钟频率”。CPU 的频率表示 CPU 内部数字脉冲信号振荡的速度，代表了 CPU 的实际运算速度，单位是 Hz。CPU 的频率越高，在一个时钟周期内所能完成的指令数也就越多，CPU 的运算速度也就越快。例如：i7/3.6GHz，这个 3.6GHz（3600MHz）就是 CPU 的主频。

CPU 实际运行的频率与 CPU 的外频和倍频有关，CPU 的实际频率=外频×倍频。外频即 CPU 的基准频率，是 CPU 与主板之间同步运行的速度。外频速度越高，CPU 就可以同时接受更多来自外围设备的数据，从而使整个系统的速度进一步提高。倍频是 CPU 运行频率与系统外频之间差距的参数，也称为倍频系数，通常简称为倍频。在相同的外频下，倍频越高，CPU 的频率就越高。

（2）外频。在计算机主板上，以 CPU 为主，内存和各种外围设备为辅，有许多设备要共同在一起工作。这些设备之间的联络、数据的交换，都必须正确无误，分秒不差。因此，它们必须要有一个固定的时钟来做时间上的校正、协调或者参考。这个时钟由主板上的时钟发生器产生，就是所谓的外频。

（3）缓存。缓存是指可以进行高速数据交换的存储器，它优先内存与 CPU 进行数据交换，因此速度极快，又称高速缓存。与处理器相关的缓存一般分为两种：L1 缓存（内部缓存）和 L2 缓存（外部缓存）。

（4）CPU 的字长。字长是指 CPU 在单位时间内能一次处理的二进制的位数。例如，64 位的 CPU 能在单位时间内处理字长为 64 位的二进制数据。字长是表示运算器性能的主要技术指标，通常等于 CPU 数据总线的宽度。CPU 字长越长，运算精度越高，信息处理速度越快，CPU 性能也就越高。

（5）多线程。多线程（Simultaneous Multithreading，SMT）可通过复制处理器上的结构状态，让同一个处理器上的多个线程同步执行并共享处理器的执行资源，可最大限度地实现宽发射、有序的超标量处理，提高处理器运算部件的利用率，缓和由于数据相关或 Cache 未命中带来的访问内存延时。

（6）多核心。多核心也称多微处理器核心，是将两个或更多的独立处理器封装在一起的方案，通常在一个集成电路（IC）中。双核心设备只有两个独立的微处理器。一般说来，多核心微处理器允许一个计算设备在不需要将多核心包括在独立物理封装时执行某些形式的线程级并行处理（thread-level parallelism，TLP），这种形式的 TLP 通常被认为是芯片级别的多处理（chip-level multiprocessing，CMP）。

2. 存储器

存储器（memory）是计算机系统中的记忆设备，用来存放程序和数据。计算机中的全部信息，包括输入的原始数据、计算机程序、中间运行结果和最终运行结果都保存在存储器中。它根据控制器指定的位置存入和取出信息。存储器分为内存储器和外存储器两大类。

（1）内存储器。内存储器分为随机读/写存储器（random access memory，RAM）、只读存储器（read only memory，ROM）和高速缓冲存储器（Cache）三类。其中，Cache 被集成封装在 CPU 中。缓存的结构和大小对 CPU 速度的影响非常大，CPU 内缓存的运行频率极高，一般是和处理器同频运作，工作效率远远大于系统内存和硬盘，分一级缓存、二级缓存和三级缓存，是 CPU 的重要指标之一，一般容量只能做到 MB 级别。

随机存储器（RAM）是计算机系统必不可少的基本部件。CPU 需要的数据信息要从 RAM 读出来，CPU 运行的结果也要暂时存储到 RAM 中，CPU 与各种外部设备联系，也要通过 RAM 才能进行，RAM 在计算机中的任务就是“记忆”。它的主要优点是速度快，缺点是不适合长久保留信息。RAM 中的数据可以由用户进行修改，关闭计算机电源，RAM 中存储的数据将全部消失。我们平常所说的内存容量就是 RAM 的容量。现在常规个人计算机的内存容量都比较大，一般有 2GB、4GB、8GB、16GB 等。内存品牌主要有 Kingston（金士顿）、七彩虹、威刚、华硕、技嘉等。内存外观如图 1.3 所示。

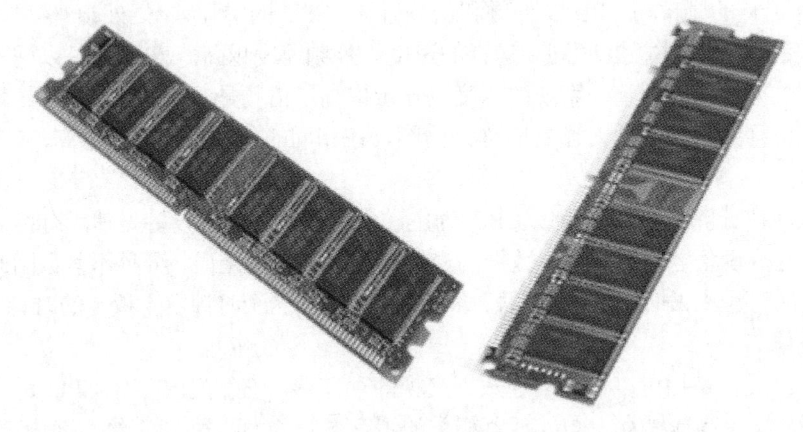

图 1.3　内存外观

只读存储器（ROM）所存的数据一般是装入整机前事先写好的，整机工作过程中只能读出，所存数据稳定，断电后也不会改变。其结构较简单，读出较方便，因而常用于存储各种固定程序和数据。计算机启动用的 BIOS 芯片、手机中固件程序用的芯片等都是 ROM 的应用。

（2）外存储器。外储存器是指除计算机内存及 CPU 缓存以外的储存器，此类储存器一般断电后仍能保存数据。常见的外存储器有硬盘、软盘、光盘、U 盘等。

软盘最大的优点是携带方便，缺点是存取速度慢、容量太小，只有 1.44MB，所以随着新一代闪速（flash）存储器，也就是 U 盘的出现而被淘汰。

U 盘也称为闪盘。与软盘相比，由于 U 盘的体积小、存储量大及携带方便等诸多优点，U 盘已经取代软盘的地位。U 盘是一种采用 USB 接口的无须物理驱动器的微型高容量移动存储产品，它采用的存储介质为闪存（flash memory）。U 盘不需要额外的驱动器，它将驱动器及存储介质合二为一，只要接上计算机的 USB 接口就可独立地存储、读/写数据。U 盘体积很小，仅大拇指般大小，重量极轻，约为 20g，特别适合随身携带。U 盘中无任何机械式装置，抗震性能极强。另外，U 盘还具有防潮防磁，耐高、低温（-40～+70℃）等特性，安全可靠性很好。现在主流 U 盘的容量一般为 32GB、64GB、128GB 甚至更大，如图 1.4 所示。

硬盘也称硬磁盘，硬盘有机械硬盘（HDD 传统硬盘）、固态硬盘（SSD 盘，新式硬盘）、混合硬盘（hybrid hard disk，HHD，一块基于传统机械硬盘诞生出来的新硬盘）。SSD 采用闪存颗粒来存储，HDD 采用磁性碟片来存储，混合硬盘是把磁性硬盘和闪存集成到一起的一种硬盘。

图 1.4　U 盘

作为计算机系统的数据存储器，容量是硬盘最主要的参数。目前市面上出售的机械硬盘的容量一般为 1TB、2TB 或者更大。新型的固态硬盘的容量一般为 480GB、500GB、1TB 或者更大。硬盘品牌常见的有西部数据（WD）、希捷（Seagate）、IBM、三星（Samsung）、金士顿（Kingston）等。

机械硬盘是由涂有磁性材料的铝合金原盘组成，每个硬盘都由若干个磁性圆盘组成。绝大多数硬盘都是固定硬盘，被永久性地密封固定在硬盘驱动器中，外观如图 1.5 所示。

图 1.5　机械硬盘

固态硬盘是以闪存为存储介质的半导体存储器，其相对于机械硬盘具备读写速度快、延迟低、抗震性好等优势，在全球硬盘市场上的出货量占比不断提高，如图 1.6 所示。

图 1.6　固态硬盘

移动固态硬盘的普及，让习惯了移动机械硬盘的人们，背包重量大有减轻。而且固态和移动硬盘的结合，显然也符合移动存储产品耐碰撞、轻巧且无须等待、即插即用等诸多的主要特性，如图 1.7 所示。

图 1.7　移动硬盘

光盘指的是利用光学方式进行信息存储的圆盘。它应用了光存储技术，即使用激光在某种介质上写入信息，然后再利用激光读出信息。光盘存储器可分为：CD-ROM、CD-R、CD-RW 和 DVD-ROM 等。光盘如图 1.8 所示，光驱如图 1.9 所示。

图 1.8　光盘　　　　图 1.9　光驱

3. 主板

计算机机箱主板又称主机板（mainboard）、系统板（systemboard）或母板（motherboard），分为商用主板和工业主板两种。它安装在机箱内，是微机最基本的也是最重要的部件之一。主板一般为矩形电路板，上面安装了组成计算机的主要电路系统，一般有 BIOS 芯片、I/O 控制芯片、键盘和面板控制开关接口、指示灯插接件、扩充插槽、主板及插卡的直流电源供电接插件等元件。

主板采用了开放式结构。主板上大都有 6～15 个扩展插槽，供 PC 机外围设备的控制卡（适配器）插接。通过更换这些插卡，可以对微机的相应子系统进行局部升级，使厂家和用户在配置机型方面有更大的灵活性。总之，主板在整个微机系统中扮演着举足轻重的角色。可以说，主板的类型和档次决定着整个微机系统的类型和档次，主板的性能影响着整个微机系统的性能。

主板上最重要的部分是主板的芯片组。在传统的芯片组构成中，一直沿用南桥芯片与北桥芯片搭配的方式，在主板上可以发现它们的具体位置。一般地，在主板上可以在 CPU 插槽附近找到一个散热器，下面的就是北桥芯片。南桥芯片一般离 CPU 较远，常裸露在 PCI 插槽旁边，块头比较大；北桥芯片是系统控制芯片，主要负责 CPU、内存、显卡三者之间的数据交换，在与南桥芯片组成的芯片组中起主导作用，掌控一些高速设备，如 CPU、Host bus 等。主板支持什么 CPU、支持 AGP 多少速的显卡、支持何种频率的内存，都是北桥芯片决定的。北桥芯片往往有较高的工作频率，所以发热量颇高，南桥芯片主要决定主板的功能，主板上的各种接口、PS/2 鼠标控制、USB 控制、PCI 总线 IDE 以及主板上的其他芯片（如集成声卡、集成 RAID 卡、集成网卡等）都归南桥芯片控制。随着 PC 架构的不断发展，如今北桥芯片的功能逐渐被 CPU 所包含，自身结构不断简化甚至在芯片组中也已不复存在，如图 1.10 所示。

图 1.10　主板外观结构

4．输入设备

输入设备（inputdevice）是指向计算机输入数据和信息的设备，是计算机与用户或其他设备通信的桥梁，是用户或外部与计算机进行交互的一种装置，用于把原始数据和处理这些数的程序输入到计算机中。键盘、鼠标、摄像头、扫描仪、光笔、手写板、游戏杆、语音输入装置等都属于输入设备，外观如图 1.11～图 1.16 所示。通过输入设备计算机能够接收各种各样的数据，既可以是数值型的数据，也可以是各种非数值型的数据，如图形、图像、声音等都可以通过不同类型的输入设备输入到计算机中，进行存储、处理和输出。

图 1.11　鼠标

图 1.12　键盘

图 1.13　摄像头　　图 1.14　扫描仪

图 1.15　手写板　　图 1.16　游戏杆

5. 输出设备

输出设备（output device）是计算机硬件系统的终端设备，用于接收计算机数据的输出显示、打印、声音、控制外围设备操作等，也把各种计算结果（数据或信息）以数字、字符、图像、声音等形式表现出来。常见的输出设备有显示器、打印机、绘图仪、影像输出系统、语音输出系统、磁记录设备等。

显示器（display screen）通常称为监视器，是计算机的 I/O 设备，即输入/输出设备。它是一种将一定的电子文件通过特定的传输设备显示到屏幕上，再反射到人眼的显示工具。根据制造材料的不同，显示器可分为阴极射线管显示器（CRT）、等离子显示器（PDP）、液晶显示器（LCD）等，外观如图 1.17、图 1.18 所示。

图 1.17　CRT 显示器

图 1.18　LED 显示器

打印机（printer）是计算机的输出设备之一，用于将计算机处理结果打印在相关介质上。衡量打印机好坏的指标有 3 项：打印分辨率、打印速度和噪声。打印机的种类很多，按打印元件对纸是否有击打动作，分击打式打印机与非击打式打印机；按所采用的技术，分柱形、球形、喷墨式、热敏式、激光式、静电式、磁式、发光二极管式等。喷墨打印机和激光打印机外观如图 1.19、图 1.20 所示。

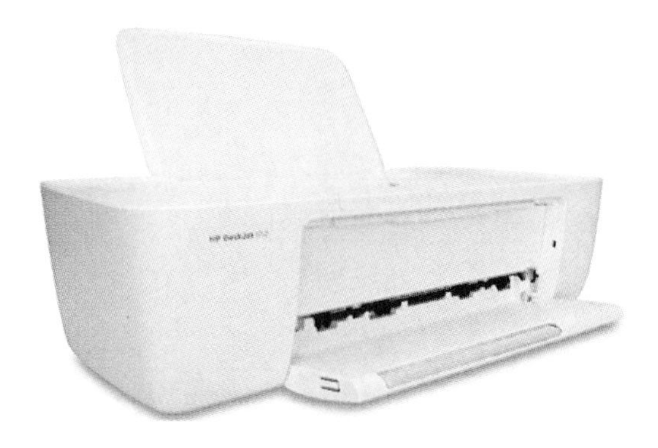

图 1.19　喷墨打印机

图 1.20　激光打印机

1.4 项 目 总 结

万同学通过查找资料，基本了解了计算机的硬件知识，于是着手帮二表哥配置计算机，并列出了各部分硬件的品牌型号和参考信息，作为参考后去电脑城配置了计算机。计算机的配置清单如表 1.2 所示。

表 1.2　计算机配置清单

名称	品牌型号	参考价格/元	备注
CPU	酷睿 i5 12490F 散	1039	
散热	九州风神玄冰 400PLUS v5	110	
内存	金士顿 16G DDR4 2666 MHz	300	
存储	三星 870 QVO 1TB SATA3	450	
主板	华硕 PRIME B760M-K D4	1000	
显卡	七彩虹 RTX2060s 8G 战斧	1100	
显示器	冠捷 G2490VX/BS	660	
电源	EVGA W2 额定 600W	300	
机箱	TT 图腾 K1	100	
鼠标	商家赠送	0	
键盘	商家赠送	0	
音箱	商家赠送	0	
合计		5059	

在进行选择计算机硬件时，一定要确认各硬件之间的兼容支持情况，如不能支持或者不兼容，是无法完成组装的。这就需要对各硬件的性能参数有一个全面的了解。

1.5 课 后 练 习

1．根据所学知识，列出计算机的主要硬件有哪些？

2．设计价位分别是3000元、7000元、12000元左右的计算机配置清单。

项目2 计算机软件基础

2.1 项 目 背 景

万同学帮二表哥买回计算机后，过几天发现计算机时不时会弹出错误窗口。万同学帮忙检查发现是操作系统出现了问题，于是准备帮助二表哥重新安装电脑的操作系统。安装好操作系统后还需要帮助二表哥安装好一些常用的软件。

2.2 项 目 分 析

对于个人计算机，如果操作系统出问题常用且最彻底的解决方法就是重新安装操作系统。而重新安装操作系统，意味着之前计算机里面已经安装好的软件需要进行重新安装。

通过网上查找资料，万同学了解到，目前常用的操作系统是 Win10 和 Win11；电脑之前安装的就是 Win10 操作系统，所以万同学准备将二表哥的电脑重新安装 Win10 操作系统。

2.3 项 目 实 现

计算机软件（computer software）简称软件，是指计算机系统中的程序及其文档。程序是计算机任务的处理对象规则的描述，是按照一定顺序执行的、能够完成某一任务的指令集合；而文档则是为了便于了解程序所需的说明性材料。计算机软件总体分为系统软件和应用软件两大类。

2.3.1 系统软件

系统软件是负责管理计算机系统中各种独立的硬件，使它们可以协调工作。系统软件使得计算机使用者和其他软件将计算机当作一个整体，而不需要顾及底层每个硬件是如何工作的。

一般来讲，系统软件包括操作系统和一系列基本的工具（如编译器、数据库管理、存储器格式化、文件系统管理、用户身份验证、驱动管理、网络连接等方面的工具）。

系统软件主要包括以下 4 类：

（1）操作系统。

（2）语言处理程序。

（3）数据库管理系统。

（4）辅助程序。

1. 操作系统

操作系统（operating system，OS）是一组主管并控制计算机操作、运用和运行硬件、软件资源和提供公共服务来组织用户交互的相互关联的系统软件程序。根据运行的环境，操作系统可以分为桌面操作系统、手机操作系统、服务器操作系统、嵌入式操作系统等。操作系统是人与计算机之间的接口，也是计算机的灵魂。

在计算机中，操作系统是其最基本也是最为重要的基础性系统软件。从计算机用户的角度来说，计算机操作系统体现为其提供的各项服务；从程序员的角度来说，其主要是指用户登录的界面或者接口；如果从设计人员的角度来说，就是指各式各样模块和单元之间的联系。事实上，全新操作系统的设计和改良的关键工作就是对体系结构的设计，经过几十年以来的发展，计算机操作系统已经由一开始的简单控制循环体发展成为较为复杂的分布式操作系统，再加上计算机用户需求的多样化，计算机操作系统已经成为既复杂而又庞大的计算机软件系统之一。操作系统主要包括以下几个方面的功能：

（1）进程管理，其工作主要是进程调度，在单用户单任务的情况下，处理器仅为一个用户的一个任务所独占，进程管理的工作十分简单。但在多道程序或多用户的情况下，组织多个作业或任务时，就要解决处理器的调度、分配和回收等问题。

（2）存储管理分为存储分配、存储共享、存储保护、存储扩张四种功能。

（3）设备管理分为设备分配、设备传输控制、设备独立性三种功能。

（4）文件管理分为文件存储空间的管理、目录管理、文件操作管理、文件保护四种功能。

（5）作业管理是负责处理用户提交的任何要求。

操作系统主要分为以下几类：①嵌入式操作系统；②类 Unix 操作系统；③Microsoft Windows 操作系统；④MacOS 操作系统；⑤鸿蒙操作系统。

个人计算机的操作系统主要是 Microsoft Windows 操作系统，如表 2.1 所示。

表 2.1 个人计算机 Microsoft Windows 主要版本

名　称	版　本	正式发售日期	停止支持时间
Windows 1.0	1.04	1985 年 11 月 20 日	2001 年 12 月 31 日
Windows 2.0	2.03	1987 年 12 月 9 日	2001 年 12 月 31 日
Windows 2.1	2.11	1988 年 5 月 27 日	2001 年 12 月 31 日
Windows 3.0	3.0	1990 年 5 月 22 日	2001 年 12 月 31 日
Windows 3.1	3.1	1992 年 4 月 6 日	2001 年 12 月 31 日
Windows 3.2	3.2.153	1993 年 11 月 22 日	2001 年 12 月 31 日
Windows 95	4.0.950	1995 年 8 月 24 日	2000 年 12 月 31 日
Windows 98	4.10.1998	1998 年 6 月 25 日	2006 年 6 月 30 日
Windows 2000	NT 5.0.2195	2000 年 2 月 17 日	2010 年 7 月 13 日
Windows Me	4.90.3000	2000 年 9 月 14 日	2006 年 7 月 11 日
Windows XP	NT 5.2.3790	2001 年 10 月 25 日	2014 年 4 月 8 日
Windows Vista	NT 6.0.6003	2007 年 1 月 30 日	2017 年 4 月 11 日
Windows 7	NT 6.1.7601	2009 年 10 月 22 日	2020 年 1 月 14 日
Windows 8	NT 6.2.9200	2012 年 10 月 26 日	2016 年 1 月 12 日
Windows 8.1	NT 6.3.9600	2013 年 10 月 17 日	2023 年 1 月 10 日
Windows 10	NT 10.0.19045	2015 年 7 月 29 日	2025 年 10 月 14 日
Windows 11	NT 10.0.22621	2021 年 10 月 4 日	2024 年 10 月 8 日

2. 语言处理程序

语言处理程序一般是由汇编程序、编译程序、解释程序和相应的操作程序等组成。语言处理程序是将用程序设计语言编写的源程序转换成机器语言的形式，以便计算机能够运行，这一转换是由翻译程序来完成的。翻译程序除了要完成语言间的转换外，还要进行语法、语义等方面的检查，翻译程序统称为语言处理程序，共有三种：汇编程序、编译程序和解释程序。

3. 数据库管理系统

数据库管理系统（database management system，DBMS）是一种操纵和管理数据库的大型软件，用于建立、使用和维护数据库。它对数据库进行统一的管理和控制，以保证数据库的安全性和完整性。用户通过 DBMS 访问数据库中的数据，数据库管理员也通过 DBMS 进行数据库的维护工作。它可以支持多个应用程序和用户用不同的方法在同时或不同时刻去建立、修改和询问数据库。大部分 DBMS 提供数据定义语言（data definition language，DDL）和数据操作语言（data manipulation language，DML），供用户定义数据库的模式结构与权限约束，实现对数据的追加、删除等操作。

数据库管理系统主要包括：①进行数据定义语言以及翻译的相关程序，在这个部分的帮助下，可以让数据库的用户自行进行选择，并且也能得到翻译，由此形成一个内部形式；②进行数据运行控制的程序，因为这一程序的工作，让数据库中的资源可以充分得到管理，并且能实现关于数据的一种控制；③数据库的实用程序则可以使得数据库在相对完整的基础上建立起来，并且在相对完整的数据库系统下让数据库得到维护。按功能划分，数据库管理系统大致可分为 6 个部分：

（1）模式翻译：提供数据定义语言。用它书写的数据库模式被翻译为内部表示。数据库的逻辑结构、完整性约束和物理储存结构保存在内部的数据字典中。数据库的各种数据操作（如查找、修改、插入和删除等）和数据库的维护管理都是以数据库模式为依据的。

（2）应用程序的编译：把包含着访问数据库语句的应用程序，编译成在 DBMS 支持下可运行的目标程序。

（3）交互式查询：提供易使用的交互式查询语言，如 SQL.DBMS 负责执行查询命令，并将查询结果显示在屏幕上。

（4）数据的组织与存取：提供数据在外围存储设备上的物理组织与存取方法。

（5）事务运行管理：提供事务运行管理及运行日志，事务运行的安全性监控和数据完整性检查，事务的并发控制及系统恢复等功能。

（6）数据库的维护：为数据库管理员提供软件支持，包括数据安全控制、完整性保障、数据库备份、数据库重组以及性能监控等维护工具。

数据库管理系统主要功能如下：

（1）数据定义。DBMS 提供数据定义语言，供用户定义数据库的三级模式结构、两级映像以及完整性约束和保密限制等约束。数据定义语言主要用于建立、修改数据库的库结构。数据定义语言所描述的库结构仅仅给出了数据库的框架，数据库的框架信息被存放在数据字典（data dictionary）中。

（2）数据操作：DBMS 提供数据操作语言，供用户实现对数据的追加、删除、更新、查询等操作。

（3）数据库的运行管理：数据库的运行管理功能是 DBMS 的运行控制、管理功能，包括多用户环境下的并发控制、安全性检查和存取限制控制、完整性检查和执行、运行日志的组织管理、事务的管理和自动恢复，即保证事务的原子性。这些功能保证了数据库系统的正常运行。

（4）数据组织、存储与管理：DBMS 要分类组织、存储和管理各种数据，包括数据字典、用户数据、存取路径等，需确定以何种文件结构和存取方式在存储级上组织这些数据，如何实现数据之间的联系。数据组织和存储的基本目标是提高存储空间利用率，选择合适的存取方法提高存取效率。

（5）数据库的保护：数据库中的数据是信息社会的战略资源，所以数据的保护至关重要。DBMS 对数据库的保护通过 4 个方面来实现：数据库的恢复、数据库的并发控制、数据库的完整性控制、数据库安全性控制。DBMS 的其他保护功能还有系统缓冲区的管理以及数据存储的某些自适应调节机制等。

（6）数据库的维护：这一部分包括数据库的数据载入、转换、转储、数据库的重组和重构以及性能监控等功能，这些功能分别由各个使用程序来完成。

（7）通信：DBMS 具有与操作系统的联机处理、分时系统及远程作业输入的相关接口，负责处理数据的传送。对网络环境下的数据库系统，还应该包括 DBMS 与网络中其他软件系统的通信功能以及数据库之间的互操作功能。

目前市场上比较流行的数据库管理系统产品主要是 Oracle、IBM、Microsoft 和 Sybase、Mysql 等公司的产品。

4. 辅助程序

系统辅助处理程序也称为软件研制开发工具、支持软件、软件工具，主要有编辑程序、调试程序、装备和连接程序、调试程序。

2.3.2 应用软件

应用软件（application software）是用户可以使用的各种程序设计语言，以及用各种程序设计语言编制的应用程序的集合。应用软件是为满足用户不同领域、不同问题的应用需求而提供的软件。可以拓宽计算机系统的应用领域，放大硬件的功能。

1. 应用软件分类

计算机应用软件基本分为以下几类：

（1）办公软件，按用途分为文字处理、表格处理、演示文稿制作等。

（2）多媒体处理软件，按用途分为图像处理、动画设计、音频处理、视频处理以及多媒体创作等。

（3）辅助设计软件，按用途分为机械和建筑辅助设计、网络拓扑设计、电子电路辅助设计等。

（4）企业应用软件，按用途分为财务管理和统计分析等。

（5）网络应用软件，按用途分为网页浏览器、即时通信、网络文件下载等。

（6）安全防护软件，按用途分为系统杀毒、系统清理以及防火墙防护等。

（7）开发设计软件，按用途分为程序设计、网站开发等。

（8）系统工具软件，按用途分为文件压缩与解压缩、数据恢复、系统优化以及磁盘克隆等。

（9）休闲娱乐软件，按用途分为电脑游戏、电子杂志、图片查看、音频以及视频播放等。

（10）其他应用软件，为了某些应用而设计的具有多种功能的综合应用软件。

现在网络上的应用软件非常多，在下载时需要谨慎操作。如操作不当轻则使计算机中木马、病毒，重则数据丢失、电脑系统瘫痪。

2. 应用软件安装

网络上下载的应用软件大多是以 RAR、ZIP 为扩展名的压缩文件，这种类型的文件需要使用专门的解压程序进行打开（虽然 Win11 操作系统能直接打开，但是对多重压缩的压缩文件就会出现打开错误），这就需要提前安装好压缩解压应用程序。下面就是 WinRAR 应用软件的安装过程。

（1）准备好安装文件“WinRARx64.exe”。

（2）鼠标左键双击文件“WinRARx64.exe”。

（3）在弹出的界面中单击“安装”按钮，如图 2.1 所示。

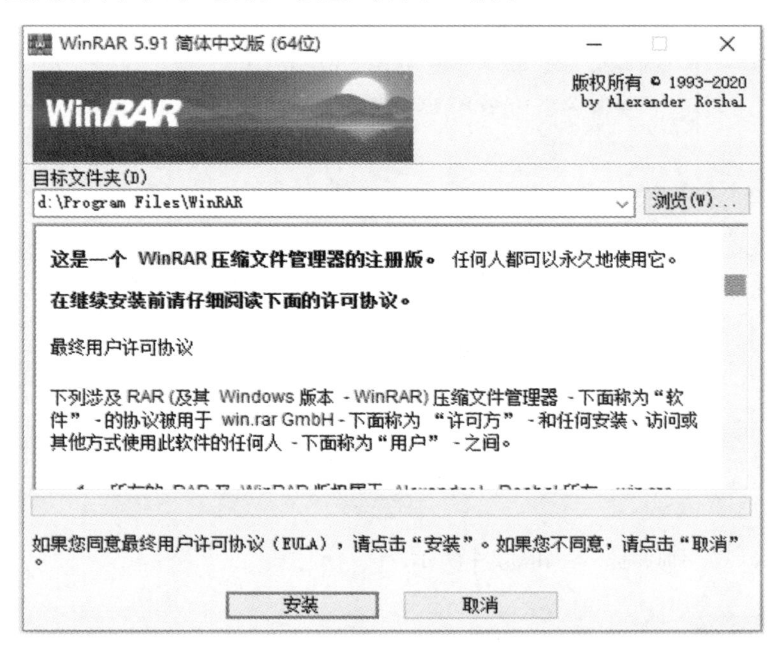

图 2.1 安装 WinRAR

（4）在弹出的界面中单击“确定”按钮，如图 2.2 所示。

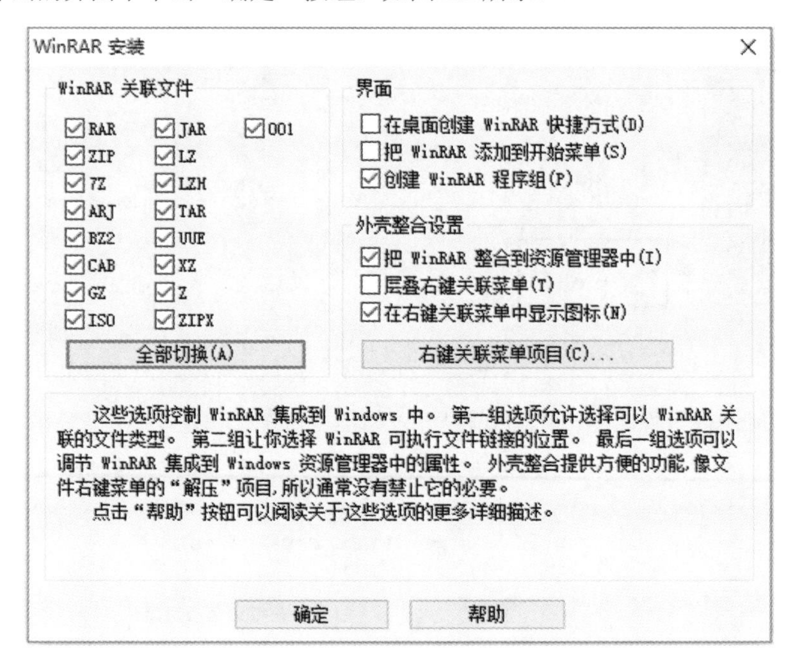

图 2.2 安装 WinRAR

（5）在弹出的界面中单击“完成”按钮，如图 2.3 所示。

3. 应用软件卸载

如果应用软件出问题了，或者不再想使用了，这就需要对已安装的应用软件进行卸载，可以简单认为卸载与安装是互逆操作，对上面安装的 WinRAR 卸载操作如下：

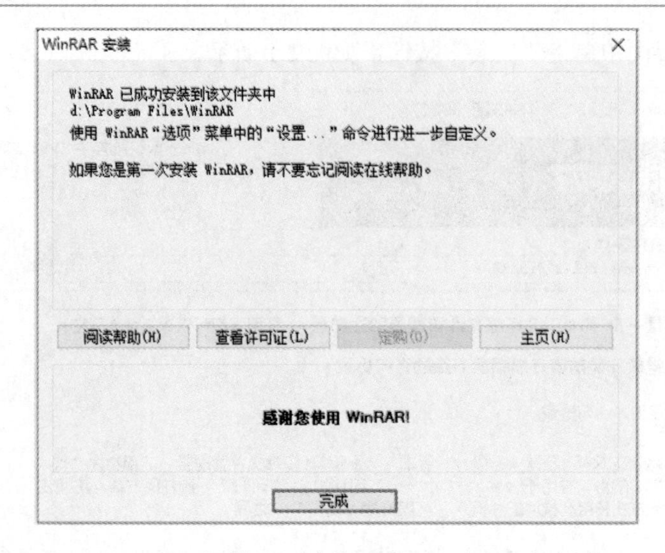

图 2.3　安装 WinRAR

（1）双击打开“控制面板”，如图 2.4 所示。

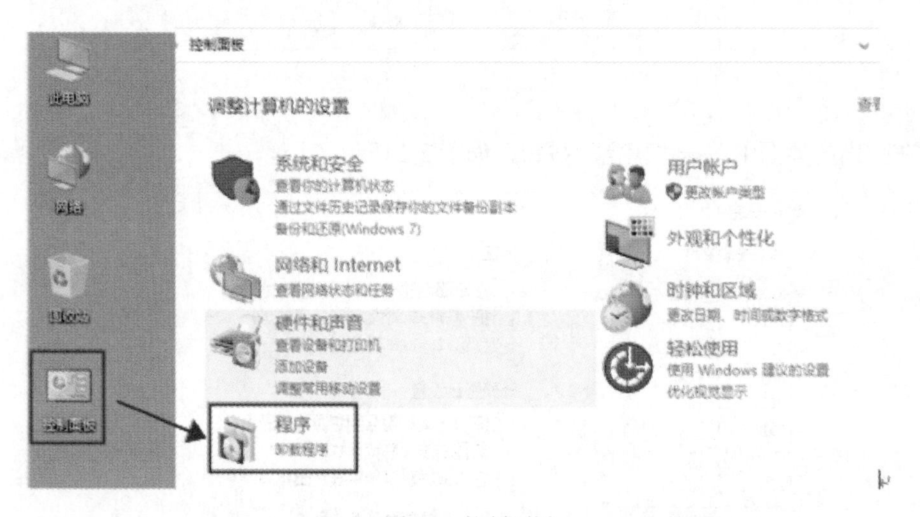

图 2.4　控制面板

（2）在“控制面板”界面单击“卸载程序”按钮，如图 2.5 所示。

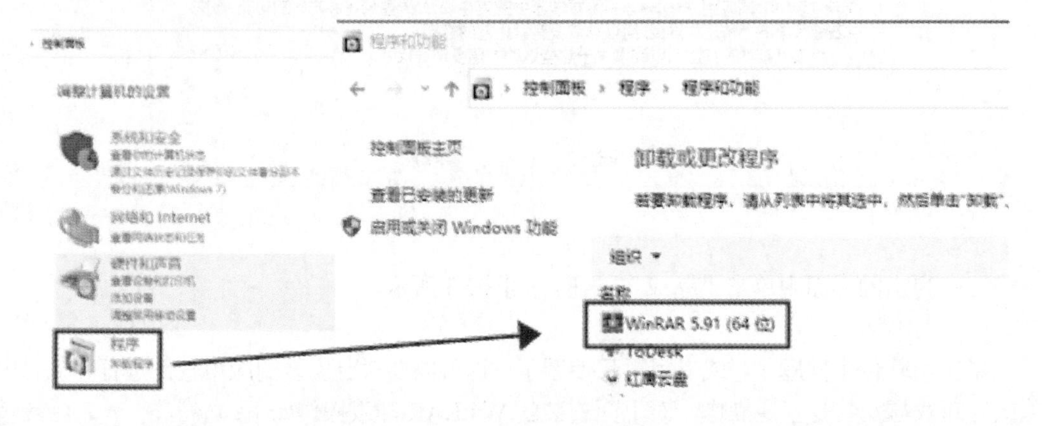

图 2.5　卸载 WinRAR

（3）在弹出的程序和功能界面中双击“WinRAR 5.91（64 位）”并在弹出的界面中单击“是”按钮，如图 2.6 所示。

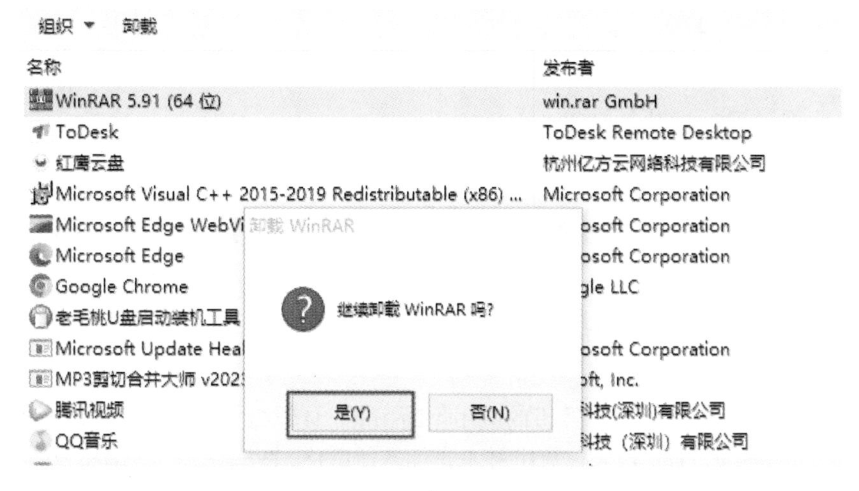

图 2.6　卸载 WinRAR

这样“WinRAR”应用软件就从电脑上面彻底卸载了。

2.4 项 目 总 结

万同学利用自己所学习的知识帮助二表哥把计算机重新安装了 Win10 操作系统，并安装了二表哥需要的应用软件，计算机能够正常使用了。

2.5 课 后 练 习

1．查看自己的计算机，说出是什么操作系统，版本号是什么？
2．如果你的计算机操作系统出问题了，你会如何解决？
3．在自己的计算机上清理不需要的应用软件，并安装需要的应用软件。

项目3 信息新技术基础

3.1 项 目 背 景

万同学参加的计算机协会让其帮忙了解一下信息新技术，万同学就开始着手查找这方面的资料。

3.2 项 目 分 析

从第一台计算机产生至今，计算机的应用不断拓展，计算机类型不断分化，这就决定计算机的发展也朝不同的方向延伸。当今计算机技术正朝着巨型化、微型化、网络化和智能化方向发展，在互联网技术飞速发展的今天，互联网逐渐成为人们快速获取、发布和传递信息的重要渠道，它渐渐地渗透到社会政治、经济、生活等各个领域。一些新的技术已经融入我们的生活之中，近些年出现的云计算、大数据、互联网+、人工智能等。未来还会有更多的新技术会融入计算机的发展中。

3.3 项 目 实 现

3.3.1 认识云计算

1. 云计算的定义

云计算（cloud computing）是分布式计算的一种，指的是通过网络“云”将巨大的数据计算处理程序分解成无数个小程序，然后，通过多部服务器组成的系统进行处理和分析这些小程序得到结果并返回给用户。云计算又称网格计算。通过这项技术，可以在很短的时间内（几秒钟）完成对数以万计的数据的处理，从而达到强大的网络服务。

现阶段所说的云服务已经不单单是一种分布式计算，而是分布式计算、效用计算、负载均衡、并行计算、网络存储、热备份冗杂和虚拟化等计算机技术混合演进并跃升的结果。

2. 云计算的特点

（1）虚拟化技术。云计算支持用户在任意位置、使用各种终端获取应用服务。所请求的资源来自“云”，而不是固定的有形的实体。应用在“云”中某处运行，但实际上用户无须了解、也不用担心应用运行的具体位置。只需要一台笔记本电脑或者一部手机，就可以通过网络服务来实现我们需要的一切，甚至包括超级计算这样的任务。

（2）超大规模。“云”具有相当的规模，Google 云计算已经拥有 100 多万台服务器，Amazon、IBM、微软、Yahoo！等公司的“云”均拥有几十万台服务器。企业私有云一般拥有数百上千台服务器。“云”能赋予用户前所未有的计算能力。

（3）按需部署。计算机包含了许多应用、程序软件等，不同的应用对应的数据资源库不同，所以用户运行不同的应用需要较强的计算能力对资源进行部署，而云计算平台能够根据用户的需求快速配备计算能力及资源。

（4）灵活性高。目前市场上大多数 IT 资源、软件、硬件都支持虚拟化，比如存储网络、操作系统和开发软件、硬件等。虚拟化要素统一放在云系统资源虚拟池当中进行管理，可见云计算的兼容性非常强，不仅可以兼容低配置机器、不同厂商的硬件产品，还能够外设获得更高性能计算。

（5）可靠性高。即便是服务器故障也不影响计算与应用的正常运行。因为单点服务器出现故障可以通过虚拟化技术将分布在不同物理服务器上面的应用进行恢复或利用动态扩展功能部署新的服务器进行计算。

（6）性价比高。将资源放在虚拟资源池中统一管理在一定程度上优化了物理资源，用户不再需要昂贵、存储空间大的主机，可以选择相对廉价的 PC 组成云，一方面减少费用，另一方面计算性能不逊于大型主机。

（7）可扩展性。用户可以利用应用软件的快速部署条件来更为简单快捷地将自身所需的已有业务以及新业务进行扩展。如，计算机云计算系统中出现设备的故障，对于用户来说，无论是在计算机层面上，抑或是在具体运用上均不会受到阻碍，可以利用计算机云计算具有的动态扩展功能来对其他服务器开展有效扩展。这样一来就能够确保任务得以有序完成。在对虚拟化资源进行动态扩展的情况下，同时能够高效扩展应用，提高计算机云计算的操作水平。

3. 云计算的实现形式

（1）软件即服务。通常用户发出服务需求，云系统通过浏览器向用户提供资源和程序等。利用浏览器应用传递服务信息不花费任何费用，供应商亦是如此，只要做好应用程序的维护工作即可。

（2）网络服务。开发者能够在 API 的基础上不断改进、开发出新的应用产品，大大提高单机程序中的操作性能。

（3）平台服务。一般服务于开发环境，协助中间商对程序进行升级与研发，同时完善用户下载功能，用户可通过互联网下载，具有快捷、高效的特点。

（4）互联网整合。利用互联网发出指令时，也许同类服务众多，云系统会根据终端用户需求匹配相适应的服务。

（5）商业服务平台。构建商业服务平台的目的是给用户和提供商提供一个沟通平台，从而需要管理服务和软件即服务搭配应用。

（6）管理服务提供商。此种应用模式常服务于 IT 行业，常见服务内容有扫描邮件病毒、监控应用程序环境等。

4. 云计算的应用

较为简单的云计算技术已经普遍服务于现如今的互联网服务中，最为常见的就是网络搜索引擎和网络邮箱。

（1）存储云。存储云，又称云存储，是在云计算技术上发展起来的一个新的存储技术。云存储是一个以数据存储和管理为核心的云计算系统。用户可以将本地的资源上传至云端上，可以在任何地方连入互联网来获取云上的资源。存储云向用户提供了存储容器服务、备份服务、归档服务和记录管理服务等，大大方便了使用者对资源的管理。

（2）医疗云。医疗云，是指在云计算、移动技术、多媒体、5G 通信、大数据，以及物联网等新技术基础上，结合医疗技术，使用“云计算”来创建医疗健康服务云平台，实现了医疗资源的共享和医疗范围的扩大。因为云计算技术的运用与结合，医疗云提高医疗机构的效率，方便居民就医。像现在医院的预约挂号、电子病历、医保等都是云计算与医疗领域结合的产物，医疗云还具有数据安全、信息共享、动态扩展、布局全国的优势。

（3）金融云。金融云，是指利用云计算的模型，将信息、金融和服务等功能分散到庞大分支机构构成的互联网“云”中，旨在为银行、保险和基金等金融机构提供互联网处理和运行服务，同时共享互联网资源，从而解决现有问题并且达到高效、低成本的目标。现在，不仅仅阿里巴巴推出了金融云服务，像苏宁金融、腾讯等企业均推出了自己的金融云服务。

（4）教育云。教育云，实质上是指教育信息化的一种发展。具体地，教育云可以将所需要的任何教育硬件资源虚拟化，然后将其传入互联网中，以向教育机构和学生老师提供一个方便快捷的平台。现在流行的慕课就是教育云的一种应用[1]。现阶段慕课的三大优秀平台为Coursera、edX以及Udacity，在国内，中国大学MOOC也是非常好的平台。

5. 云计算的安全威胁

（1）隐私被窃取威胁。现今，随着时代的发展，人们运用网络进行交易或购物，网上交易在云计算的虚拟环境下进行，交易双方会在网络平台上进行信息之间的沟通与交流。而网络交易存在着很大的安全隐患，不法分子可以通过云计算对网络用户的信息进行窃取，同时还可以在用户与商家进行网络交易时来窃取用户和商家的信息。当有企图的分子在云计算的平台中窃取信息后，就会采用一些技术手段对信息进行破解，同时对信息进行分析以此发现用户更多的隐私信息，甚至有企图的不法分子还会通过云计算来盗取用户和商家的信息。

（2）资源被冒用威胁。云计算的环境有着虚拟的特性，而用户通过云计算在网络交易时，需要在保障双方网络信息都安全时才会进行网络的操作，但是云计算中储存的信息很多，在云计算中的环境也比较复杂，云计算中的数据会出现滥用的现象。这样会影响用户的信息安全，同时造成一些不法分子利用被盗用的信息进行欺骗用户亲人的行为，同时还会有一些不法分子会利用这些在云计算中盗用的信息进行违法的交易，以此造成云计算中用户的经济损失。这些都是云计算信息被冒用引起的，这些都严重威胁了云计算的安全。

（3）黑客威胁。黑客攻击指的是利用一些非法的手段进入云计算的安全系统，给云计算的安全网络带来一定破坏的行为。黑客入侵到云计算后，使云计算的操作带来未知性，同时造成的损失也很大，且造成的损失无法预测，所以黑客入侵给云计算带来的危害大于病毒给云计算带来的危害。此外，黑客入侵的速度远大于安全评估和安全系统的更新速度，使得当今黑客入侵到电脑后，给云计算带来巨大的损失，同时技术也无法对黑客攻击进行预防，这也是造成当今云计算不安全的问题之一。

（4）病毒威胁。大量的用户通过云计算将数据存储到其中，当大量云计算出现异常时，就会出现一些病毒，这些病毒的出现会导致以云计算为载体的计算机无法正常工作的现象，同时这些病毒还能进行复制，并通过一些途径进行传播，这样就会导致以云计算为载体的计算机出现死机的现象，因为互联网的传播速度很快，导致云计算或计算机一旦出现病毒，就会很快地进行传播，这样会产生很大的破坏力。

3.3.2 认识大数据

1. 大数据的定义

大数据（big data）指无法在一定时间范围内用常规软件工具进行捕捉、管理和处理的数据集合，是需要新处理模式才能具有更强的决策力、洞察发现力和流程优化能力的海量、高增长率和多样化的信息资产。

---

[1] 慕课MOOC，指的是大规模开放的在线课程。

麦肯锡全球研究所给出的大数据定义是：一种规模大到在获取、存储、管理、分析方面大大超出了传统数据库软件工具能力范围的数据集合，具有海量的数据规模、快速的数据流转、多样的数据类型和价值密度低四大特征。

2. 大数据的单位

大数据最小的基本单位是 bit，从小到大按照 2^{10}（1024）进率依次增加的单位有：Byte、kB、MB、GB、TB、PB、EB、ZB、YB、BB、NB、DB。

1DB=1024NB；1NB=1024BB；1BB=1024YB；1YB=1024ZB；1ZB=1024EB；1EB=1024PB；1PB=1024TB；1TB=1024GB；1GB=1024MB；1MB=1024kB；1kB=1024Byte；1Byte=8bit。

3. 大数据的特点

（1）数据体量（volume）巨大。截至目前，人类生产的所有印刷材料的数据量是 PB 量级，而历史上全人类说过的所有话的数据量大约是 EB 量级。当前，典型个人计算机硬盘的容量为 TB 量级，而一些大企业的数据量已经接近 EB 量级。

（2）数据类型（variety）繁多。这种类型的多样性也让数据被分为结构化数据和非结构化数据。相对于以往便于存储的以文本为主的结构化数据，非结构化数据越来越多，包括网络日志、音频、视频、图片、地理位置信息等，这些多类型的数据对数据的处理能力提出了更高要求。

（3）处理速度（velocity）快。这是大数据区别于传统数据挖掘的最显著特征。预计到 2030 年，全球每年新增数据量将达到 YB 量级。在如此海量的数据面前，处理数据的效率就是企业的生命。

（4）价值密度（value）低。价值密度的高低与数据总量的大小成反比。以视频为例，一段长达几小时的视频，在不间断的监控中，有用数据可能仅有一两秒。如何通过强大的机器算法更迅速地完成数据的价值“提纯”成为目前大数据背景下亟待解决的难题。

4. 大数据的应用

大数据应用是利用大数据分析的结果为用户提供辅助决策，发掘潜在价值的过程。大数据的类型大致可分为以下 5 类。

（1）传统企业数据。包括客户关系管理（customer relationship management，CRM）系统的消费者数据、传统的 ERP 数据、库存数据及账目数据等。

（2）机器和传感器数据。包括呼叫记录（call detail records）、智能仪表、工业设备传感器、设备日志（通常是 digital exhaust）、交易数据等。

（3）社交数据。包括用户行为记录、反馈数据等。

（4）导航定位数据。主要包括使用各类导航软件进行导航而产生的导航数据以及移动设备的定位数据。

（5）监控监视数据。主要包括监控系统的监控监视数据。

5. 大数据的趋势

（1）数据的资源化。资源化是指大数据成为企业和社会关注的重要战略资源，并已成为大家争相抢夺的新焦点。因此企业必须要提前制定大数据营销战略计划，抢占市场先机。

（2）与云计算的深度结合。大数据离不开云计算，云计算为大数据提供了弹性可拓展的基础设备，是产生大数据的平台之一。自 2013 年开始，大数据技术已开始和云计算技术紧密结合，预计未来两者关系将更为密切。除此之外，物联网、移动互联网等新兴计算形态，也将一起助力大数据革命，让大数据营销发挥出更大的影响力。

（3）科学理论的突破。随着大数据的快速发展，就像计算机和互联网一样，大数据很有可能是新一轮的技术革命。随之兴起的数据挖掘、机器学习和人工智能等相关技术，可能会改变数据世界里的很多算法和基础理论，实现科学技术上的突破。

（4）数据科学和数据联盟的成立。如今，数据科学已成为一门专门的学科，被越来越多的人所认知。各大高校也都设立专门的数据科学类专业，同时也催生一批与之相关的新的就业岗位。与此同时，基于数据这个基础平台，也陆续将建立起跨领域的数据共享平台。之后，数据共享将扩展到企业层面，并且成为未来产业的核心一环。

（5）数据泄露泛滥。未来几年数据泄露事件的增长率也许会达到100%，除非数据在其源头就能够得到安全保障。可以说，在未来每个财富500强企业都会面临数据攻击，无论他们是否已经做好安全防范。而所有企业无论规模大小，都需要重新审视今天的安全定义。在财富500强企业中，超过50%将会设置首席信息安全官这一职位。企业需要从新的角度来确保自身以及客户数据，所有数据在创建之初便需要获得安全保障，而并非在数据保存的最后一个环节，仅仅加强后者的安全措施已被证明于事无补。

（6）数据管理成为核心竞争力。数据管理成为核心竞争力，直接影响财务表现。当“数据资产是企业核心资产”的概念深入人心之后，企业对于数据管理便有了更清晰的界定。将数据管理作为企业核心竞争力，持续发展、战略性规划与运用数据资产成为企业数据管理的核心。数据资产管理效率与主营业务收入增长率、销售收入增长率显著正相关；此外，对于具有互联网思维的企业而言，数据资产竞争力所占比重为36.8%，数据资产的管理效果将直接影响企业的财务表现。

（7）数据质量是商业智能（BI）成功的关键。采用自助式商业智能工具进行大数据处理的企业将会脱颖而出。其中要面临的一个挑战是，很多数据源会带来大量低质量数据。想要成功，企业需要理解原始数据与数据分析之间的差距，从而消除低质量数据并通过BI获得更佳决策。

（8）数据生态系统复合化程度加强。大数据的世界不只是一个单一的、巨大的计算机网络，而是一个由大量活动构件与多元参与者元素所构成的生态系统，终端设备提供商、基础设施提供商、网络服务提供商、网络接入服务提供商、数据服务使用者、数据服务提供商、触点服务及数据服务零售商等一系列的参与者共同构建的生态系统。而今，这样一套数据生态系统的基本雏形已然形成，接下来的发展将趋向于系统内部角色的细分，也就是市场的细分；系统机制的调整，也就是商业模式的创新；系统结构的调整，也就是竞争环境的调整等，从而使得数据生态系统复合化程度逐渐增强。

3.3.3 认识互联网+

“互联网+”简单地说就是“互联网+传统行业”，随着科学技术和信息技术的发展，互联网与传统行业进行融合，利用互联网具备的优势特点，创造新的发展机会。“互联网+”通过其自身的优势，对传统行业进行优化升级转型，使得传统行业能够适应当下的新发展，从而最终推动社会不断地向前发展。

1. 互联网+的定义

互联网+是创新2.0下的互联网发展的新业态，是知识社会创新2.0推动下的互联网形态演进及其催生的经济社会发展新形态。互联网+是互联网思维的进一步实践成果，推动经济形态不断地发生演变，从而带动社会经济实体的生命力，为改革、创新、发展提供了广阔的网络平台。

互联网+就是“互联网+各个传统行业”，但这并不是简单的两者相加，而是利用信息通信技术以及互联网平台，让互联网与传统行业进行深度融合，创造新的发展生态。它代表一种新的社会形态，即充分发挥互联网在社会资源配置中的优化和集成作用，将互联网的创新成果深度融合于经济、社会各领域之中，提升全社会的创新力和生产力，形成更广泛的、以互联网为基础设施和实现工具的经济发展新形态。

2．互联网+的特点

（1）跨界融合。“+”就是跨界，就是变革，就是开放，就是重塑融合。敢于跨界，创新的基础就更坚实；融合协同，群体智能才会实现，从研发到产业化的路径才会更垂直。融合本身也指代身份的融合、客户消费转化为投资、伙伴参与创新等。

（2）创新驱动。中国经济的发展需要转变到创新驱动发展这条道路上来。这正是互联网的特质，用所谓的互联网思维来求变、自我革命，也更能发挥创新的力量。

（3）重塑结构。信息革命、全球化、互联网业已打破了原有的社会结构、经济结构、地缘结构、文化结构。互联网+社会治理、虚拟社会治理会与以往有很大的不同。

（4）尊重人性。人性的光辉是推动科技进步、经济增长、社会进步、文化繁荣最根本的力量，互联网的力量之强大的根本来源于对人性最大程度的尊重、对人的体验的敬畏、对人的创造性发挥的重视。

（5）开放生态。关于互联网+，生态是非常重要的特征，而生态的本身就是开放的。推进互联网+，其中一个重要的方向就是要把过去制约创新的环节化解掉，把孤岛式创新连接起来，让研发由人性决定市场驱动，让努力创业者有机会实现价值。

（6）连接一切。连接是有层次的，可连接性是有差异的，连接的价值是相差很大的，连接一切是互联网+的目标。

3．互联网+的应用

（1）互联网+金融。互联网+金融从组织形式上看，这种结合至少有三种方式：

1）互联网公司做金融。如果这种现象大范围发生，并且取代原有的金融企业，那就是互联网金融颠覆论。

2）金融机构的互联网化。

3）互联网公司和金融机构合作。

（2）互联网+工业。“互联网+工业”即传统制造业企业采用移动互联网、云计算、大数据、物联网等信息通信技术，改造原有产品及研发生产方式，与“工业互联网”“工业 4.0”的内涵一致。

借助移动互联网技术，传统制造厂商可以在汽车、家电、配饰等工业产品上增加网络软硬件模块，实现用户远程操控、数据自动采集分析等功能，极大地改善了工业产品的使用体验。这就是“移动互联网+工业”。

（3）智慧城市。智慧城市是指在城市规划、设计、建设、管理与运营等领域中，通过物联网、云计算、大数据、空间地理信息集成等智能计算技术的应用，使得城市管理、教育、医疗、房地产、交通运输、公用事业和公众安全等城市组成的关键基础设施组件和服务更互联、高效和智能，从而为市民提供更美好的生活和工作服务，为企业创造更有利的商业发展环境，为政府赋能更高效的运营与管理机制。

（4）互联网+交通。“互联网+交通”已经在交通运输领域产生了“化学效应”，如大家经常使用的打车软件、网上购买火车和飞机票、出行导航系统等。通过把移动互联网和传统的交通出行相结合，改善了人们出行的方式，增加了车辆的使用率，推动了互联网共享经济的发展，提高了效率、减少了排放，对环境保护也做出了贡献。

（5）互联网+教育。“互联网+教育”是随着当今科学技术的不断发展，互联网科技与教育领域相结合的一种新的教育形式。

通过智能互联实现教育资源共享，利用大数据分析推动教学效率提升，利用互联网实现教育沟通实时互联。信息技术正在改变传统的教学模式，为实现教育公平创造了更加便利的条件。

（6）互联网+医疗。“互联网+医疗”代表了医疗行业新的发展方向，有利于解决中国医疗资源不平衡和人们日益增加的健康医疗需求之间的矛盾，是国家卫计委积极引导和支持的医疗发展模式。

现实中存在看病难、看病贵等难题，移动互联网+医疗有望从根本上改善这一医疗生态。具体来讲，互联网将优化传统的诊疗模式，为患者提供一条龙的健康管理服务。

3.3.4 认识人工智能

1. 人工智能的定义

人工智能（artificial intelligence），英文缩写为AI。它是研究、开发用于模拟、延伸和扩展人类智能的理论、方法、技术及应用系统的一门新的技术科学。人工智能是新一轮科技革命和产业变革的重要驱动力量。

人工智能是一门极富挑战性的科学，人工智能是包括十分广泛的科学，它由不同的领域组成，如机器学习、计算机视觉等。总的说来，人工智能研究的一个主要目标是使机器能够胜任一些通常需要人类智能才能完成的复杂工作。

人工智能是研究使用计算机来模拟人的某些思维过程和智能行为（如学习、推理、思考、规划等）的学科，主要包括计算机实现智能的原理、制造类似于人脑智能的计算机，使计算机能实现更高层次的应用。人工智能将涉及计算机科学、心理学、哲学和语言学等学科。可以说几乎是自然科学和社会科学的所有学科，其范围已远远超出了计算机科学的范畴，人工智能与思维科学的关系是实践和理论的关系，人工智能是处于思维科学的技术应用层次，是它的一个应用分支。从思维观点看，人工智能不仅限于逻辑思维，还要考虑形象思维、灵感思维才能促进人工智能的突破性的发展。数学常被认为是多种学科的基础科学，进入语言、思维领域，人工智能学科也必须借用数学工具，数学不仅在标准逻辑、模糊数学等范围发挥作用，数学进入人工智能学科，它们将互相促进而更快地发展。

2. 人工智能的研究范畴

人工智能的研究范畴主要包含但不限于语言的学习与处理、知识表现、智能搜索、推理、规划、机器学习、知识获取、组合调度问题、感知问题、模式识别、逻辑程序设计、软计算、不精确和不确定的管理、人工生命、神经网络、复杂系统、遗传算法人类思维方式，最关键的难题还是机器的自主创造性思维能力的塑造与提升。

3. 人工智能的实现方法

人工智能在计算机上实现时主要有两种不同的方式：

（1）采用传统的编程技术，使系统呈现智能的效果，而不考虑所用方法是否与人或动物机体所用的方法相同。

这种方法也叫工程学方法（engineering approach），它已在一些领域内作出了成果，如文字识别、电脑下棋等。

（2）模拟法（modelng approach），它不仅要看效果，还要求实现方法也和人类或生物机体所用的方法相同或相类似。

1）遗传算法（generic algorithm，GA）模拟人类或生物的遗传-进化机制。

2）人工神经网络（artificial neural network，ANN）是模拟人类或动物大脑中神经细胞的活动方式。

4. 人工智能的安全问题

人工智能还在研究中，但有学者认为让计算机拥有智商是很危险的，它可能会反抗人类。其主要的关键是允不允许机器拥有自主意识的产生与延续，如果使机器拥有自主意识，则意味着机器具有与人同等或类似的创造性、自我保护意识、情感和自发行为。

5. 人工智能的主要成果

（1）人机对弈。围棋人机对弈，是指人类顶尖围棋手与计算机顶级围棋程序之间的围棋比赛，特指韩国围棋九段棋手李世石、中国围棋九段棋手柯洁分别与人工智能围棋程序“阿尔法围棋”（AlphaGo）之间的两场比赛。第一场为2016年3月9—15日在韩国首尔进行的五番棋比赛，阿尔法围棋以总比分4比1战胜李世石；第二场为2017年5月23—27日在中国嘉兴乌镇进行的三番棋比赛，阿尔法围棋以总比分3比0战胜世界排名第一的柯洁。

（2）模式识别。所谓模式识别的问题就是用计算的方法根据样本的特征将样本划分到一定的类别中去。模式识别就是通过计算机用数学技术方法来研究模式的自动处理和判读，把环境与客体统称为“模式”。随着计算机技术的发展，人类有可能研究复杂的信息处理过程，其过程的一个重要形式是生命体对环境及客体的识别。模式识别以图像处理与计算机视觉、语音语言信息处理、脑网络组、类脑智能等为主要研究方向，研究人类模式识别的机理以及有效的计算方法。

（3）自动驾驶。自动驾驶系统采用先进的通信、计算机、网络和控制技术，对列车实现实时、连续控制。采用现代通信手段，直接面对列车，可实现车地间的双向数据通信，传输速率快，信息量大，后续追踪列车和控制中心可以及时获知前行列车的确切位置，使得运行管理更加灵活，控制更为有效，更加适应列车自动驾驶的需求。

（4）计算机视觉。计算机视觉是一门研究如何使机器“看”的科学，更进一步地说，就是指用摄影机和电脑代替人眼对目标进行识别、跟踪和测量等机器视觉，并进一步做图形处理，使电脑处理成为更适合人眼观察或传送给仪器检测的图像。作为一个科学学科，计算机视觉研究相关的理论和技术，试图建立能够从图像或者多维数据中获取“信息”的人工智能系统。这里所指的信息是Shannon定义的，可以用来帮助做一个“决定”的信息。因为感知可以看作是从感官信号中提取信息，所以计算机视觉也可以看作是研究如何使人工系统从图像或多维数据中“感知”的科学。

（5）机器翻译。机器翻译，又称为自动翻译，是利用计算机将一种自然语言（源语言）转换为另一种自然语言（目标语言）的过程。它是计算语言学的一个分支，是人工智能的终极目标之一，具有重要的科学研究价值。同时，机器翻译又具有重要的实用价值。随着经济全球化及互联网的飞速发展，机器翻译技术在促进政治、经济、文化交流等方面起到越来越重要的作用。

（6）数据挖掘。数据挖掘是人工智能和数据库领域研究的热点问题，所谓数据挖掘是指从数据库的大量数据中揭示出隐含的、先前未知的并有潜在价值的信息的非平凡过程。数据挖掘是一种决策支持过程，它主要基于人工智能、机器学习、模式识别、统计学、数据库、可视化技术等，高度自动化地分析企业的数据，作出归纳性的推理，从中挖掘出潜在的模式，帮助决策者调整市场策略，减少风险，作出正确的决策。

3.4 项 目 总 结

通过对查找到的资料进行学习，万同学学习到了很多新技术，并对这些新技术进行了归纳总结，按要求完成计算机协会的工作。

3.5 课 后 练 习

1．结合身边的情况谈谈自己对新技术的理解。
2．谈一谈对人工智能发展的看法。

第 2 篇　WPS 文字应用案例

项目 4　人工智能专业简介

4.1　项　目　背　景

万同学所参加的计算机协会，接到了一项工作任务，需要对人工智能专业的专业简介进行排版设计。万同学暑假里刚好学习了 WPS 软件的使用，所以该工作任务就由万同学来完成了，人工智能专业简介排版最终效果如图 4.1 所示。

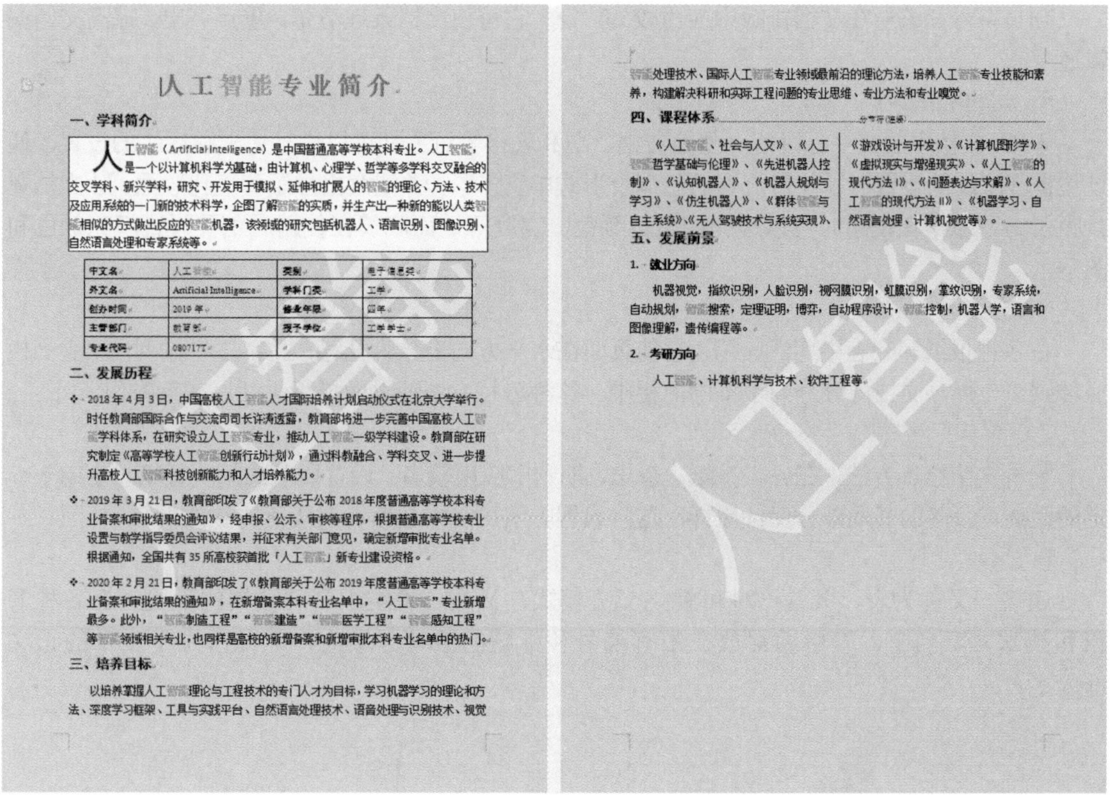

人工智能专业简介

一、学科简介

人工智能（Artificial Intelligence）是中国普通高等学校本科专业。人工智能，是一个以计算机科学为基础，由计算机、心理学、哲学等多学科交叉融合的交叉学科、新兴学科，研究、开发用于模拟、延伸和扩展人的智能的理论、方法、技术及应用系统的一门新的技术科学，企图了解智能的实质，并生产出一种新的能以人类智能相似的方式做出反应的智能机器，该领域的研究包括机器人、语言识别、图像识别、自然语言处理和专家系统等。

中文名	人工智能	类别	电子信息类
外文名	Artificial Intelligence	学科门类	工学
创办时间	2019 年	修业年限	四年
主管部门	教育部	授予学位	工学学士
专业代码	080717T		

二、发展历程

- 2018 年 4 月 3 日，中国高校人工智能人才国际培养计划启动仪式在北京大学举行。时任教育部国际合作与交流司司长许涛透露，教育部将进一步完善中国高校人工智能学科体系，在研究设立人工智能专业，推动人工智能一级学科建设。教育部在研究制定《高等学校人工智能创新行动计划》，通过科教融合、学科交叉、进一步提升高校人工智能科技创新能力和人才培养能力。
- 2019 年 3 月 21 日，教育部印发了《教育部关于公布 2018 年度普通高等学校本科专业备案和审批结果的通知》，经申报、公示、审核等程序，根据普通高等学校专业设置与教学指导委员会评议结果，并征求有关部门意见，确定新增审批专业名单。根据通知，全国共有 35 所高校获首批「人工智能」新专业建设资格。
- 2020 年 2 月 21 日，教育部印发了《教育部关于公布 2019 年度普通高等学校本科专业备案和审批结果的通知》，在新增备案本科专业名单中，“人工智能”专业新增最多。此外，“智能制造工程”“智能建造”“智能医学工程”“智能感知工程”等智能领域相关专业，也同样是高校的新增备案和新增审批本科专业名单中的热门。

三、培养目标

以培养掌握人工智能理论与工程技术的专门人才为目标，学习机器学习的理论和方法、深度学习框架、工具与实践平台、自然语言处理技术、语音处理与识别技术、视觉智能处理技术、国际人工智能专业领域最前沿的理论方法，培养人工智能专业技能和素养，构建解决科研和实际工程问题的专业思维、专业方法和专业嗅觉。

四、课程体系

《人工智能、社会与人文》、《人工智能哲学基础与伦理》、《先进机器人控制》、《认知机器人》、《机器人规划与学习》、《仿生机器人》、《群体智能与自主系统》、《无人驾驶技术与系统实现》、《游戏设计与开发》、《计算机图形学》、《虚拟现实与增强现实》、《人工智能的现代方法 I》、《问题表达与求解》、《人工智能的现代方法 II》、《机器学习、自然语言处理、计算机视觉等》。

五、发展前景

1. 就业方向

机器视觉，指纹识别，人脸识别，视网膜识别，虹膜识别，掌纹识别，专家系统，自动规划，智能搜索，定理证明，博弈，自动程序设计，智能控制，机器人学，语言和图像理解，遗传编程等。

2. 考研方向

人工智能、计算机科学与技术、软件工程等

图 4.1　人工智能专业介绍效果图

4.2　项　目　分　析

在对人工智能专业简介文档进行编辑时，主要涉及对文字字体、段落效果、表格进行设置。

为了使文档具有层次结构，文档编辑过程中使用了自动编号与项目符号等格式。同时为了达到强调效果，对文中一个段落设置边框与底纹。另外文档还设置了首字下沉和分栏等格式。

项目在制作过程中，主要用到如下知识与技能。

1．文档的创建、编辑、保存

新建一个空白文档，录入文字、特殊符号，设置文档的显示属性，保存文档。

2．字体格式化设置

字体格式化设置通过“开始”选项卡里面的“字体”组进行操作，主要包括中文字体、西文字体、字形、字号、字体颜色、下划线线型、下划线颜色、着重号、效果、文字效果、字符间距等方面的设置。

3．段落格式化设置

段落格式化设置通过“开始”选项卡里面的“段落”组进行操作，主要包括段落的常规、缩进和间距三个方面的设置。其中常规设置主要包括对齐方式、大纲级别和方向的设置；缩进主要包括文本之前、文本之后、特殊格式的缩进设置；间距主要包括段前、段后和行距的间距设置。

4．项目符号和编号

项目符号和编号在文档排版中应用较为广泛，它可使文档条理清楚，重点突出，提高文档编辑速度。

5．边框和底纹

WPS 文档中的文字、段落、整篇文档、节和表格等对象都可以进行边框和底纹的设置，通过边框和底纹的设置可以使得文档的色调及形式丰富多彩，并能突出显示和美化版面，让文档更具吸引力。边框在使用时可以选择线型、颜色、宽度等，而底纹在使用时主要设置填充颜色和图案。

6．分栏

在各种报纸和杂志中广泛应用。它使页面在水平方向上分为几栏，文字逐栏排列，填满一栏后转到下一栏，文档内容分列于不同的栏中，这种分栏方法使页面排版灵活，阅读方便。

7．首字下沉

一种文字修饰方法，在各类报纸、杂志、期刊中应用较多。设置段落的第一行第一字向下一定的距离，段落的其他部分保持原样。这种设置方法可以引起读者对段落的注意。

8．表格设置

表格，又称为表，既是一种可视化交流模式，又是一种组织整理数据的手段。在各种书籍和技术文章当中，表格通常放在带有编号和标题的浮动区域内，以此区别于文章的正文部分。

4.3 项目实现

4.3.1 新建空白文档并输入内容

打开 WPS 软件，选择“文档”，单击“新建”按钮，在右侧单击“文字”图标，如图 4.2 所示，在弹出的“新建文档”窗口中选择“空白文档”，然后在新建完成的空白文档中输入相应的文字内容。

图 4.2 新建文档图

4.3.2 字体格式设置

WPS 字体格式化设置通过“开始”选项卡里面的“字体”组进行操作，主要包括中文字体、西文字体、字形、字号、字体颜色、下划线线型、下划线颜色、着重号、效果、文字效果、字符间距等方面的设置。

1. 标题字体设置

设置要求：将标题文字“人工智能专业简介”设置为“华文中宋、加粗、一号、蓝色、字符间距加宽 0.1 厘米”。

选中需要设置字体的文字内容，单击“开始”选项卡中的“字体”组右下角的 ↘ 按钮，打开“字体”设置窗口，如图 4.3 所示。

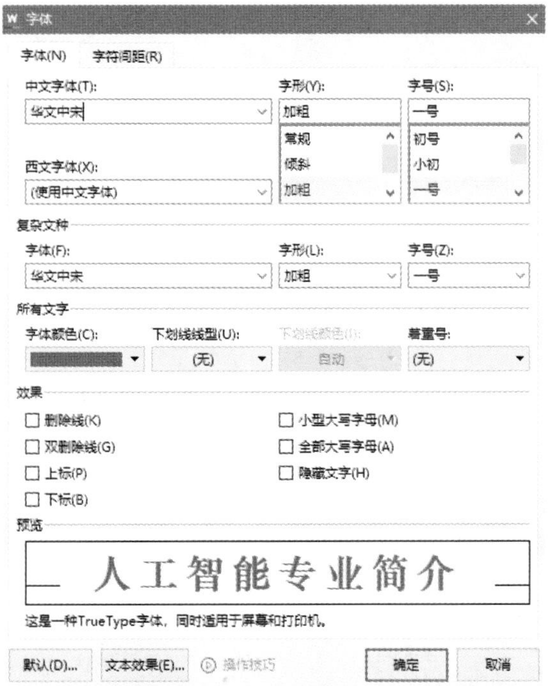

字体
字体(N) 字符间距(R)
中文字体(T): 华文中宋 字形(Y): 加粗 字号(S): 一号
常规 倾斜 加粗 初号 小初 一号
西文字体(X): (使用中文字体)
复杂文种
字体(F): 华文中宋 字形(L): 加粗 字号(Z): 一号
所有文字
字体颜色(C): 下划线线型(U): (无) 下划线颜色(I): 自动 着重号: (无)
效果
☐ 删除线(K) ☐ 小型大写字母(M)
☐ 双删除线(G) ☐ 全部大写字母(A)
☐ 上标(P) ☐ 隐藏文字(H)
☐ 下标(B)
预览
人工智能专业简介
这是一种TrueType字体，同时适用于屏幕和打印机。
默认(D)... 文本效果(E)... 操作技巧 确定 取消

图 4.3 标题字体设置窗口

提示：将光标移至页面左侧边缘部分，当光标变成反向箭头形状“↗”时，单击一次即可选中一行，双击可选中一个自然段落，三击可选中全文。

“字体”设置界面包含“字体”和“字符间距”两张选项卡，其中“字体”选项卡包括了文档字体、字形、字号等的基本设置，“字符间距”选项卡包括了缩放、间距和位置等设置。

“字体”选项卡中包含中文字体和西文字体，在对话框中可分别设置，可使文档中中文和西文具有不同的字体。“字形”包含常规、倾斜、加粗、加粗 倾斜4种选择。“字号”指文字大小，有两种规格设置。一种用“号”表示，最大的为“初号”，最小的为“八号”；另一种用“磅”表示，可选择或者键盘直接输入。

根据设置要求，在“中文字体”栏目中，选择字体为“华文中宋”，在“字形”中选择“加粗”，在“字号”中选择文字大小为“一号”。在“字体颜色”处选择“蓝色”。

在“字符间距”选项卡中主要设置间距。“缩放”主要设置文字的缩小或放大比例；“间距”为文字之间水平间隔距离；“位置”为文字之间垂直间隔距离。

根据设置要求，单击“间距”处的下拉箭头，选择“加宽”，并设置“值”为0.1厘米（如若需要修改单位，可以单击厘米旁边的下拉箭头进行选择，一共有磅、英寸、厘米、毫米四种选项），如图4.4所示。

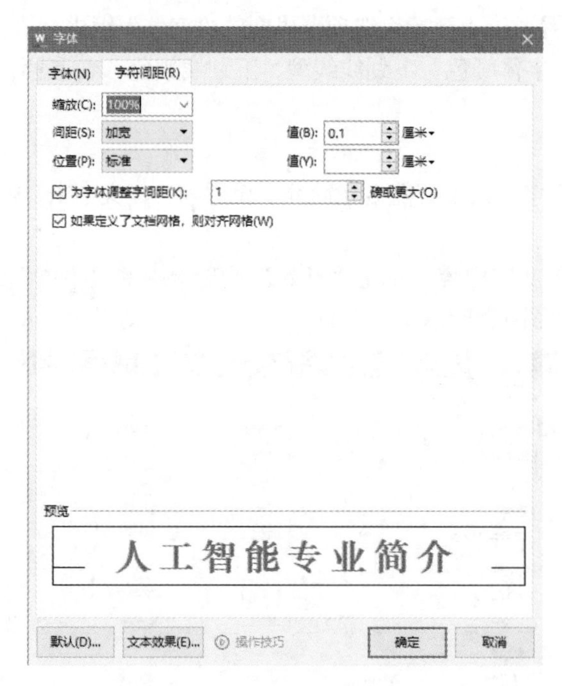

图4.4 字符间距设置

2. 目录字体设置

设置要求：将“学科简介”“发展历程”“培养目标”“课程体系”“发展前景”设置为“黑体、加粗、15磅”。

选中“学科简介”，按照设置要求打开字体设置界面选择：中文字体“黑体”、字形“加粗”、字号“15磅”。

选中设置好字体格式的“学科简介”，双击“开始”选项卡“剪贴板”组的“格式刷”按钮，光标将变成“🖌I”形状，用格式刷将其他所需设置相同格式的内容进行格式复制，完成后切记要再次单击“格式刷”按钮或者按键盘上的Esc键，即进行退出格式刷状态。

注意：选中所需格式内容，单击“格式刷”按钮，只能使用一次格式；双击“格式刷”按钮后，中途不中断，可以使用任意次。

3．正文字体设置

设置要求：将正文中除表格和带编号的文字外设置为“中文字体：宋体、西文字体：Times New Roman、字号：小四号”。

选中正文中的第一段，按照设置要求打开字体设置界面选择：中文字体“宋体”、西文字体“Times New Roman”、字形“常规”、字号“小四”，单击“确定”按钮，关闭字体设置窗口。

双击“剪贴板”组的“格式刷”按钮，将需要设置字体的内容使用格式刷进行格式的复制。

4．表格文字字体设置

设置要求：将表格中的文字设置为“中文字体宋体、西文字体 Times New Roman、字号五号”，第一列和第三列要求文字“加粗”。

选中表格，打开“开始”选项卡、“字体”打开字体设置窗口，中文字体处选择“宋体”，西文字体处选择“Times New Roman”，字号处选择“五号”；选中表格第一列和第三列在“字体”组中单击“加粗”。

4.3.3 段落格式设置

WPS 段落格式化设置通过“开始”选项卡里面的“段落”组进行操作，主要包括段落的常规、缩进和间距三个方面的设置。其中常规设置主要包括对齐方式、大纲级别和方向的设置；缩进主要包括文本之前、文本之后、特殊格式的缩进设置；间距主要包括段前、段后和行距的间距设置。

1．标题段落格式设置

设置要求：将标题“人工智能专业简介”设置为居中对齐、段前 1 行、段后 1 行、行距固定值 20 磅。

将光标置于标题段落中，单击“开始”选项卡中“段落”组右下角的 按钮，打开“段落”设置窗口，如图 4.5 所示。

图 4.5 段落设置窗口

2. 内容段落格式设置

设置要求：将正文中除表格编号文字以外的段落的文字设置为“左对齐，首行缩进 2 字符，段前 0.5 行，段后 0.5 行，行距为固定值 20 磅”。

将光标置于需设置的内容段落中，打开“段落”对话框，设置“对齐方式”为“左对齐”，如图 4.6 所示。

在“缩进”区域中，单击“特殊格式”处的下拉箭头选择“首行缩进”，并将“度量值”设置为“2”，后面的单位选择“字符”，如图 4.6 所示。

注意：“缩进”中的“文本之前”“文本之后”缩进是对于整段内容都有效的，并不局限于首行。“特殊格式”中分为“首行缩进”和“悬挂缩进”，其中“悬挂缩进”表示第一行不缩进，后面的所有行均有缩进。

在“间距”区域中，设置“段前”“段后”均为“0.5 行”，设置“行距”为“固定值”，“设置值”为“20”磅，如图 4.6 所示。

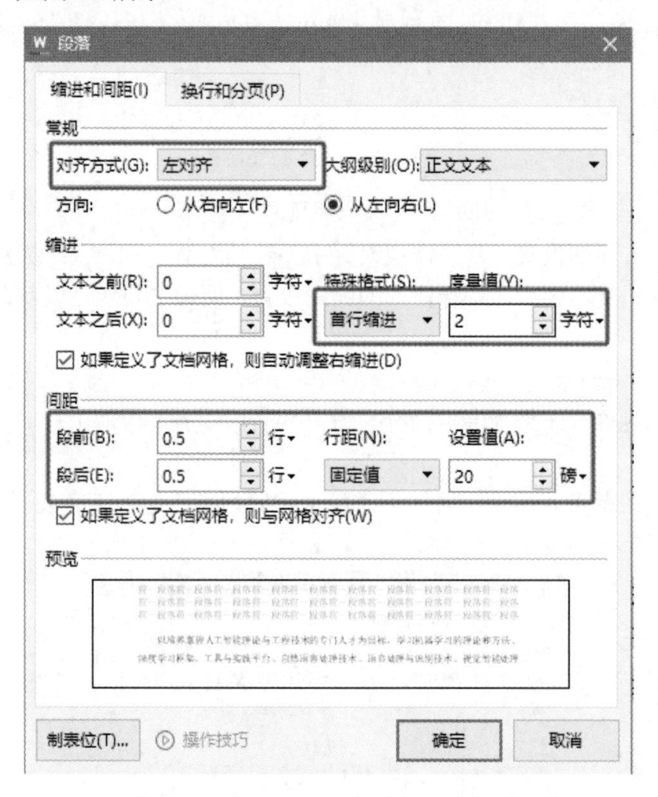

图 4.6 段落设置

4.3.4 项目符号和编号设置

在进行文档排版时，可以通过项目符号和编号（自动）的设置让文档内容层次结构清晰、更有条理。

1. 项目符号设置

设置要求：为“发展历程”下的段落内容设置“❖”项目符号。

选中所需设置项目符号的文本段落，单击“开始”选项卡里的“段落”组中间的“☰▾”项目符号按钮的下拉箭头，选择“❖”符号即可对选中段落添加项目符号，设置效果如图 4.7 所示。

如需设置其他项目符号，也可使用自定义项目符号，用系统中的其他符号，或者其他图片作为项目符号，如若申请了会员，可以使用其他样式的项目符号。

❖ 2018 年 4 月 3 日，中国高校人工智能人才国际培养计划启动仪式在北京大学举行。时任教育部国际合作与交流司司长许涛透露，教育部将进一步完善中国高校人工智能学科体系，在研究设立人工智能专业，推动人工智能一级学科建设。教育部在研究制定《高等学校人工智能创新行动计划》，通过科教融合、学科交叉，进一步提升高校人工智能科技创新能力和人才培养能力。

❖ 2019 年 3 月 21 日，教育部印发了《教育部关于公布 2018 年度普通高等学校本科专业备案和审批结果的通知》，经申报、公示、审核等程序，根据普通高等学校专业设置与教学指导委员会评议结果，并征求有关部门意见，确定新增审批专业名单。根据通知，全国共有 35 所高校获首批「人工智能」新专业建设资格。

❖ 2020 年 2 月 21 日，教育部印发了《教育部关于公布 2019 年度普通高等学校本科专业备案和审批结果的通知》，在新增备案本科专业名单中，“人工智能”专业新增最多。此外，“智能制造工程”“智能建造”“智能医学工程”“智能感知工程”等智能领域相关专业，也同样是高校的新增备案和新增审批本科专业名单中的热门。

图 4.7 项目符号设置

2. 编号设置

设置要求：将“学科简介”“发展历程”“培养目标”“课程体系”“发展前景”设置自动编号，编号格式为“一,二,三,…”；将“就业方向”“考研方向”设置自动编号，编号格式为“1,2,3,…”。

将光标置于“一、学科简介”段落内，单击“开始”选项卡“段落”组中间的“☰”“编号”按钮，此时前面的编号“一、”已经变成自动编号（选中“一、”带有阴影）。继续设置其他相同格式的自动编号或者用格式刷刷新其他相同格式。“1,2,3,…”格式的自动编号设置与此类似。

自动编号在文档修改过程中，将会自动适应根据前后同级编号的变化而做出调整，大大提高了编辑文档的效率。

4.3.5 边框和底纹设置

在使用 WPS 文字编辑文档的过程中，可以根据实际需要为特定段落加上漂亮的边框与底纹，从而使文档更加符合工作要求。

1. 边框设置

设置要求：为“学科简介”下的内容段落设置“单线、深蓝色、1.5 磅”边框。

选中所需设置边框的段落，单击“开始”选项卡、“段落”组中的“□ ▾”“边框”按钮的下拉箭头，选择最下方的“边框和底纹”命令，打开的对话框，如图 4.8 所示。选择“边框”选项卡，在“线型”中选择双线，在“颜色”中选择“深蓝”，在宽度中选择“1.5 磅”，“应用于”选择“段落”。

2. 底纹设置

设置要求：将“学科简介”下的内容段落设置为“矢车菊蓝，着色 5，浅色 80%”。

将“边框和底纹”对话框切换到“底纹”选项卡，选择填充色为“矢车菊蓝，着色 5，浅色 80%”，并将“应用于”选择为“段落”，单击“确定”按钮完成设置，如图 4. 9 所示。

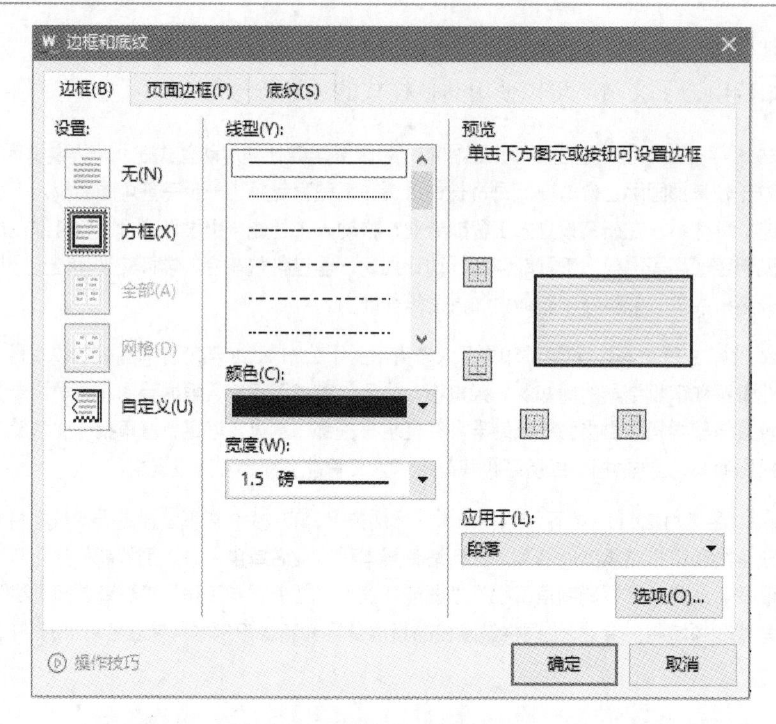

图 4.8 边框和底纹设置

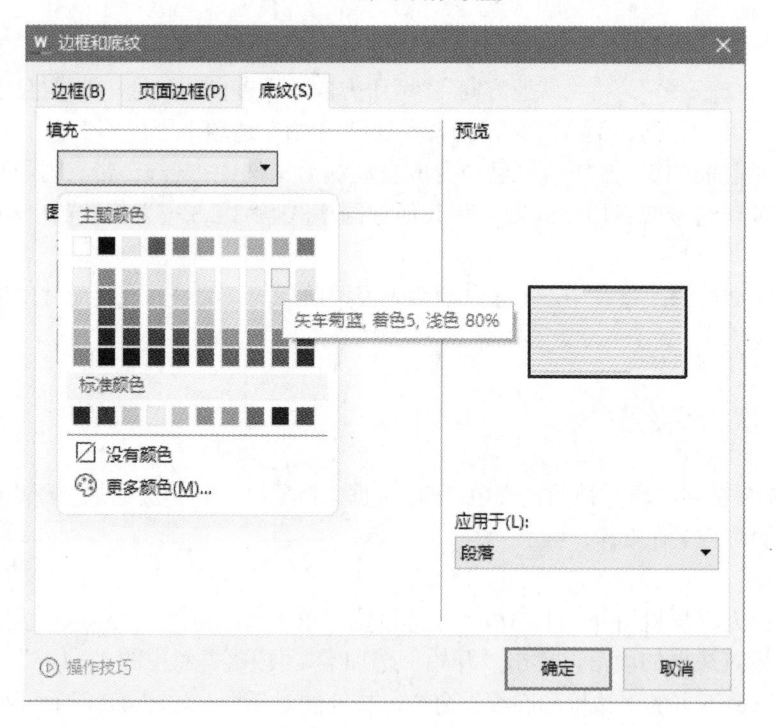

图 4.9 底纹设置

4.3.6 分栏设置

有时在做一些文档的排版时，为了版面的合理化，会进行一些分栏设置。

设置要求：将“课程体系”下的内容段落设置成 2 栏，并添加分隔线。

选中所需设置格式的段落，单击“页面”选项卡、“页面设置”组中间的“分栏”命令，选择最下方的“更多分栏”，打开“分栏”对话框，在“预设”中选择“两栏”，并勾选“分隔线”选项并单击“确定”按钮完成设置，如图 4.10 所示。

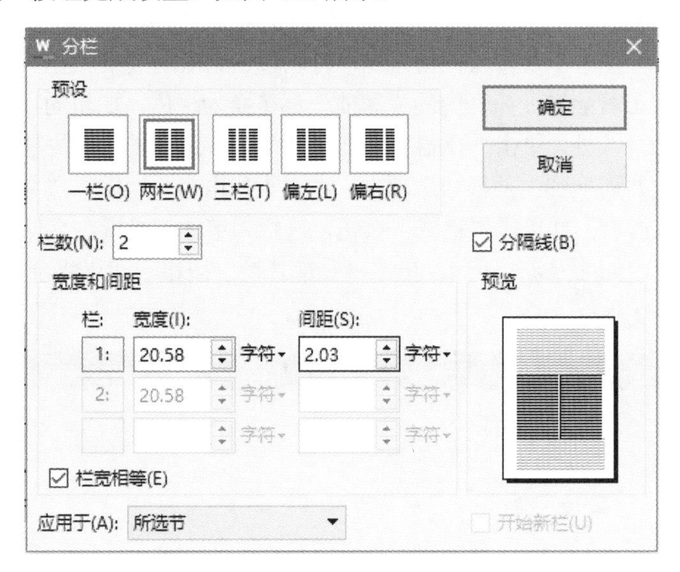

图 4.10 分栏设置

在其他应用中，也可将栏宽设置得不相等，调整每栏宽度与栏间距等相关参数设置。

4.3.7 首字下沉设置

首字下沉主要是用在小说里面的，用来标记章节的一种排版方式。

设置要求：将“学科简介”下的内容段落设置首字下沉 2 行，字体为黑体。

鼠标单击所需设置格式的段落，单击“插入”选项卡、“部件”组中的“首字下沉”命令，在打开的对话框中选择“位置”为“下沉”，“下沉行数”为“2”，“字体”为“黑体”，如图 4.11 所示。

图 4.11 首字下沉设置

4.3.8 表格设置

表格，又称为表，既是一种可视化交流模式，又是一种组织整理数据的手段。在各种书籍和技术文章当中，表格通常放在带有编号和标题的浮动区域内，以此区别于文章的正文部分。

设置要求：将表格行高设置为 0.5 厘米，表格第一、第三列表格列宽设置为 3.24 厘米，表格的第二、第四列表格列宽设置为 4.18 厘米。

选择表格，单击“表格工具”选项卡，在“单元格大小”组中的表格行高处输入“0.5 厘米”；选中表格的第一、第三列，在“单元格大小”组中的表格列宽处输入“3.24 厘米”；选中表格的第二、第四列，在“单元格大小”组中的表格列宽处输入“4.18 厘米”。

4.3.9 查找替换设置

查找替换功能在文字编辑中非常重要，尤其在长文档排版中作用更大，在进行删除或替换文章中某些格式的文本时，可以单击“查找和替换”对话框中的“格式”按钮设置字体、段落等格式，并且在“替换为”栏中不要输入任何内容，可以起到删除的效果。

设置要求：将人工智能专业简介中的“智能”都替换为绿色、加粗的“智能”。

将光标置于文档开头处，单击“开始”选项卡、“编辑”组中的“查找替换”命令，打开“查找和替换”对话框，并切换到“替换”选项卡。在“查找内容”中输入“智能”，在“替换为”中定位光标，不输入内容，并单击“格式”按钮，选择“字体”设置“字体”中的字形为加粗，设置字体颜色为绿色，如图 4.12 所示，单击“全部替换”按钮，即可将全文的“智能”替换为绿色加粗的“智能”。

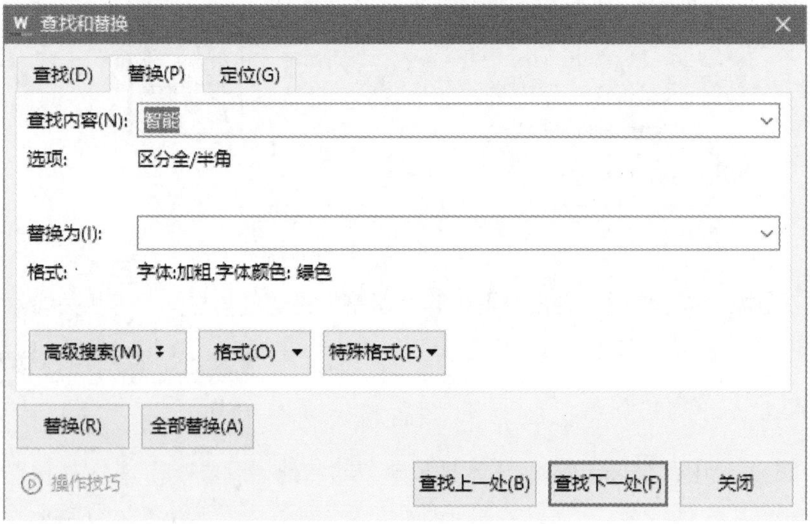

图 4.12 查找和替换

4.3.10 背景和水印设置

一些文件或者打印出来的文件都带有水印背景。水印背景有多种功能，一方面可以美化文档，另一方面可以保护版权等。

设置要求：将文档背景设置为浅绿色，并添加水印文字“人工智能”。

1. 背景设置

单击“页面”选项卡、“效果”组中的“背景”按钮在打开的设置界面“标准色”选择颜色“浅绿色”即可，如图 4.13 所示。

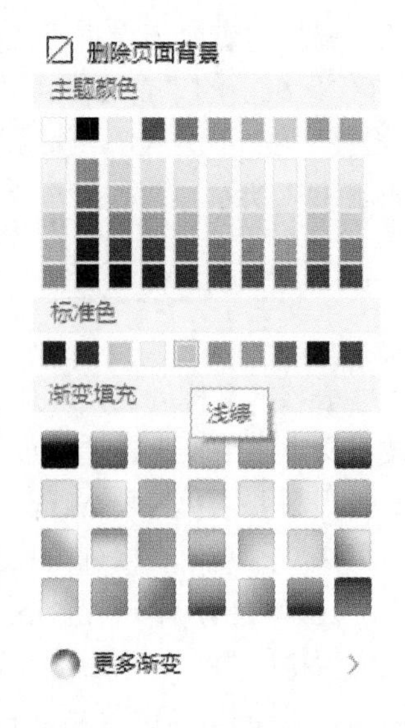

图 4.13 背景设置

2. 水印设置

单击“页面”选项卡、“效果”组中的“水印”按钮，选择“插入水印”命令，打开“水印”设置窗口。单选“文字水印”，在“内容”框中输入“人工智能”，设置合适的字体与字号，并挑选颜色设置透明度选项，可设置为“倾斜”版式，如图 4.14 所示。

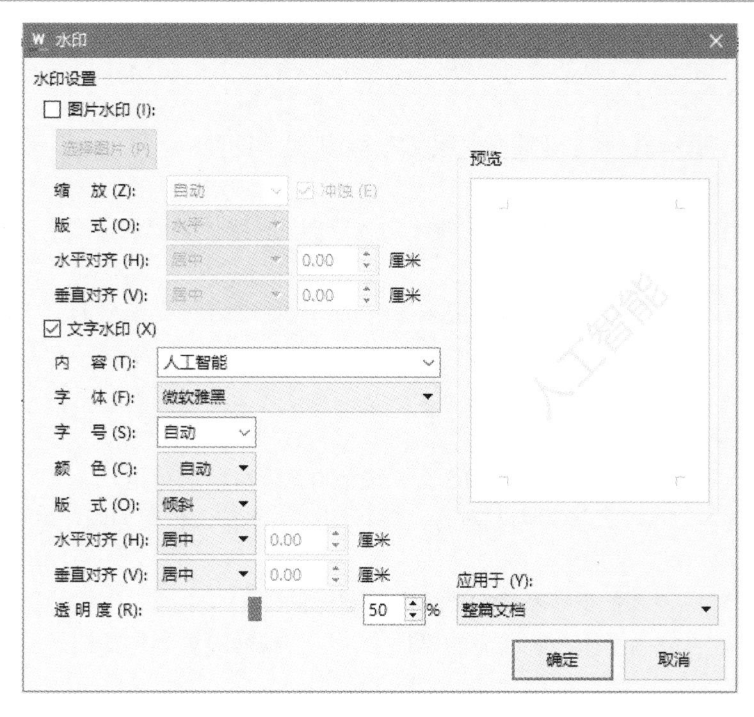

图 4.14　水印设置

4.4 项 目 总 结

在使用 WPS 文字对文档编辑过程中，通过字体、段落等格式的设置可以高效便捷地实现文档的编辑。在设置文字格式时，主要用到文字字体、字号的设置以及段落格式的设置，所有这些可以通过样式的使用，使文档编辑变得轻松方便。同时为了使文档层次清晰，提升阅读体验，可以通过项目符号与自动编号对内容进行格式设置。

本项目着重培养学生的文字材料排版能力。在今后的同类操作中，还需要注意以下相关技巧：

（1）在字体格式化设置中，要注意区分中文字体和西文字体的设置。

（2）在段落格式化设置中，应注意缩进和间距的单位。其中缩进值的单位有磅、厘米、毫米、英寸、字符五类，而间距值的单位则分为磅、厘米、毫米、英寸四类，当默认单位不符合要求时，请自行输入单位即可。

（3）在段落格式化设置中，容易将多倍行距与几磅行距混淆。例如，设置 3 倍行距，则需要将“行距”下拉菜单选择为“多倍行距”，“设置值”设为 3；而当要设置行距为 18 磅时，则需将“行距”下拉菜单选择为“固定值”，“设置值”设为 18 磅。

（4）在进行边框和底纹设置时，容易将“边框”选项卡和“页面边框”选项卡混淆。其中“边框”是对段落或者文字进行设置的，而“页面边框”是对整个文档或者节进行设置的，其作用范围不同。

（5）在进行边框和底纹设置时，边框和底纹“应用于”段落或文字时，其效果不同。“应用于”段落时，框和底纹作用于段落所在整块区域；而“应用于”文字时，边框和底纹只对文字所在位置起作用，即行与行之间的间隙无边框和底纹。

（6）在设置文档背景时，除了单一背景色设置之外，还可以设置渐变、纹理及图案等效果，使文档的背景丰富多彩。

4.5 课后练习

打开“计算机科学与技术专业简介－原文”，完成如下设置：

1. 字体格式化设置

对标题文字重新设置，要求字体华文新魏，字号小三，字体颜色深蓝文字 2 效果，间距加宽 3 磅。

将“专业培养目标”“专业培养基本要求”等带“一、二、…”编号的文字设置为黑体、加粗倾斜、四号。

对“知识结构”“能力结构”等带“1、2、…”编号的文字设置为加粗。

2. 段落格式化设置

将标题文字设置为居中对齐，段前 0.5 行，段后 0.5 行，单倍行距。

将除编号外的内容文字，设置为左对齐，首行缩进 2 字符，行距为固定值 20 磅。

3. 编号设置

将“专业培养目标”“专业培养基本要求”等前面的“一、二、…”编号设置为自动编号。

将“知识结构”“能力结构”等前面的“1、2、…”编号设置为自动编号。

4. 边框底纹

将专业培养目标的内容段落，设置为双线 0.5 磅边框，并设置段段底纹为浅绿色。

5. 分栏首字下沉设置

将专业培养目标的内容段落分成两栏。

将“素质结构”下的首行设置为首字下沉两行。

6. 表格设置

在“六、各部分课程所占学分、学时比例”下面加入表格，表格样式参照效果文件。

要求首行行高 1 厘米，其他行高 0.8 厘米；单元格对齐方式为“中部两端对齐”；外框为双线 1.5 磅，内框为单线 1 磅，颜色均为自动。

7. 插入图片

将标志图片插入到标题前，更改图片为原始大小的 10%，设置位置为文字环绕方式顶端居左，并设置为浮于文字上方。

在文章后部插入“介绍结束”艺术字。

8. 插入截屏

在表格右下角插入截屏，内容为当前系统日期和时间，如效果文件所示。

9. 查找替换

将所有的“知识”全部设置字体为绿色加粗。

项目5 设置邮件合并

5.1 项 目 背 景

万同学的二表姐是一名小学教师，担任北华小学五年级一班的班主任。期末到了，需要把班级学生的成绩每人做成一张成绩单，然后发给每个学生的家长。二表姐问万同学有没有快的方法完成每个学生的成绩单。万同学想到了 WPS 文字中的邮件合并功能，于是他告诉二表姐，可以使用 WPS 文字中的邮件合并功能快速实现批量文档的创建与打印。

5.2 项 目 分 析

邮件合并，主要是包含一个先编辑好的包含固定内容的主文档（本例中主文档是成绩单的范本文件）和一个包括变化信息的数据源文件，邮件合并的过程就是将数据源中的信息插入到主文档的特定位置后合并生成带有数据信息的相应文件。

利用邮件合并这个功能，可以快速地制作邀请函、信封、公函、工资条、个人简历、请柬、成绩单、各类证书等具有固定格式和内容，且信息部分内容是动态的文本。

5.3 项 目 实 现

5.3.1 创建数据源文件

创建 WPS 表格数据源文件“学生成绩.et”，在默认的 Sheet1 工作表中输入内容。创建好后保存并关闭文档，如图 5.1 所示。

学号	姓名	语文	数学	英语	思品	科学	音乐	体育	美术	总分	排名
1	陈X雪	99	100	96	98	99	99	100	99	790	15
2	安X蓉	100	100	100	99	100	99	100	100	798	1
3	吴X	100	99	98	100	98	100	99	98	792	9
4	杨X	90	96	69	97	69	72	71	62	626	23
5	刘X鑫	79	75	60	74	99	69	95	63	614	26
6	赵X雪	100	98	100	100	99	98	99	98	792	9
7	向X燕	63	50	70	63	50	33	63	32	424	29
8	程X文	80	72	74	60	68	67	78	94	593	27
9	桂X芝	62	61	87	75	61	75	90	61	572	28
10	蒋X珊	40	31	64	67	52	42	61	36	393	31
11	代X晴	98	99	100	99	99	100	98	98	791	11
12	王X欣	98	98	100	100	100	100	98	100	794	5
13	綦X林	64	80	78	84	86	67	100	60	619	25
14	费X雨	98	99	100	100	99	99	100	99	794	5
15	黄X芮	100	100	98	100	99	100	100	98	795	2
16	张X蝶	89	93	98	92	84	61	79	96	692	19
17	刘X婷	88	80	88	60	92	85	75	77	645	20
18	莫X凌	100	100	100	99	99	98	100	98	794	5
19	周X松	37	63	44	65	69	32	42	32	384	32
20	陈X宇	95	71	71	77	74	74	95	69	626	23
21	王X俊	71	73	62	96	92	81	82	84	641	22
22	于X生	100	98	99	98	100	98	100	98	791	11
23	朱X君	90	74	81	96	62	79	93	67	642	21
24	李X成	99	100	98	100	100	100	98	100	795	2
25	吴X鑫	100	100	99	99	100	98	100	98	794	5
26	苏X雄	98	99	98	99	98	98	100	98	788	18
27	付X毅	99	98	100	100	99	100	100	99	795	2
28	钱X茗	99	98	98	100	98	100	100	98	791	11
29	孙X东	100	98	98	99	98	98	99	100	790	15
30	李X	100	98	98	99	100	100	98	98	791	11
31	郑X华	42	64	42	32	50	66	70	50	416	30
32	冯X阳	100	98	98	99	99	98	99	99	790	15

图 5.1 学生成绩文件

5.3.2 创建成绩报告单文档

建立新的 WPS 文字文档“成绩报告单.docx”，打开文档，输入标题文字“北华小学成绩报告单”，插入 11 行 2 列表格，输入文本，套用表格样式“主题样式 1-强调 5”如图 5.2 所示。

北华小学成绩报告单

学年：2023-2024　　　　**学期**：1

学号	姓名
语文	
数学	
英语	
思品	
科学	
音乐	
体育	
美术	
总分	
排名	

图 5.2　成绩报告单文档

5.3.3 实现邮件合并

（1）单击“引用”选项卡中的“邮件”命令打开“邮件合并”选项卡的“打开数据源”命令，在打开的对话框中选择创建好的 WPS 表格文档“学生成绩.et”，单击“打开”按钮，如图 5.3、图 5.4 所示。

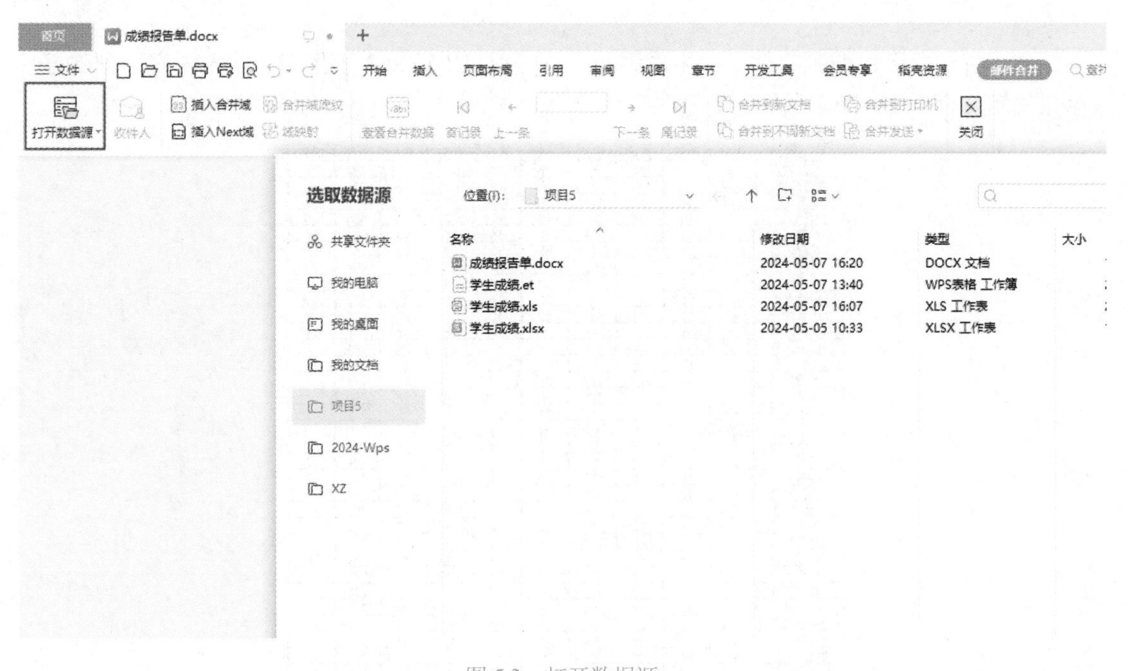

图 5.3　打开数据源

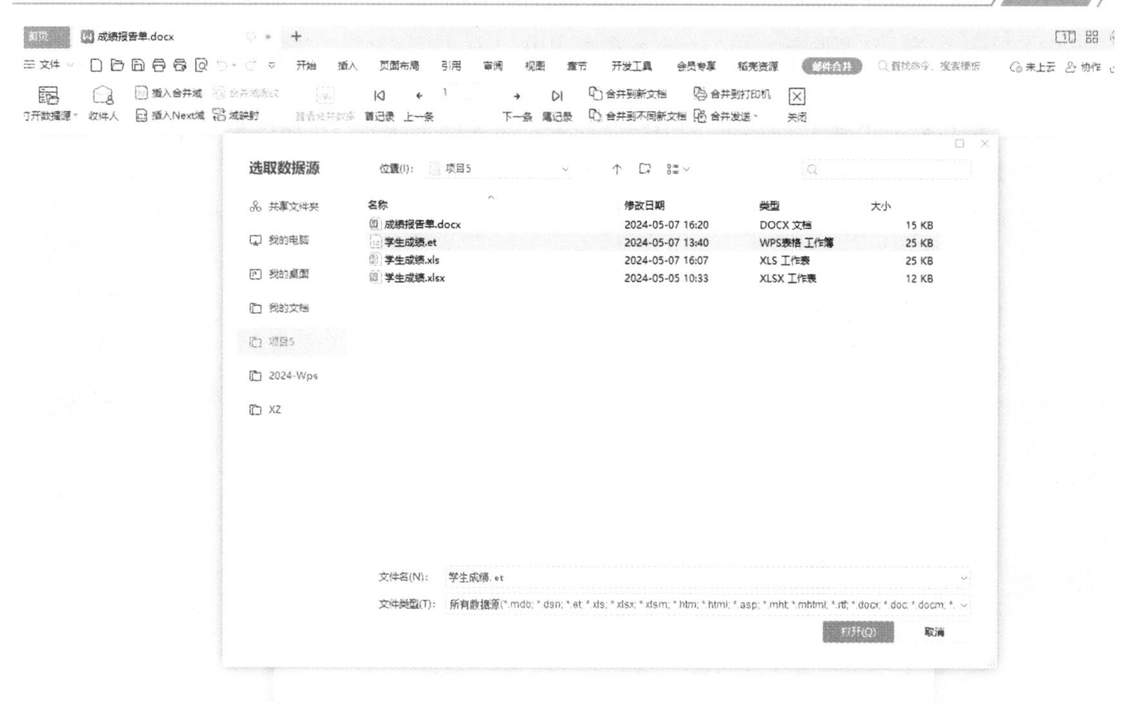

图 5.4 选择数据源文件

（2）将光标定位在“学号”后的单元格中，单击“插入合并域”命令在弹出的窗口中选择“学号”单击“插入”便会在文档中插入了«学号»域，如图 5.5 所示；域用«»符号标识，然后用相同方法分别在文档中相应的位置插入«姓名»域、«语文»域、«数学»域、«英语»域、«思品»域、«科学»域、«音乐»域、«体育»域、«美术»域、«总分»域、«排名»域，如图 5.6 所示。

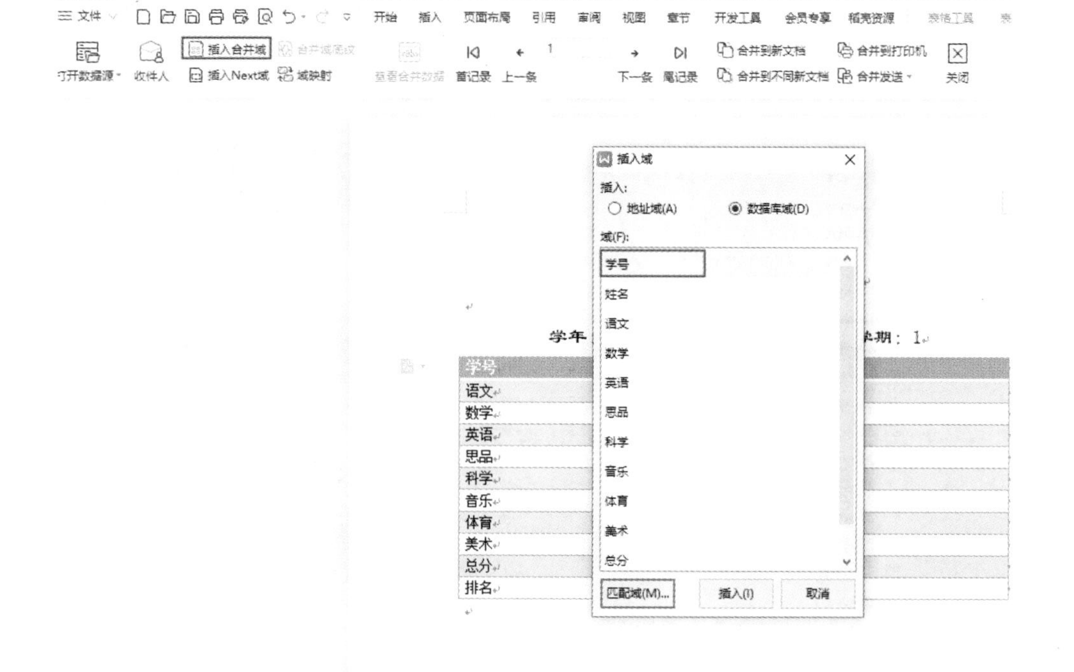

图 5.5 插入合并域

（3）单击“合并到不同新文档”命令，在弹出窗口中“以域名”处选择“学号”，“保存类型”处选择默认的“WPS 文字文件（*.wps）”，“文件位置”按自己要求进行选择，“合并记录”处选择“全部”然后单击“确定”按钮，如图 5.7 所示。单击确定后，会在相应的文件夹中生成数量和数据源文件中记录条数一样多的成绩报告单文件，如图 5.8 所示。

北华小学成绩报告单

学年：2023-2024　　　　学期：1

学号 «学号»	姓名 «姓名»
语文	«语文»
数学	«数学»
英语	«英语»
思品	«思品»
科学	«科学»
音乐	«音乐»
体育	«体育»
美术	«美术»
总分	«总分»
排名	«排名»

图 5.6　完成合并域的插入

图 5.7　合并文档

名称	修改日期	类型	大小
1_1.wps	2024-05-08 10:32	WPS文字 文档	20 KB
2_2.wps	2024-05-08 10:32	WPS文字 文档	20 KB
3_3.wps	2024-05-08 10:32	WPS文字 文档	20 KB
4_4.wps	2024-05-08 10:32	WPS文字 文档	20 KB
5_5.wps	2024-05-08 10:32	WPS文字 文档	20 KB
6_6.wps	2024-05-08 10:32	WPS文字 文档	20 KB
7_7.wps	2024-05-08 10:32	WPS文字 文档	20 KB
8_8.wps	2024-05-08 10:32	WPS文字 文档	20 KB
9_9.wps	2024-05-08 10:32	WPS文字 文档	20 KB
10_10.wps	2024-05-08 10:32	WPS文字 文档	20 KB
11_11.wps	2024-05-08 10:32	WPS文字 文档	20 KB
12_12.wps	2024-05-08 10:32	WPS文字 文档	20 KB
13_13.wps	2024-05-08 10:32	WPS文字 文档	20 KB
14_14.wps	2024-05-08 10:32	WPS文字 文档	20 KB
15_15.wps	2024-05-08 10:32	WPS文字 文档	20 KB
16_16.wps	2024-05-08 10:32	WPS文字 文档	20 KB
17_17.wps	2024-05-08 10:32	WPS文字 文档	20 KB
18_18.wps	2024-05-08 10:32	WPS文字 文档	20 KB
19_19.wps	2024-05-08 10:32	WPS文字 文档	20 KB
20_20.wps	2024-05-08 10:32	WPS文字 文档	20 KB
21_21.wps	2024-05-08 10:32	WPS文字 文档	20 KB
22_22.wps	2024-05-08 10:32	WPS文字 文档	20 KB
23_23.wps	2024-05-08 10:32	WPS文字 文档	20 KB
24_24.wps	2024-05-08 10:32	WPS文字 文档	20 KB
25_25.wps	2024-05-08 10:32	WPS文字 文档	20 KB
26_26.wps	2024-05-08 10:32	WPS文字 文档	20 KB
27_27.wps	2024-05-08 10:32	WPS文字 文档	20 KB
28_28.wps	2024-05-08 10:32	WPS文字 文档	20 KB
29_29.wps	2024-05-08 10:32	WPS文字 文档	20 KB
30_30.wps	2024-05-08 10:32	WPS文字 文档	20 KB
31_31.wps	2024-05-08 10:32	WPS文字 文档	20 KB
32_32.wps	2024-05-08 10:32	WPS文字 文档	20 KB

图 5.8　合并生成的新文档

合并生成的成绩报告单如图 5.9 所示。

北华小学成绩报告单

学年：2023-2024　　　　学期：1

学号　　1	姓名　　陈×雪
语文	99
数学	100
英语	96
思品	98
科学	99
音乐	99
体育	100
美术	99
总分	790
排名	15

图 5.9　成绩报告单效果图

5.4 项 目 总 结

本项目主要是实现表格设计及邮件合并的使用。这两方面内容的实用性都比较强，应用范围也非常广泛。

邮件合并在使用的过程中，要严格按照其操作步骤，一步一步来实现。特别是在数据源的设置及使用过程中，要注意数据源的正确性，以及数据源的文件格式，在完成邮件合并之前要确认各个合并域插入的准确性。

5.5 课 后 练 习

根据素材，使用邮件合并功能完成邀请函的设置。

项目6　设置考试成绩信息

6.1 项　目　背　景

万同学所在的计算机协会接到了制作某学院期末考试的成绩介绍说明的任务，要求使用WPS软件进行制作，各页面的布局不尽相同，因万同学比较熟悉WPS软件的操作，所以该工作任务就由万同学来完成了。考试成绩信息介绍整体要求如下：

（1）文档共3节，9页组成：其中1、2、3页为一节，4、5、6页为一节，7、8、9页为一节。

（2）每页显示内容均为4行，内容水平对齐方式为“居中”，样式均为正文。第1节第1页第1行为程序设计，第2页第1行为高等数学，第3页第1行为大学英语；第2节第1页第1行为思想政治，第2页第1行为微机原理，第3页第1行为专业导论；第3节第1页第1行为大学物理，第2页第1行为人工智能，第3页第1行为数据分析。每页第2行为第X页；第3行为共Y页；第4行为本节有Z页。其中X、Y、Z是使用插入的域自动生成的，并以中文数字（壹、贰、叁）的形式显示。

（3）第1节：页面方向为纵向、纸张大小为16开；页眉内容为“必修课”，页脚内容为“考试”，均居中显示。

（4）第2节：页面方向为横向、纸张大小A4；页眉内容为“必修课”，页脚内容为“考查”，均居中显示；对该页面添加行号，起始编号为“1”。

（5）第3节：页面方向为纵向、纸张大小为B5；设置页面边框为默认线型，自定义颜色为RGB模式，值为（255,0,0），线宽1磅；页眉内容为“选修课”，页脚内容为“考查”，均居中显示。

6.2 项　目　分　析

本项目在制作时，主要用到如下知识与技能：

1. 分页符与分节符

分页符是分页的一种符号，处于上一页结束及下一页开始的位置。WPS 文字中可通过插入分页符在指定位置强制分页，分页符如图6.1所示。

图6.1　分页符

分节符是指为表示节的结尾插入的标记。分节符包含节的格式设置元素，如页边距、页面的方向、页眉和页脚，以及页码的顺序。分节符如图6.2所示。

分节符(下一页)

分节符(连续)

分节符(偶数页)

分节符(奇数页)

图6.2　分节符

2. 设置分页与分节

在建立新文档时，WPS 文字将整篇文档默认为一节，在同一节中只能应用相同的版面设计。为了版面设计多样化，可以将文档分割成任意数量的节，用户可以根据需要为每节设置不同的节格式。

“节”是一篇文档版面设计的最小最有效单位。可为节设置页边距、纸型或方向、打印机纸张来源、页面边框、页眉页脚、分栏、页码、行号、脚注和尾注等多种格式类型。节操作主要通过插入分节符来实现。分节符主要有“下一页”“连续”“奇数页”“偶数页”四种类型。在写论文时，想把论文分成不同的节，同时还要实现新的节从下一页开始，这时候通常用“下一页”的分节符。

分页分为软分页和硬分页，当文档排满一页时，WPS 文字会按照用户所设定的纸型、页边距值及字体大小等自动对文档进行分页处理，随着文档内容增加，Word 会自动调整软分页及页数。硬分页符是在文档想要的分页处定位光标，单击“插入”选项卡→“分页”→“分页符（P）”（快捷键 Ctrl+Enter）按钮；或者单击“页面布局”选项卡→“分隔符”→“分页符（P）”即可实现硬分页。

3. 域

WPS 文档中的域其实就是指范围，类似数据库中的字段，实际上，它就是文档中的一些字段。每个域都有一个唯一的名字，但有不同的取值。在文档排版时，若能熟练使用域，可增强排版的灵活性，减少许多烦琐的重复操作，提高工作效率。

4. 页面设置

页面设置包括页边距、纸张、版式、文档网格和分栏五个选项的设置。

5. 页眉页脚

页眉页脚是文档中每个页面页边距的顶部和底部区域，可以在页眉和页脚中插入文本、时间、图形、公司徽标、文档标题、文件名或作者姓名等信息。

6. 添加不同的页眉和页脚

在分节后的文档页面中，不仅可以对节进行页面设置、分栏设置，还可以对节进行个性化的页眉页脚设置。比如在同一文档中，不同节的页眉页脚设置不同，奇偶页的页眉页脚设置不同，不同章节的页码编写方式不同等。

页眉页脚内容可以是任意输入的文字、日期、时间、页码，甚至图形等，也可以是手动插入的“域”，实现页眉页脚的自动化编辑。

为文档插入页眉页脚，可以利用“插入”选项卡中的“页眉页脚”命令完成。

单击“插入”选项卡中的“页眉页脚”→“页眉”可以在下拉菜单中预设的多种页眉样式中选择，这些样式存放在页眉“库”中的构建基块。需要注意，若已插入了系统预设样式的封面，则可以挑选预设样式的页眉和页脚以统一文档风格。也可以单击“编辑页眉”，此时系统会自动切换至“页面视图”，并且文档中的文字全部变暗，以虚线框标出页眉区，在屏幕上显示“页眉页脚”选项卡，此时自己可键入文字，或者根据页眉和页脚工具自行插入时间、日期、图片等。如需插入域代码，可选择“域”→在弹出的“域”编辑窗口选择“域”的类型。退出页眉页脚编辑可以单击“关闭”按钮。

在“页眉页脚”选项卡中还有三个与节相关的按钮：

（1）显示前一项：当文档被划分为多节时，单击该按钮可以进入上一节的页眉或页脚区域。

（2）显示后一项：当文档被划分为多节时，单击该按钮可以进入下一节的页眉或页脚区域。

（3）同前节：当文档被划分为多节时，单击该按钮可以设置本节页眉页脚与前一节页眉页脚的内容相同与否。

如需要删除页眉页脚，可以利用“页眉页脚”→“配套组合”中的“删除页眉页脚”命令，也可以利用“页眉”中的“删除页眉”或者利用“页脚”中的“删除页脚”来分别删除页眉或者页脚。

6.3 项 目 实 现

6.3.1 设置多页文档

在 WPS 文档中，要实现文档的多页面，可通过插入分页符或者分节符。

分页符仅仅只实现文档的分页，将光标以后的内容另起一页，但光标前的内容和光标后的内容还是同一节的，页面设置、页眉页脚以及页码都只能进行相同的设置。

分节符用于实现文档分节，可以同一页中分不同节，也可以在分节的同时进入下一页（奇、偶数页）。分节后文档中的各节可以进行不同的页面设置，各节也可以设置不同的页眉、页脚。

分页符与分节符在文档中的应用如下：

（1）在文档编排中，某几页需要横排，或者需要不同的纸张、页边距等，那么将这几页单独设为一节，与前后内容不同节。

（2）在文档编排中，首页、目录等的页眉和页脚、页码与正文部分需要不同，那么将首页、目录等作为单独的节。

（3）如果前后内容的页面编排方式与页眉页脚都一样，只是需要新的一页开始新的一章，那么一般用分页符即可，当然使用分节符（下一页）也是可以的。

要求：文档共 3 节，9 页组成：其中 1、2、3 页为一节，4、5、6 页为一节，7、8、9 页为一节。

新建 WPS 空白文档，单击“页面布局”选项卡→“分隔符”按钮，选择“分页符”，连续插入两个分页符将文档页面分为 3 页，如图 6.3 所示。

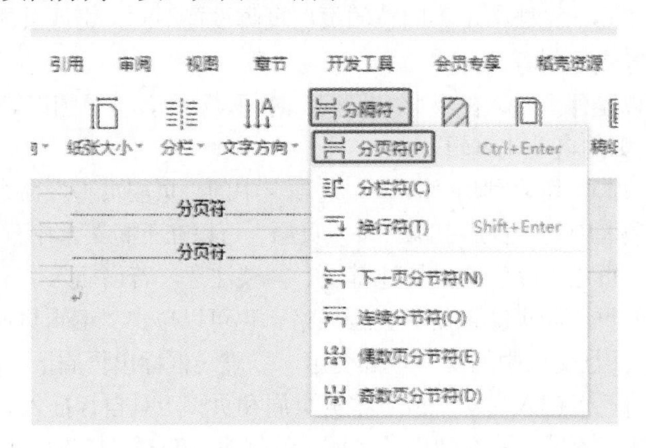

图 6.3 插入分页符

单击“开始”选项卡→“段落”组右上角的“显示/隐藏编辑标记”切换按钮，显示分页符，如图 6.4 所示。

按照同样的步骤，在第 3 页的后面插入一个分隔符中的下一页分节符（N），将第 3 页和第 4 页分成两节。

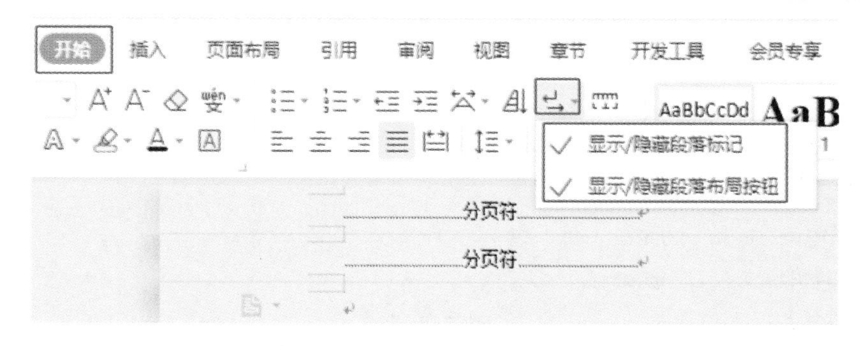

图 6.4　显示出的分页符

按照顺序，依次插入分页符、分页符、下一页分节符（N）、分页符、分页符、下一页分节符（N）、分页符、分页符后，将文档分成 9 页，共 3 节。双击文档最上方边沿处，可将空白隐藏，如图 6.5 所示，隐藏后可看到分页分节后的文档结果，如图 6.6 所示。

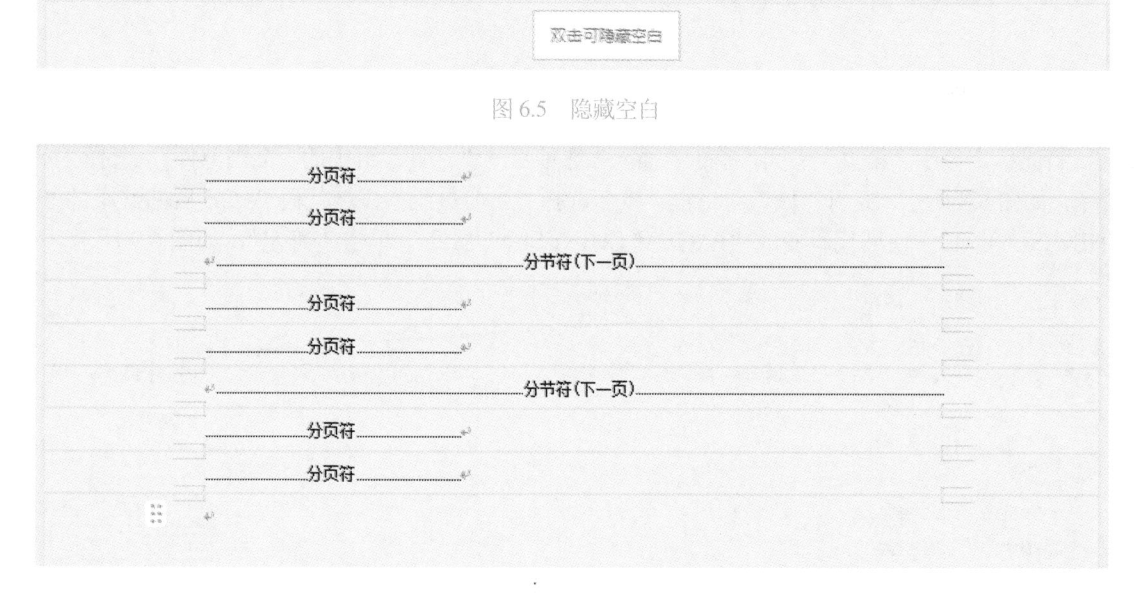

图 6.5　隐藏空白

图 6.6　分页分节后文档效果

6.3.2　插入内容与域

要求：每页显示内容均为 4 行，内容水平对齐方式为“居中”，样式均为正文。第 1 节第 1 页第 1 行为程序设计，第 2 页第 1 行为高等数学，第 3 页第 1 行为大学英语；第 2 节第 1 页第 1 行为思想政治，第 2 页第 1 行为微机原理，第 3 页第 1 行为专业导论；第 3 节第 1 页第 1 行为大学物理，第 2 页第 1 行为人工智能，第 3 页第 1 行为数据分析。每页第 2 行为第 X 页；第 3 行为共 Y 页；第 4 行为本节有 Z 页。其中 X、Y、Z 是使用插入的域自动生成的，并以中文数字（壹、贰、叁）的形式显示。

1. 内容输入

第 1、2、3 页首行中分别输入“程序设计”“高等数学”“大学英语”，第 4、5、6 页首行中分别输入“思想政治”“微机原理”“专业导论”，第 7、8、9 页首行中分别输入“大学物理”“人工智能”“数据分析”。在第 1 页的第 2、3、4 行中分别输入“第页”“共页”“本节有页”，如图 6.7 所示。

程序设计
第页
共页
本节有页 分页符
高等数学 分页符
大学英语 分节符(下一页)
思想政治 分页符
微机原理 分页符
专业导论 分节符(下一页)
大学物理 分页符
人工智能 分页符
数据分析

图 6.7　输入文本内容

2. 插入域

将光标定位于“第页”中间，单击“插入”选项卡→“部件”组中的“文档部件”，选择“域”命令，如图 6.8 所示，打开“域”对话框。域名选择“当前页码”在域代码 PAGE 后粘贴底部“* CHINESENUM2”使域代码变成“PAGE * CHINESENUM2E”单击“确定”，如图 6.9 所示。

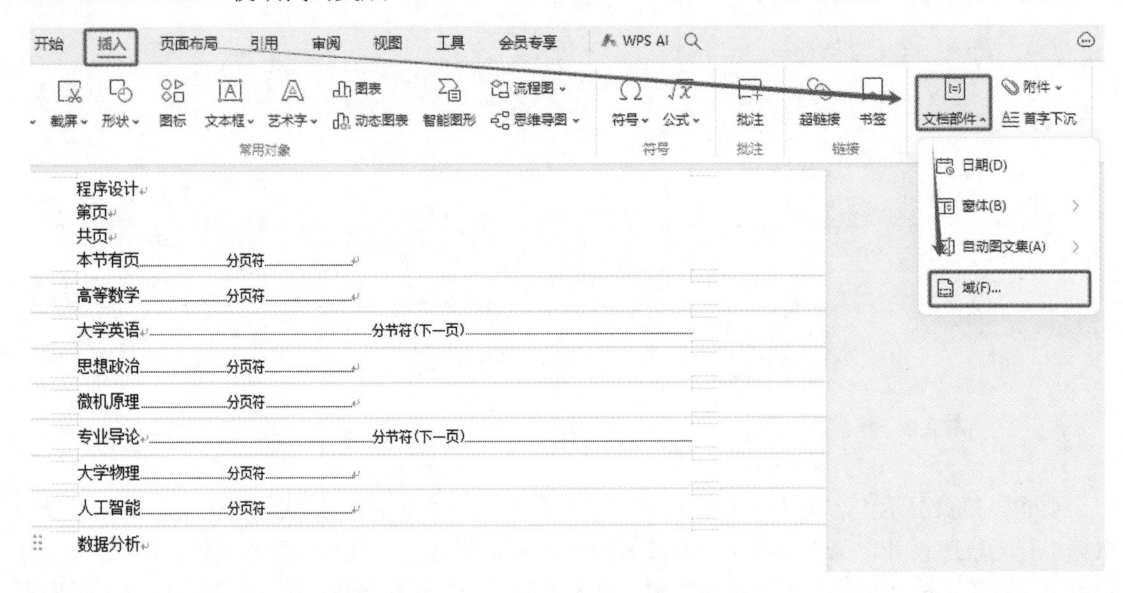

图 6.8　插入域

依次在“共页”和“本节有页”“页”字之前插入当前页码域和文档总页数域。其中当“文档的页数”域代码为“NUMPAGES *CHINESENUM2”，如图 6.10 所示；“本节总页数”域代码为“SECTIONPAGES * CHINESENUM2　”，如图 6.11 所示。

选中第 2、3、4 行，右击，在弹出的快捷菜单中选择“切换域代码”命令，可查看到插入的 3 个域名，如图 6.12 所示。

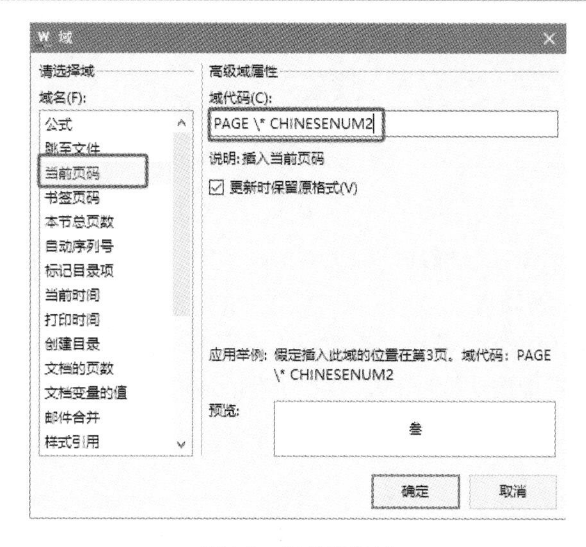

图 6.9　当前页码域

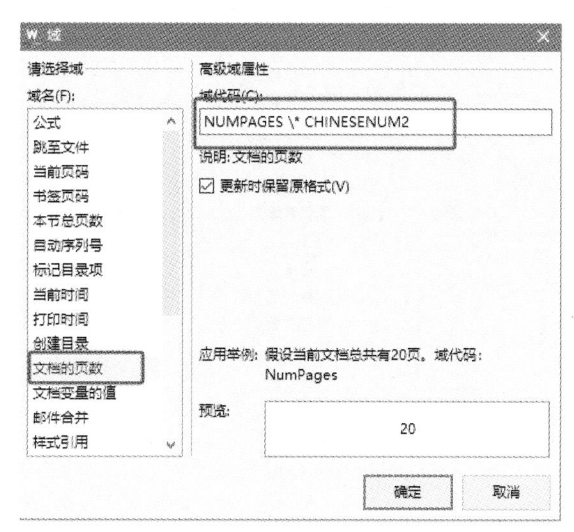

图 6.10　文档的页数域

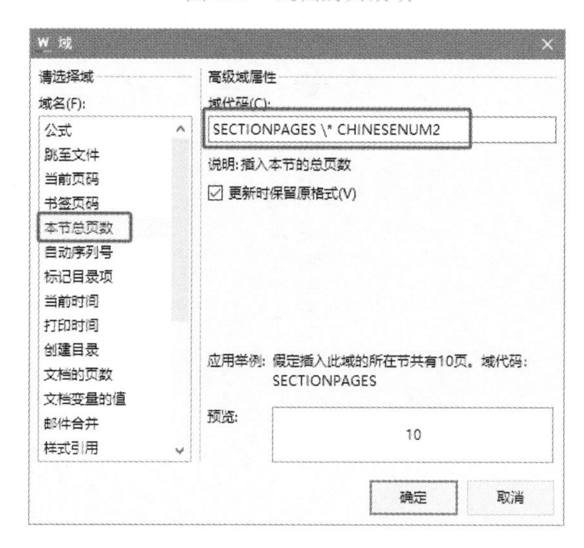

图 6.11　本节总页数域

第{ PAGE * CHINESENUM2 * MERGEFORMAT }页
共{ NUMPAGES * CHINESENUM2 * MERGEFORMAT }页
本节有{ SECTIONPAGES * CHINESENUM2 * MERGEFORMAT }页..............分页符..............

图 6.12 插入的 3 个域

3. 更新域

将第 1 页的 2、3、4 行复制，并粘贴到其余页的 2、3、4 行中，此时可看到所有页面中都是“第壹页、共玖页、本节有叁页”。

全选所有内容，按照要求将段落格式设置为水平居中，单击鼠标右键，在弹出的快捷菜单中选择“更新域”命令，或直接按功能键 F9，可对所有的域进行更新，完成后 9 页的效果如图 6.13 所示。

程序设计
第壹页
共玖页
本节有叁页..............分页符..............
高等数学
第贰页
共玖页
本节有叁页..............分页符..............
大学英语
第叁页
共玖页
本节有叁页..............分节符（下一页）..............
思想政治
第肆页
共玖页
本节有叁页..............分页符..............
微机原理
第伍页
共玖页
本节有叁页..............分页符..............
专业导论
第陆页
共玖页
本节有叁页..............分节符（下一页）..............
大学物理
第柒页
共玖页
本节有叁页..............分页符..............
人工智能
第捌页
共玖页
本节有叁页..............分页符..............
数据分析
第玖页
共玖页
本节有叁页

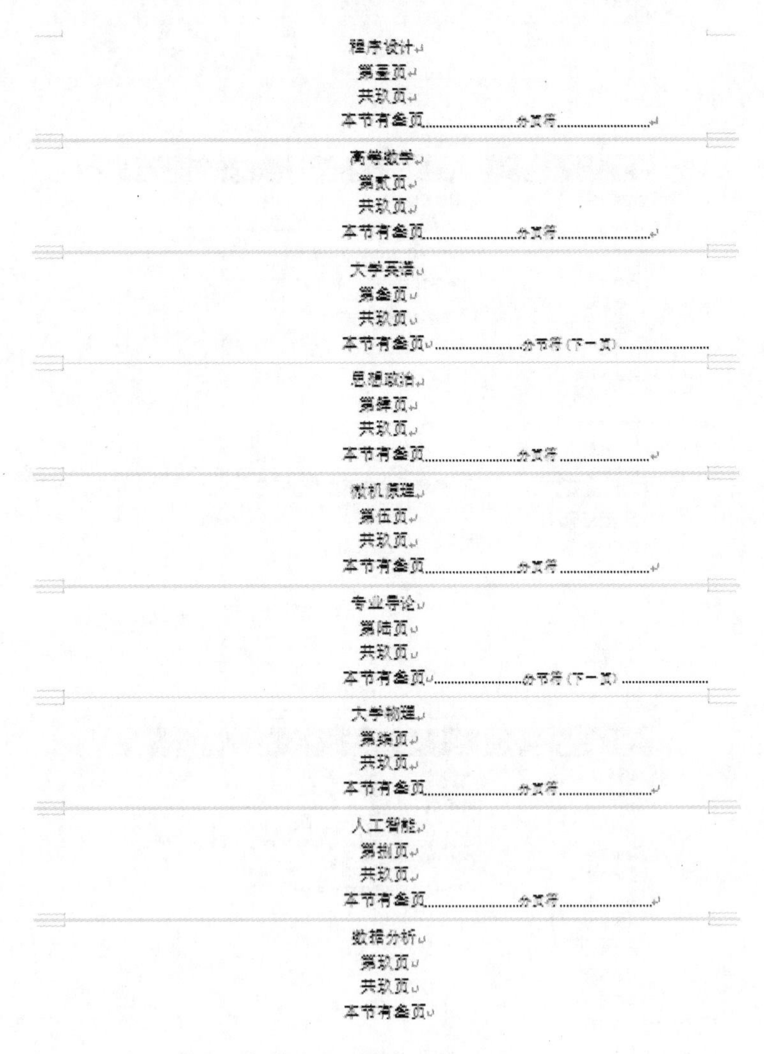

图 6.13 完成的 9 页效果

6.3.3 页面和页眉页脚设置

1. 第 1 节页面设置

要求：页面方向为纵向、纸张大小为 16 开；页眉内容为“必修课”，页脚内容为“考试”，均居中显示。

将光标定位于第 1 节中，单击“页面布局”选项卡→“页眉页脚”组的“页眉页脚”，打开“页眉页脚”对话框。光标定位到第 1 页页眉中单击“开始”选项卡的“居中对齐”命令；光标定位到第 1 页页脚中单击“开始”选项卡的“居中对齐”命令；光标定位到第 2 节第 1 页的页眉处，在页面页脚编辑栏中的“导航”组中单击“同前节”命令，让“同前节”命令由原来的激活状态设置成非激活状态；同样的方法设置页脚以及第二节和第三节的页眉页脚。在第 1 节第 1 页页眉中输入“必修课”，在第 1 页页脚中输入“考试”；单击“页面布局”选项卡中“页面设置”组右下角的 ↘ 按钮打开“页面设置”窗口，在“纸张”选项卡中“纸张大小”选择“16 开”，“应用于”选择“本节”如图 6.14 所示。

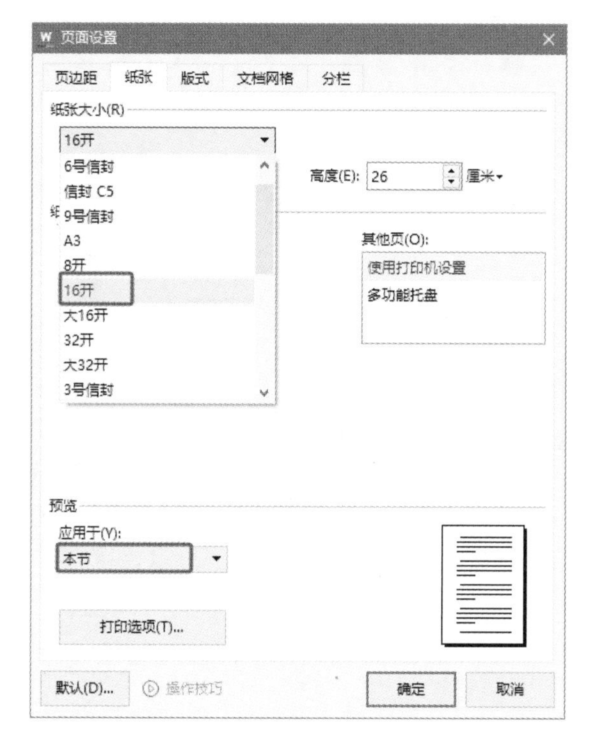

图 6.14　第 1 节页面设置

2. 第 2 节页面设置

要求：页面方向为横向、纸张大小 A4；页眉内容为“必修课”，页脚内容为“考查”，均居中显示；对该页面添加行号，起始编号为“1”。

将光标定位于第 2 节中，按照与第 1 节相同的方法设置页面方向、纸张大小、页眉页脚内容，如图 6.15 所示。单击“页面布局”选项卡里的“效果”组中的“行号”在下拉菜单中选择“每页重编行号”，如图 6.16 所示，完成行号插入后，效果如图 6.17 所示。

3. 第 3 节页面设置

要求：页面方向为纵向、纸张大小为 B5；设置页面边框为默认线型，自定义颜色为 RGB 模式，值为（255,0,0），线宽 1 磅；页眉内容为“选修课”，页脚内容为“考查”，均居中显示。

将光标定位于第 3 节中，按照与第 1 节相同的方法设置页面方向、纸张大小、页眉页脚内容。单击“页面布局”选项卡里“效果”组中的“页面边框”项，打开页面边框设置窗口，选择“方框”，默认线型，宽度设置为“1 磅”，颜色选择“更多颜色”，在弹出的“更多颜色”窗口中选择“自定义”选项卡，颜色模式选择“RGB”在“红色（R）”处输入“255”如图 6.18、图 6.19

所示。注意“应用于”选择“本节”。完成效果如图 6.20 所示。

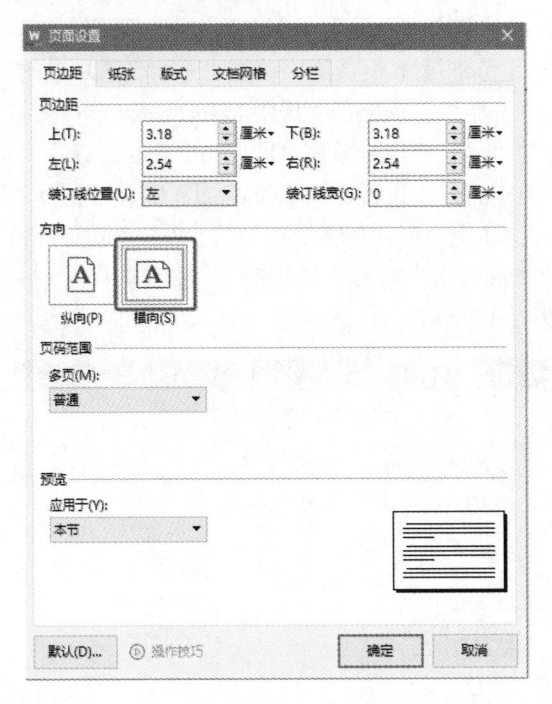

图 6.15 页面设置

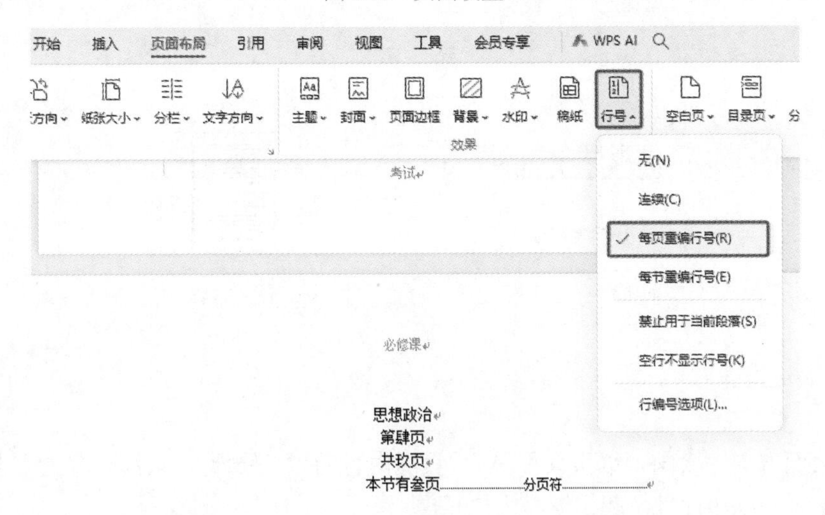

图 6.16 插入行号

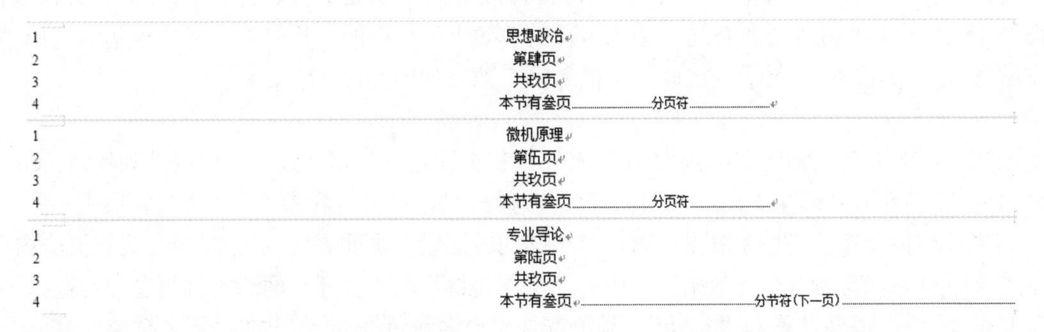

图 6.17 行号效果图

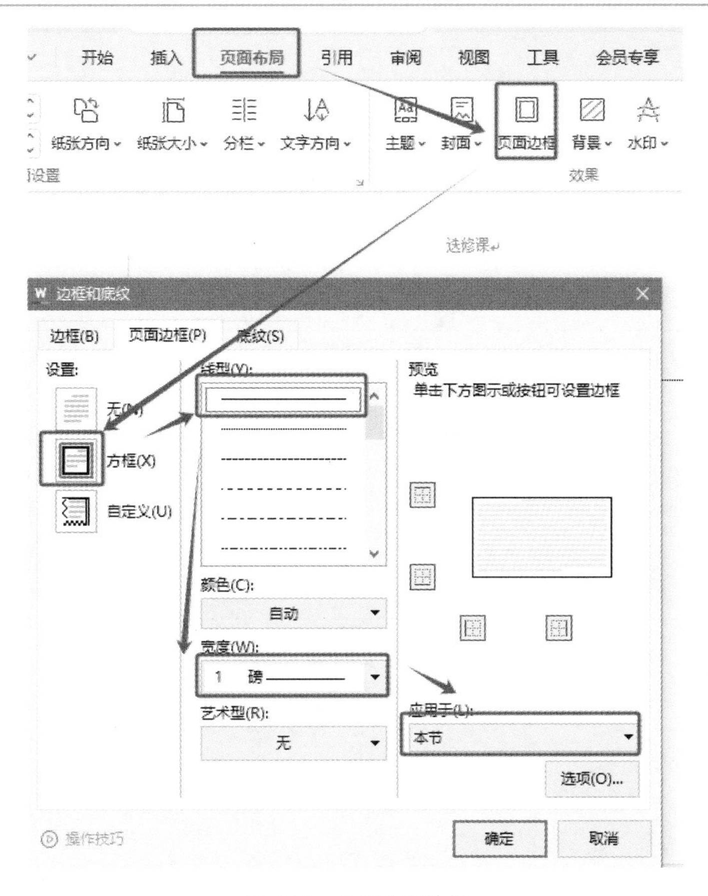

图 6.18 设置页面边框

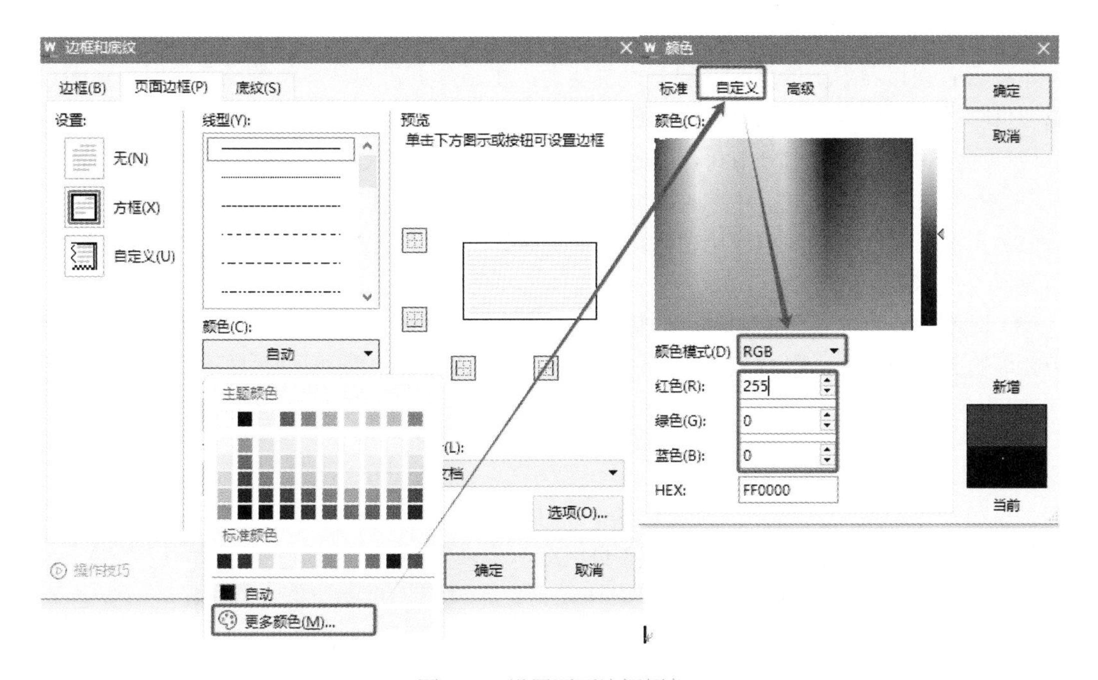

图 6.19 设置页面边框颜色

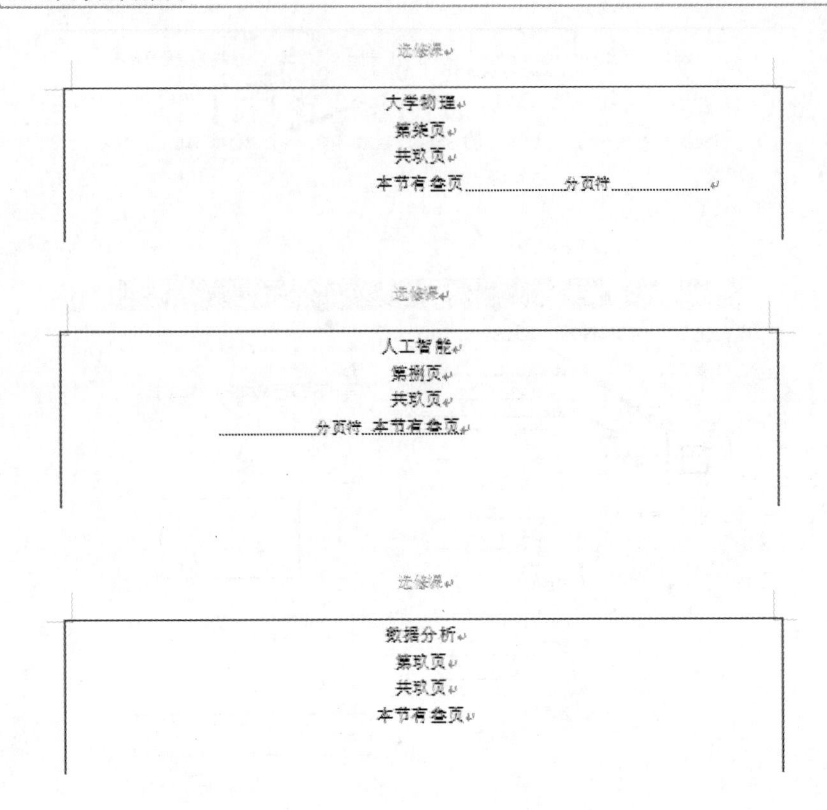

图 6.20 第 3 节效果图

6.4 项 目 总 结

本项目着重培养学生的页面布局与设置能力，包括分页符和分节符的合理使用、页面设置、页眉和页脚设置，在以后的同类操作中还需注意以下相关技巧：

（1）区别对待分页符与分节符，当各部分页面设置和页眉及页脚设置需不同时，只能选择分节符。

（2）页面设置时，需注意应用范围，注意“本节”“插入点之后”“整篇文档”的区别，另外页面设置无“本页”选项。

（3）设置各节的页眉和页脚时，如果需要不同设置，则必须将“同前节”设置成非激活状态，然后才能修改，否则将会影响到上一节的页眉页脚的内容。

6.5 课 后 练 习

1．创建文档“考试信息.docx”，由 3 页组成，要求如下：

（1）第 1 页中第 1 行内容为“语文”，样式为“标题 1”；页面边框为默认线型，自定义颜色为 RGB 模式，值为（255，0，0），宽 1 磅；页面方向为纵向、纸张大小为 16 开；页眉内容设置为“95”，居中显示；页脚内容设置为“优秀”，居中显示。

（2）第 2 页中第 1 行内容为“数学”，样式为“标题 2”；页面边框为默认线型，自定义颜色为RGB模式，值为（0，255，0），宽1磅；页面方向为横向、纸张大小为A4；页眉内容设置为“85”，居中显示；页脚内容设置为“良好”，居中显示；对该页面添加行号，起始编号为“1”。

（3）第3页中第1行内容为“英语”，样式为“正文”；页面边框为默认线型，自定义颜色为RGB模式，值为（0，0，255），宽1磅；页面方向为纵向、纸张大小为B5；页眉内容设置为“55”，居中显示；页脚内容设置为“不及格”，居中显示。

2. 创建文档“MyDoc.docx”，要求如下：

（1）文档总共有6页，第1页为一节，第2页和第3页为一节，第4到第6页为一节。

（2）每页显示内容均为三行，左右居中对齐，样式为“正文”。

1）第一行显示：第x页。

2）第二行显示：共y页。

3）第三行显示：本节有z页。

其中x、y、z是使用插入的域自动生成的，并以中文数字（壹、贰、叁）的形式显示。

（3）每页行数均设置为40，每行30个字符。

（4）每行文字均添加行号，从“1”开始，每节重新编号。

项目7 设计迎新晚会邀请函

7.1 项 目 背 景

万同学所在学院准备于2024年9月11日举行迎接新生晚会（简称迎新晚会）。会议筹备小组要求工作人员用所学WPS知识制作一份迎新晚会邀请函样稿。

页面布局是版面设计的重要组成部分，它反映的是文档中的基本格式。在WPS中，“页面布局”选项卡包括“页面设置”“效果”“结构”“页眉页脚”等多个功能“组”。“组”中列出了页边距、纸张方向、纸张大小、分栏、文字方向、主题、页面边框等功能。

7.2 项 目 分 析

在设计该邀请函的过程中，主要使用WPS的“页面布局”选项卡中相应的功能。在设计过程中主要应用“纸张大小、方向”“页面对齐方式”“书籍折页打印”“插入节”“设置文字格式以及文字方向”等知识点。

7.3 项 目 实 现

7.3.1 设置版面布局

1. 内容概述

迎新晚会邀请函要求如下：

（1）在一张A4纸上，正反面书籍折页打印，横向对折，从右侧打开。

（2）页面（一）和页面（四）打印在A4纸的同一面；页面（二）和页面（三）打印在A4纸的另一面。

（3）四个页面要求依次显示如下内容：

1）页面（一）显示“邀请函”三个艺术字采用样式“填充-黑色，文本1，阴影”，竖排，隶书，72号，上下左右均居中对齐显示。

2）页面（二）显示“迎新晚会定于2024年9月11日18点，在学生活动中心举行，敬请光临!”，文字横排，两端对齐，首行缩进2字符，1.5倍行距。

3）页面（三）显示“迎新晚会节目单”，文字横排，居中，应用样式“标题1”。

4）页面（四）显示两行文字，第1行：“时间：2024年9月11日18点”；第2行：“地点：学生活动中心”。竖排文本框，无轮廓，宋体四号字，文本框上下左右居中显示。

2. 操作步骤

（1）新建“迎新晚会邀请函.docx”文档并打开，单击“页面布局”中的 ⌟ 按钮，打开“页面设置”窗口，在“页边距”选项卡中的“方向”选择“横向”，“多页”中选择“书籍折页”，然后单击“确定”按钮，如图7.1所示。打开“页面布局”中的“分隔符”命令，单击插入“下一页分节符”三次得到一个四页文档，如图 7.2 所示。

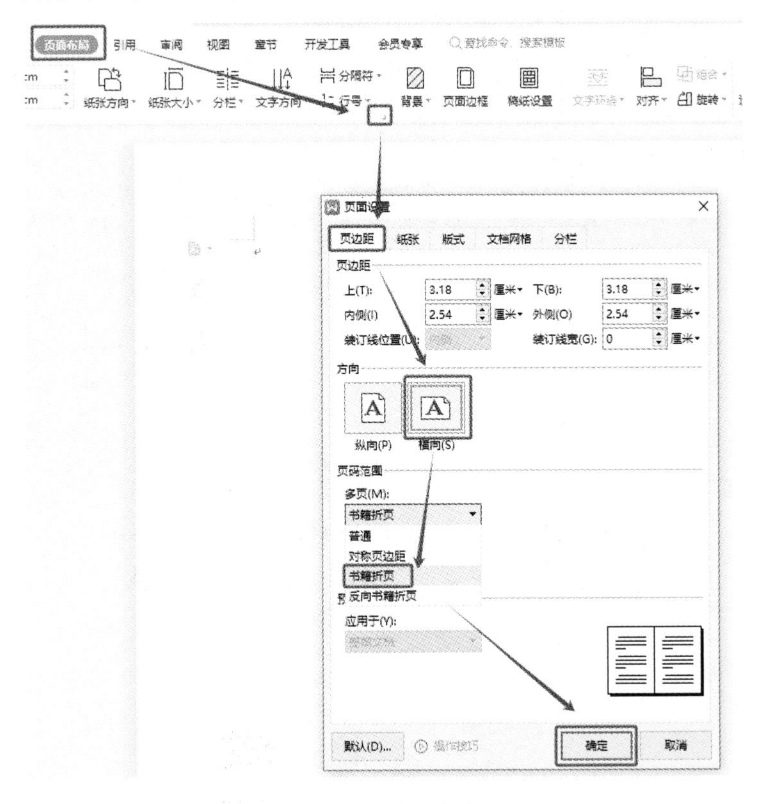

图 7.1　页面设置

图 7.2　四页空白文档

（2）在第1页中打开“插入”选项卡单击“艺术字”按钮选择“填充-黑色，文本1，阴影”艺术字样式，如图7.3所示。在艺术字框中输入“邀请函”选择艺术字，在“开始”选项卡中选择“隶书”“72号”“竖排”，如图7.4所示。打开“绘图工具”选项卡，单击“对齐”命令，选择“水平居中”“垂直居中”使得艺术字在页面中上下左右都居中，如图7.5、图7.6所示。

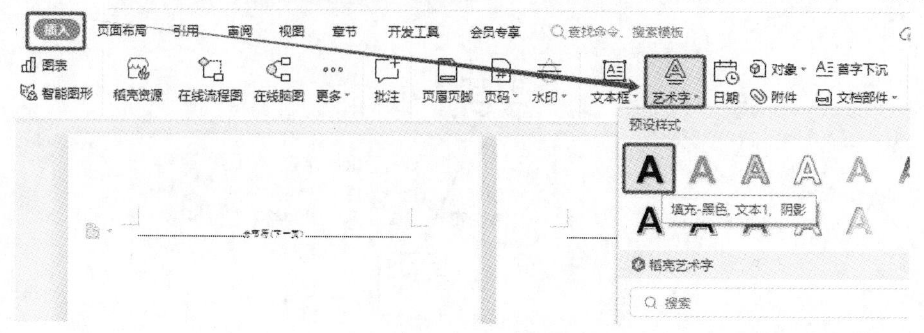

图7.3　插入艺术字

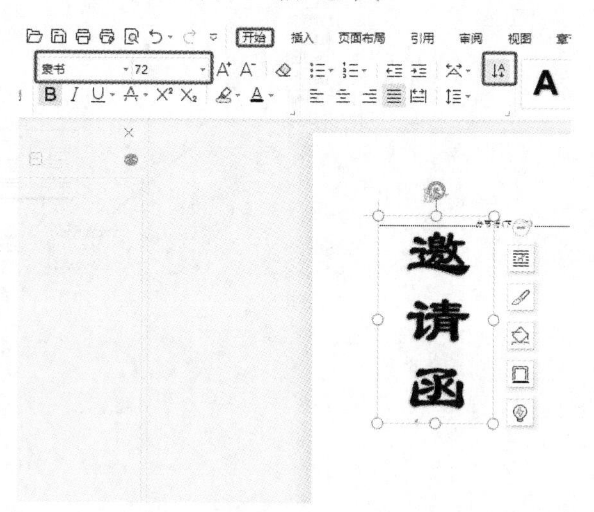

图7.4　设置艺术字

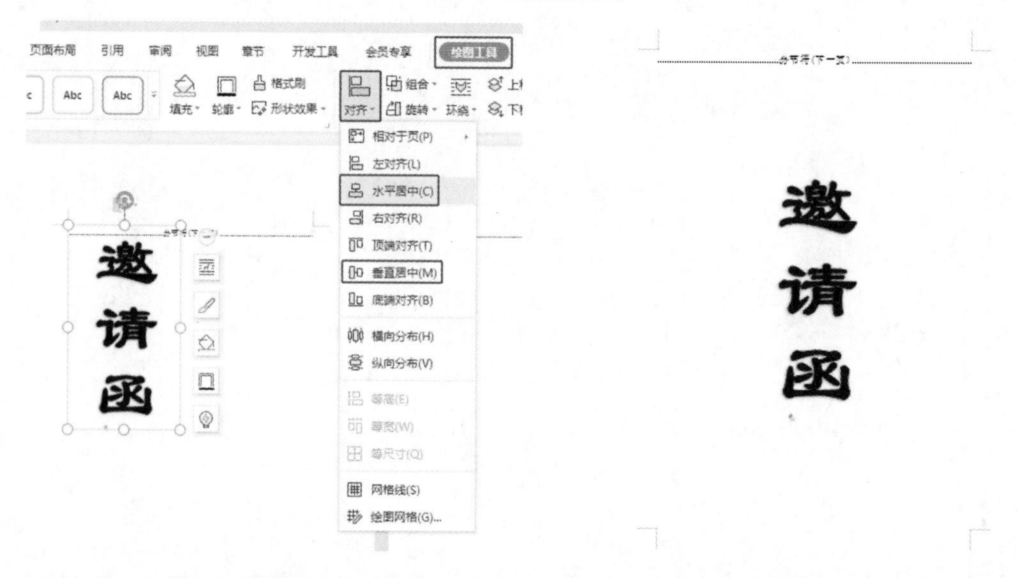

图7.5　设置对齐

图7.6　页面（一）效果

（3）在第 2 页中输入“迎新晚会定于 2024 年 9 月 11 日 18 点，在学生活动中心举行，敬请光临！”，文字横排，打开“开始”选项卡，“段落”组的 ⌟ 按钮，打开“段落”设置窗口，“对齐方式”选择“两端对齐”，“特殊格式”设置“首行缩进”，“度量值”选择“2 字符”，“行距”选择“1.5 倍行距”，如图 7.7、图 7.8 所示。

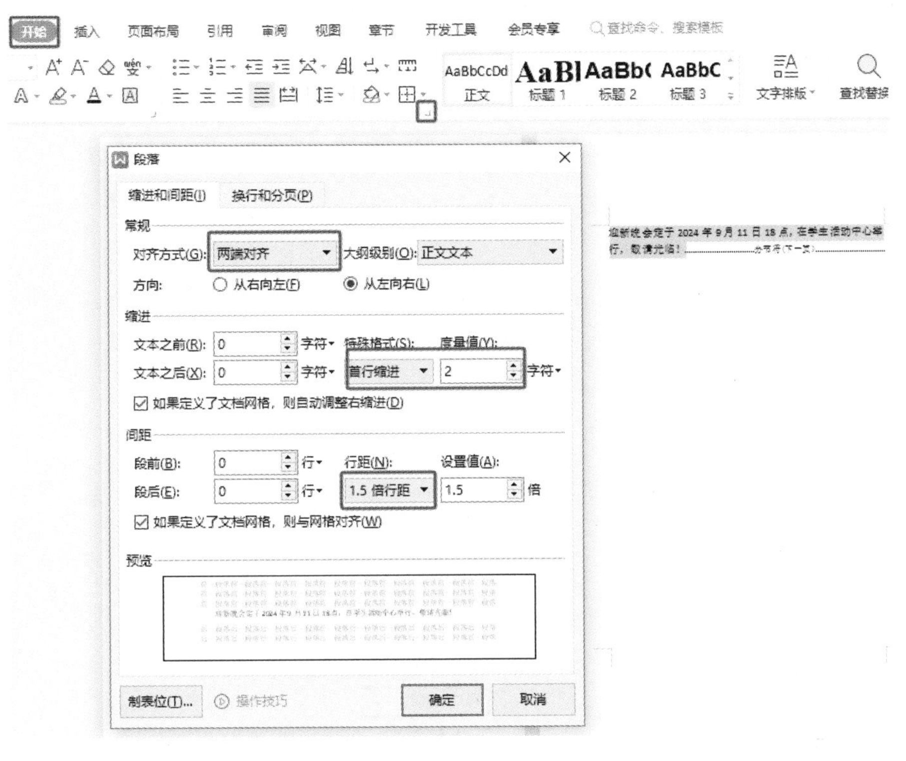

图 7.7　段落设置

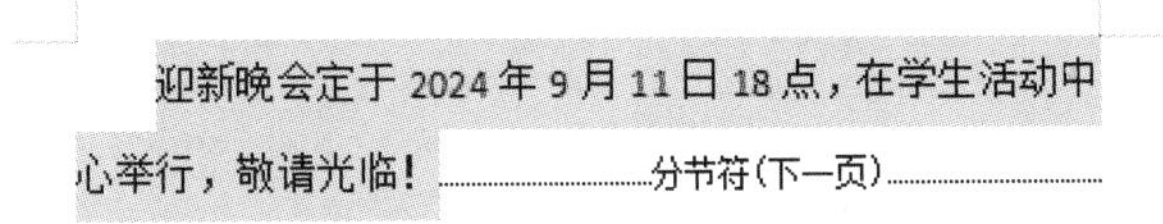

图 7.8　页面（二）效果

（4）在第 3 页中输入“迎新晚会节目单”，单击“开始”选项卡中的“标题 1”样式，然后再单击“居中”按钮，如图 7.9 所示。

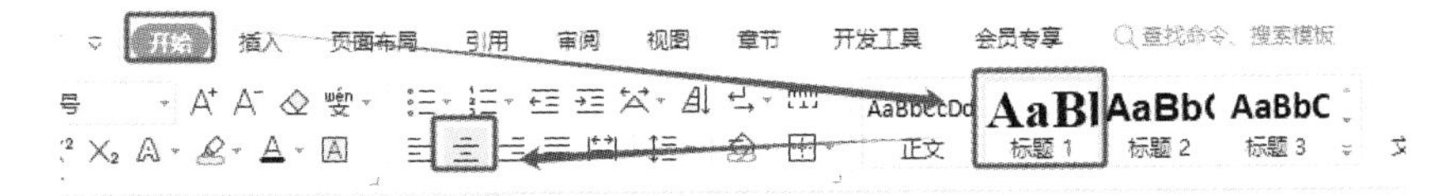

图 7.9　页面（三）效果

（5）在第4页中单击“插入”选项卡中的“文本框”命令，选择“竖向”绘制一个竖向的文本框，在文本框中第1行输入“时间：2024年9月11日18点”，第2行输入“地点：学生活动中心”，选中文本框，打开“开始”选项卡，设置字体为“宋体”，字号为“四号”，打开“绘图工具”选项卡，设置“填充”为“无填充颜色”，设置“轮廓”为“无边框颜色”，设置“对齐”为“水平居中”和“垂直居中”，如图7.10～图7.12所示。

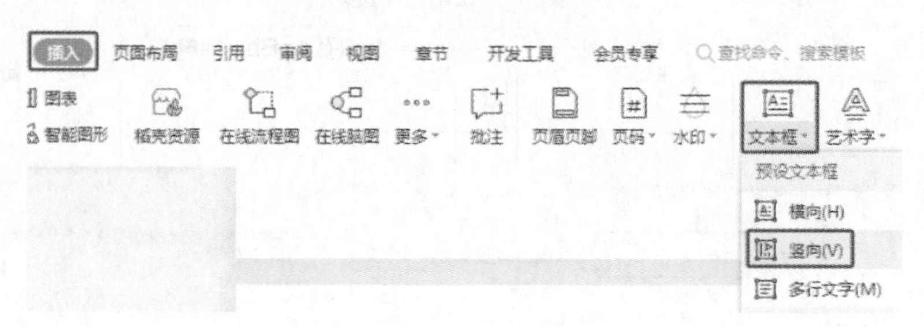

图7.10　插入文本框

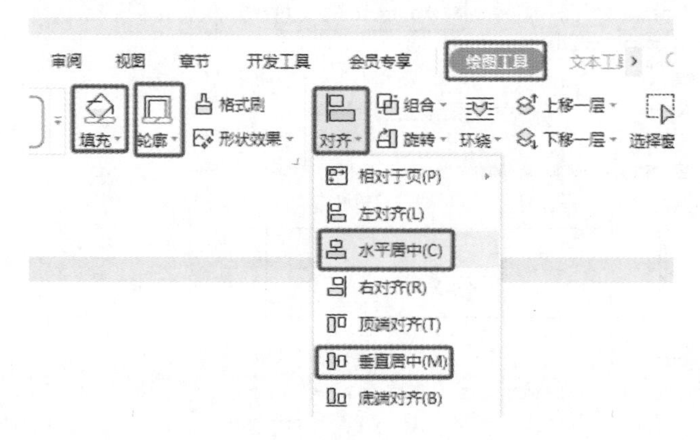

图7.11　设置文本框

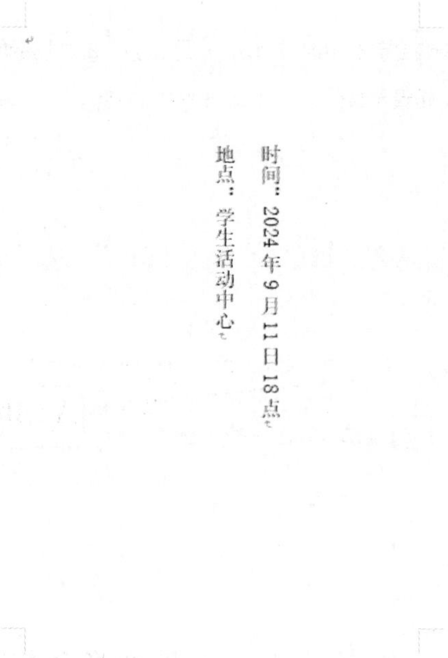

时间：2024年9月11日18点

地点：学生活动中心

图7.12　页面（四）效果

7.3.2 设置页面背景

设置邀请函所有页面背景填充效果为“纸纹 2”纹理，并给文档设置文字水印，文字内容“迎新晚会邀请函”，字体“幼圆”，字号“81”，版式“倾斜”，其余选项默认。

打开“页面布局”选项卡里的“背景”中的“其他背景”，选择“纹理”，打开“填充效果”窗口，如图 7.13 所示；在“填充效果”窗口中单击“纹理”选项卡中的“纸纹 2”然后单击“确定”按钮，如图 7.14 所示。

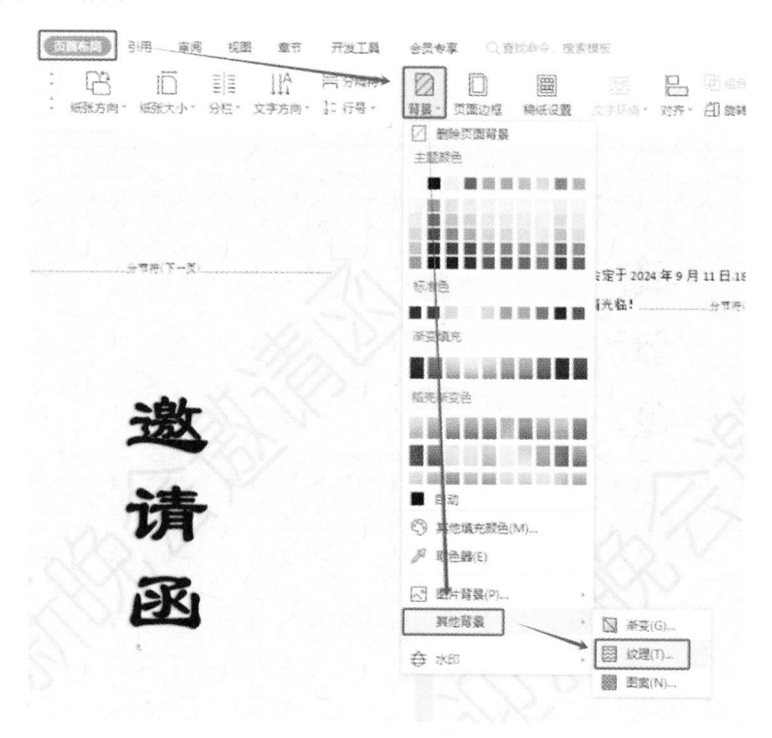

图 7.13 打开背景纹理

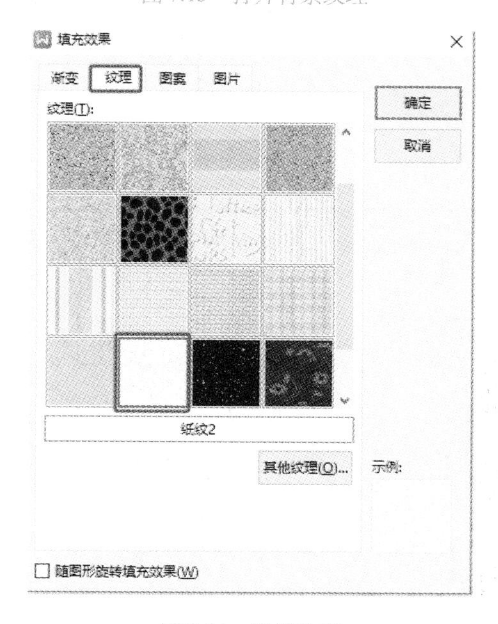

图 7.14 设置纹理

打开“页面布局”选项卡里的“背景”中的“水印”选择“插入水印”，如图 7.15 所示；或者打开“插入”选项卡中的“水印”命令，选择“插入水印”打开“水印”窗口，如图 7.16 所示。在“水印”设置窗口中选择“文字水印”，文字内容“迎新晚会邀请函”，字体“幼圆”，字号“81”，版式“倾斜”，其余选项默认，单击“确定”完成水印的插入，如图 7.17 所示。邀请函最终效果如图 7.18、图 7.19 所示。

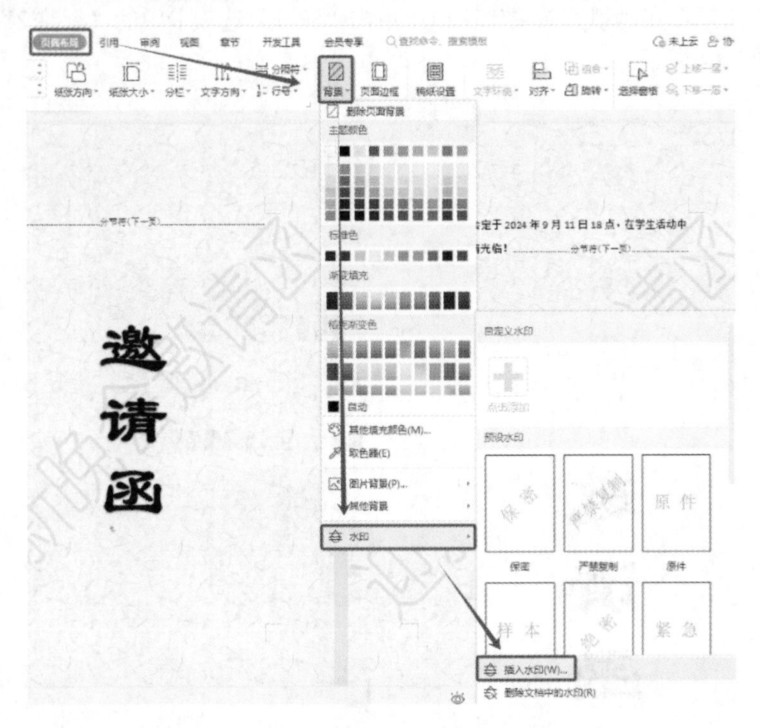

图 7.15　插入水印方法一

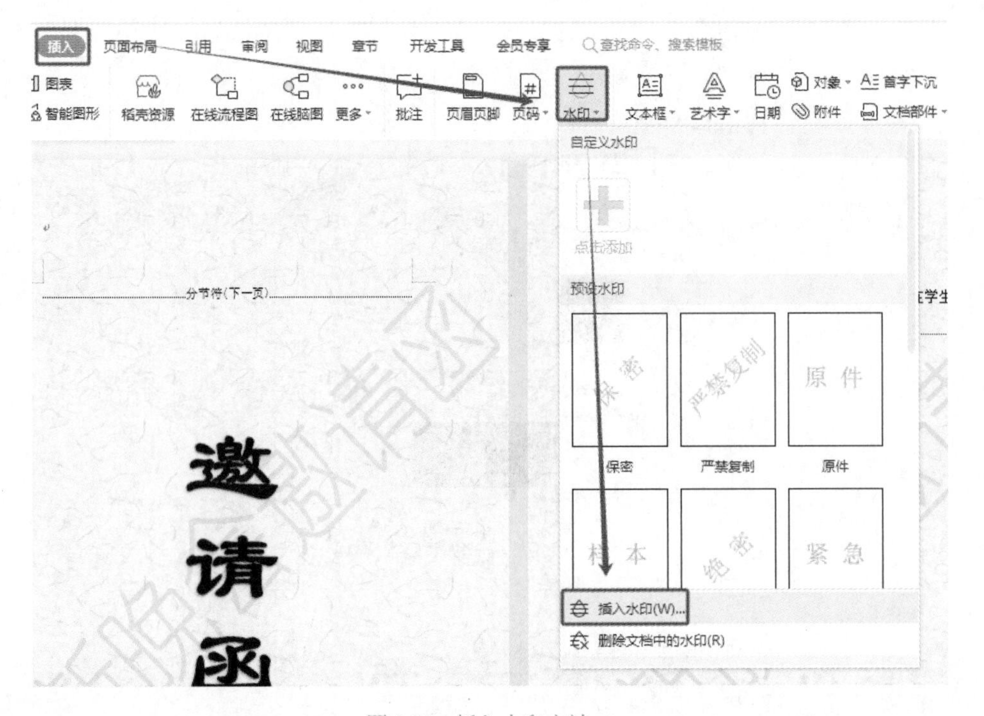

图 7.16　插入水印方法二

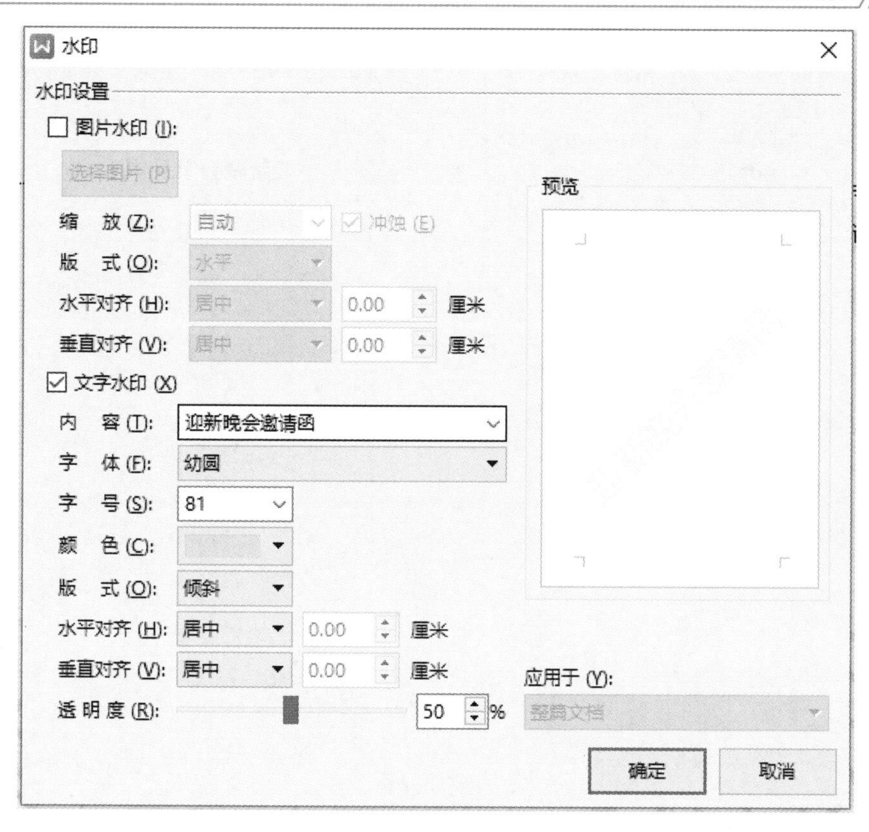

图 7.17　设置水印

图 7.18　邀请函正面效果

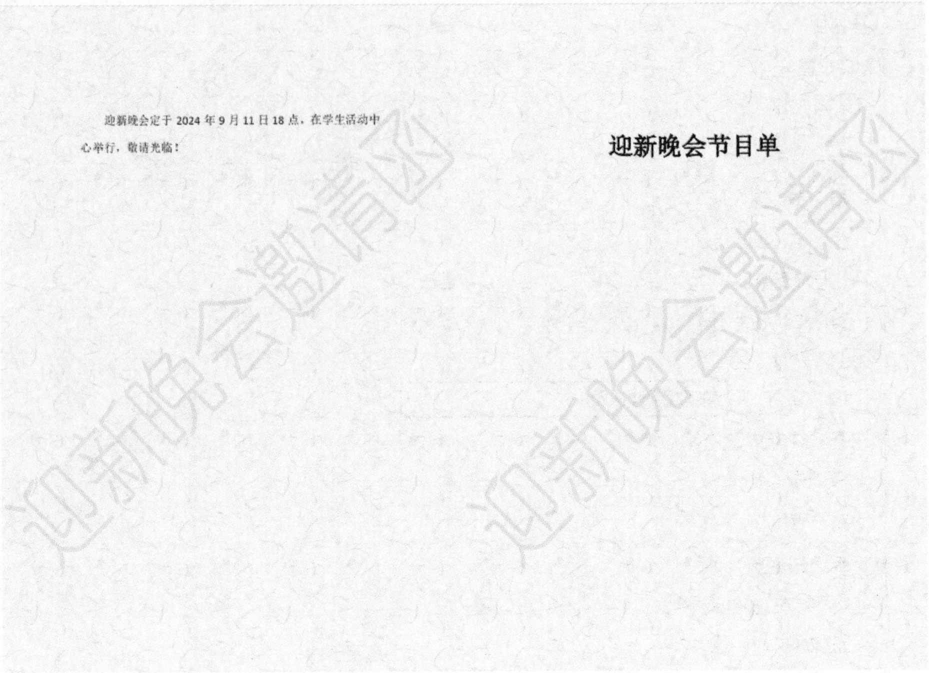
迎新晚会定于 2024 年 9 月 11 日 18 点，在学生活动中心举行，敬请光临！
迎新晚会节目单
迎新晚会邀请函
迎新晚会邀请函

图 7.19 邀请函反面效果

7.4 项 目 总 结

在设计邀请函中主要用到了 WPS 文字的页面设置、分隔符节、页面背景、插入水印等知识点。在设计过程中一定要注意艺术字以及文本框的设计与应用，并注意文档的分节设置；在设置文档的背景纹理以及水印时，一定要按要求完成相应的选项设置。

7.5 课 后 练 习

根据课程学习内容，制作请柬，要求如下：

1. 在一张 A4 纸上，正反面书籍折页打印，横向对折，从右侧打开。

2. 页面（一）和页面（四）打印在 A4 纸的同一面；页面（二）和页面（三）打印在 A4 纸的另一面。

3. 四个页面要求依次显示如下内容：

（1）页面（一）显示“请柬”两个艺术字采用样式“填充-钢蓝，着色 1，阴影”，竖排，黑体，72 号，上下左右均居中对齐显示。

（2）页面（二）显示“晚宴定于 2024 年 11 月 18 日 18 点 18 分，在×××酒店莲花厅，敬请光临！”，文字横排，两端对齐，首行缩进 2 字符，2 倍行距。

（3）页面（三）显示“诚邀请您参加”，文字横排，居中，应用样式“标题 1”。

（4）页面（四）显示两行文字，第 1 行：“2024 年 11 月 18 日 18 点 18 分”；第 2 行：“地点：×××酒店莲花厅”。竖排文本框，无填充、无轮廓，楷体三号字，文本框上下左右居中显示

项目 8　设置省和城市文档

8.1　项　目　背　景

万同学的高中同学来请教他一些计算机的题目，这些题目主要是使用 WPS 文字软件做的一些操作，主要涉及多级编号、样式设置、域的设置、目录设置、文档审阅等知识点。

万同学对 WPS 文中操作有一定的了解，主要通过一个文档的设置来对同学所问的问题进行了回答。

8.2　项　目　分　析

省和城市文档一共由 5 页组成，第 1 页中第 1 行为“第一章　浙江省”，第 2 行为“杭州和宁波”，第 3 行为“当前日期：×年×月×日”；第 2 页第 1 行为“第二章　福建省”，第 2 行为“第一节　福州和厦门”，第 3 行为“作者：×”；第 3 页第 1 行为“第三章　广东省”，第 2 行为“第一节　广州和深圳”，第 3 行为“总字数：×”；第 4 页第 1 行为“第四章　山东省”，第 2 行为“第一节　济南和青岛”，第 3 行为“山东省”，第 4 行为书签文字，第 5 行为文档上次保存的时间，第 5 页是文档的目录。

要实现文档的设置，需要使用 WPS 中的样式、多级编号、域、书签、文档目录等知识点，并且按照一定的顺序进行操作实现。

8.3　项　目　实　现

8.3.1　设置标题样式

1．内容概述

省和城市文档要求如下：

文档一共由 5 页组成，第 1 页中第 1 行为“第一章　浙江省”，第 2 行为“杭州和宁波”，第 3 行为“当前日期：×年×月×日”，其中“×年×月×日”是使用域自动生成，并以中文数字的形式显示；第 2 页第 1 行为“第二章　福建省”，第 2 行为“第一节　福州和厦门”，第 3 行为“作者：×”，其中“×”是使用域自动生成的；第 3 页第 1 行为“第三章　广东省”，第 2 行为“第一节　广州和深圳”，第 3 行为“总字数：×”，其中“×”是使用域自动生成的，并以中文数字形式显示；第 4 页第 1 行为“第四章　山东省”，第 2 行为“第一节　济南和青岛”，第 3 行为“山东省”样式为正文，将该文字设置为名为“Mark”的书签，第 4 行为书签 Mark 所标记的文本，第 5 行为使用域插入该文档上次保存的时间，格式不限；第 5 页是自动生成文档的目录，（不改变目录对话框的缺省设置）。其中，章和节的序号为自动编号（多级编号），分别使用样式“标题 1”和“标题 2”，并设置每章均从奇数页开始。新建样式“福建”，使其与样式“标题 1”在文字格式外观上完全一致，但不会自动添加到目录中（大纲级别为正文文本），并应用于“第二章 福建省”。对“宁波”添加一条批注，内容为“海港城市”；对“深圳”添加一条修订，添加拼音“shēnzhèn”。

2. 操作步骤

（1）创建“省和城市.docx”文档，利用 4 个“奇数页分节符”创建出 5 页的空白文档，将光标定位在第 1 页，单击“页面布局”选项卡里的 ⌟ 按钮，打开“页面设置”窗口，打开“版式”选项卡，“节的起始位置”选择“奇数页”然后单击“确定”按钮，如图 8.1 所示。

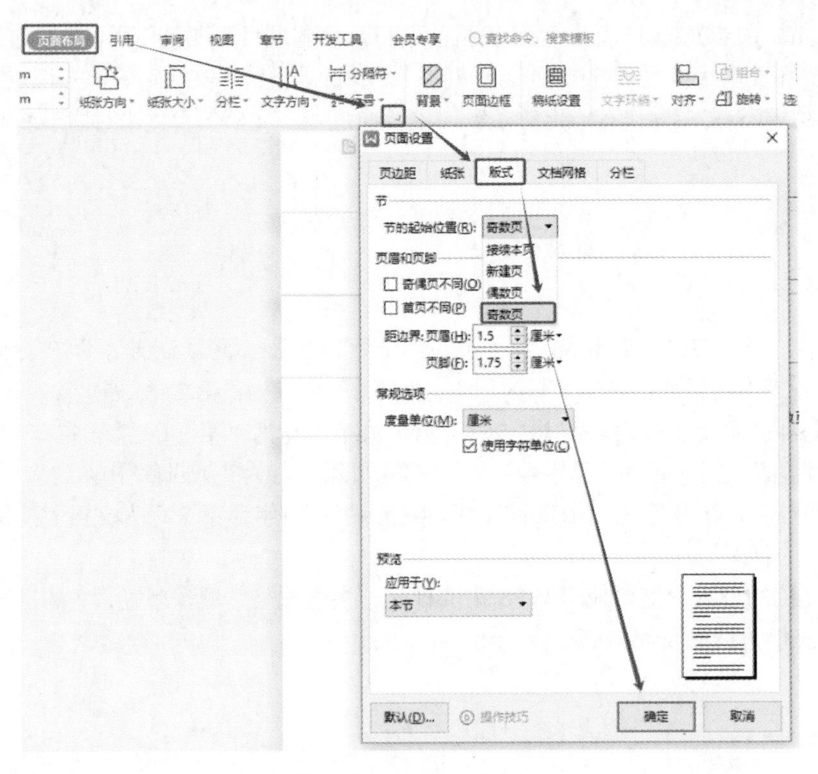

图 8.1 设置奇数页开始

（2）在第 1 页第 1 行中输入“浙江省”，第 2 行中输入“杭州和宁波”；在第 2 页第 1 行中输入“福建省”，第 2 行中输入“福州和厦门”；在第 3 页第 1 行中输入“广东省”，第 2 行中输入“广州和深圳”；在第 4 页第 1 行中输入“山东省”，第 2 行中输入“济南和青岛”。

（3）打开“开始”选项卡，单击“编号”按钮，在下拉框中选择“自定义编号”打开“项目符号和编号”对话框，如图 8.2 所示。

（4）在“项目符号和编号”对话框中打开“多级编号”选项卡，选择“第一章”样式，单击“自定义”按钮，打开“自定义多级编号列表”窗口，如图 8.3 所示。

（5）在“自定义多级编号列表”窗口中单击“高级”按钮，在“级别”中选择“1”，“编号格式”设置为“第①章”，“对齐位置”设置为“0 厘米”，“将级别链接到样式”选择“标题 1”，如图 8.4 所示；在“级别”中选择“2”，“编号格式”处在②前面输入“第”②后面输入“节”将此处设置为“第②节”，“对齐位置”设置为“0 厘米”，“将级别链接到样式”选择“标题 2”，单击“确定”按钮，如图 8.5 所示。

（6）将“浙江省”“福建省”“广东省”“山东省”应用“标题 1”样式；将“杭州和宁波”“福州和厦门”“广州和深圳”“济南和青岛”应用“标题 2”样式，如图 8.6 所示。

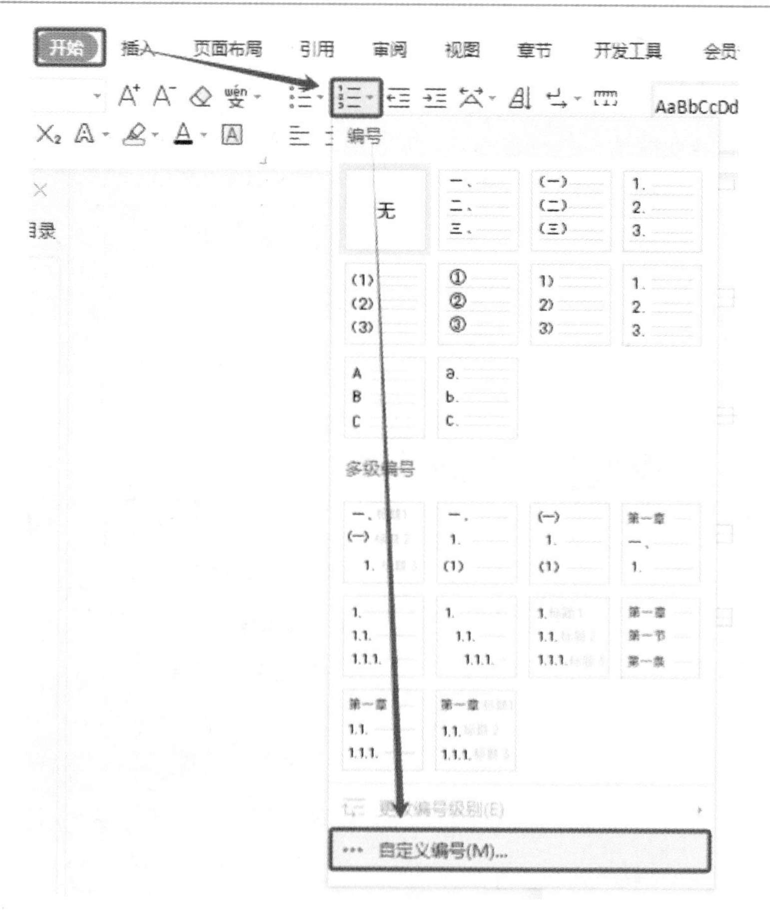

图 8.2　自定义编号

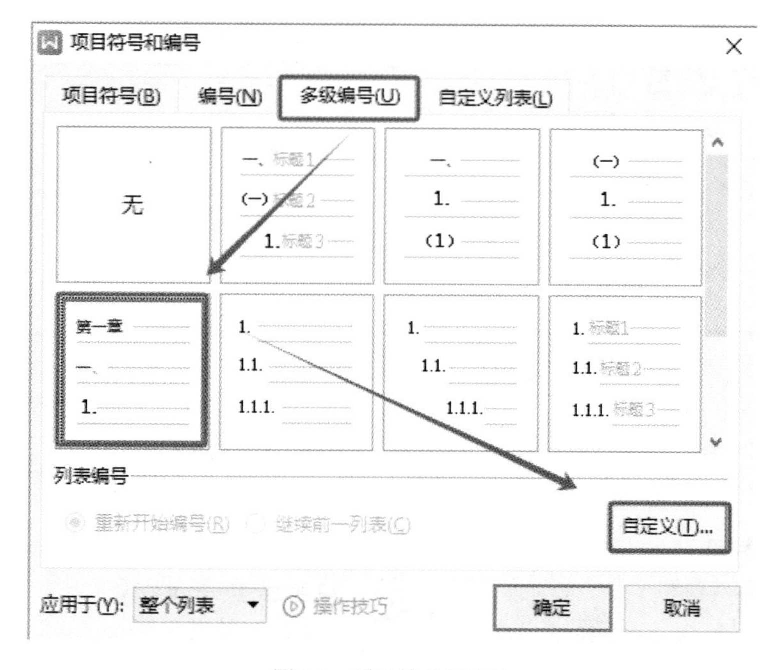

图 8.3　项目符号和编号

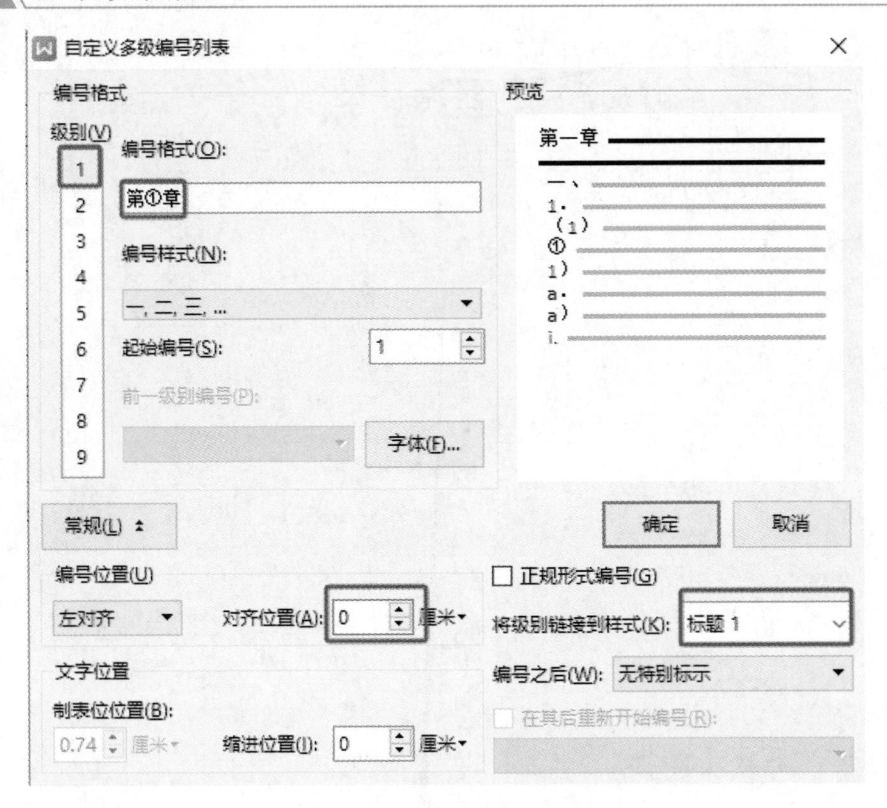

图 8.4 设置级别 1

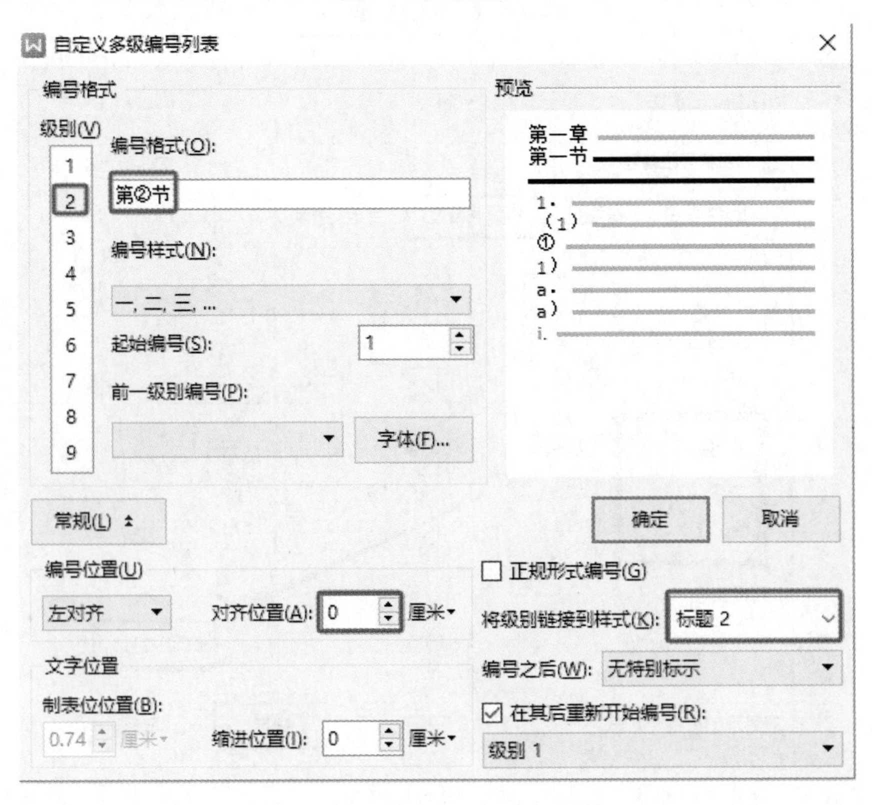

图 8.5 设置级别 2

·第一章·浙江省

第一节杭州和宁波

分节符（奇数页）

·第二章·福建省

第一节福州和厦门

分节符（奇数页）

·第三章·广东省

第一节广州和深圳

分节符（奇数页）

·第四章·山东省

第一节济南和青岛

分节符（奇数页）

图 8.6　应用样式

8.3.2　插入域和书签

1. 内容概述

该部分文档要求：文档第 1 页第 3 行为“当前日期：×年×月×日”，其中“×年×月×日”是使用域自动生成的，并以中文数字的形式显示；第 2 页第 3 行为“作者：×”，其中“×”是使用域自动生成的；第 3 页第 3 行为“总字数：×”，其中“×”是使用域自动生成的，并以中文数字形式显示；第 4 页第 3 行为“山东省”样式为正文，将该文字设置为名为“Mark”的书签，第 4 行为书签 Mark 所标记的文本，第 5 行为使用域插入该文档上次保存的时间，格式不限。

2. 操作步骤

（1）光标定位在省和城市文档第 1 页中的第 3 行，输入“当前日期：”然后单击“插入”选项卡“部件”组里面的“文档部件”中的“域”命令，打开“域”编辑窗口，如图 8.7 所示。

（2）在域的编辑窗口中，在左侧“域名”列表中选择“当前时间”，在右侧“域代码”编辑框中的“TIME”后面输入“\@ "EEEE 年 O 月 A 日"”，然后单击“确定”，如图 8.8 所示。插入完成后的时间如图 8.9 所示。

（3）光标定位到第 2 页第 3 行，输入“作者：”，然后单击“插入”选项卡“部件”组里面的“文档部件”中的“域”命令，打开“域”编辑窗口，在域的编辑窗口中，在左侧“域名”列表中选择“文档属性”，右侧“文档属性”列表中选择“Author”然后单击“确定”按钮，如图 8.10 所示；插入域的效果如图 8.11 所示。

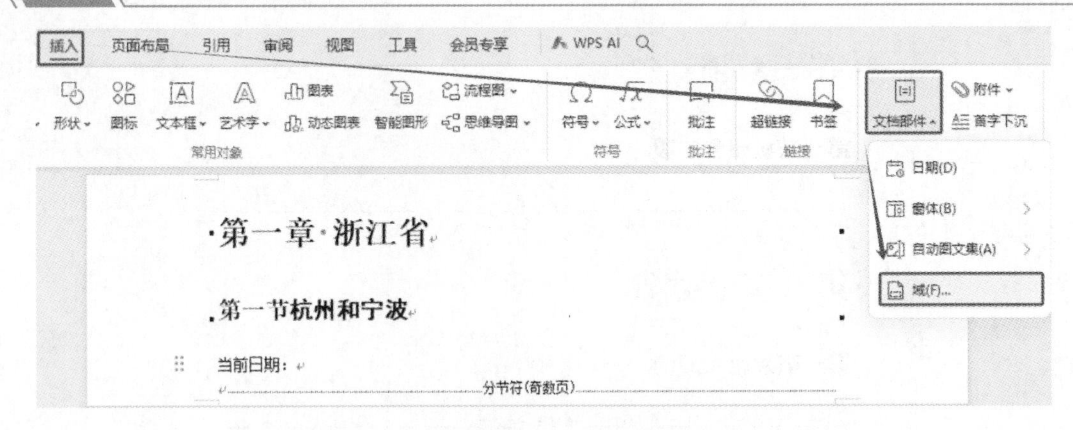

图 8.7 插入域

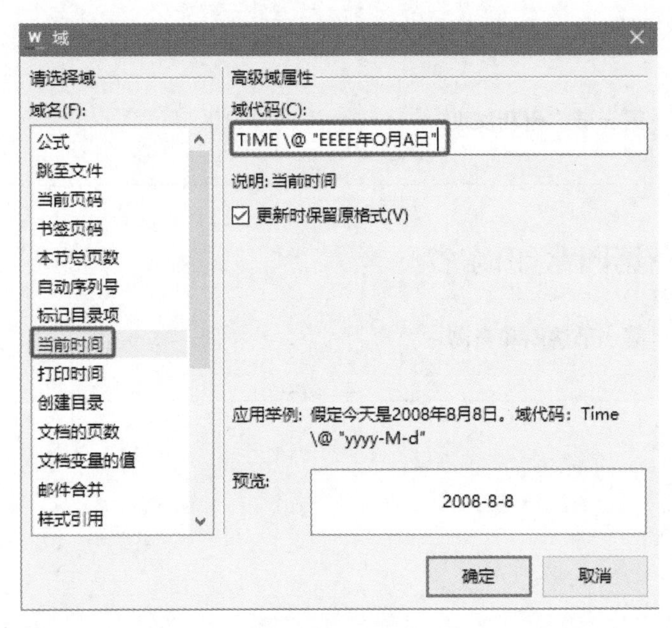

图 8.8 编辑当前时间域

图 8.9 当前日期效果

（4）光标定位到第 3 页第 3 行中，输入“总字数：”然后单击“插入”选项卡“部件”组里面的“文档部件”中的“域”命令，打开“域”编辑窗口，在域的编辑窗口中，在左侧“域名”列表中选择“文档属性”，右侧“文档属性”列表中选择“Words”域，并在域代码中“Words”后面输入“* CHINESENUM1”，单击“确定”，如图 8.12 所示。

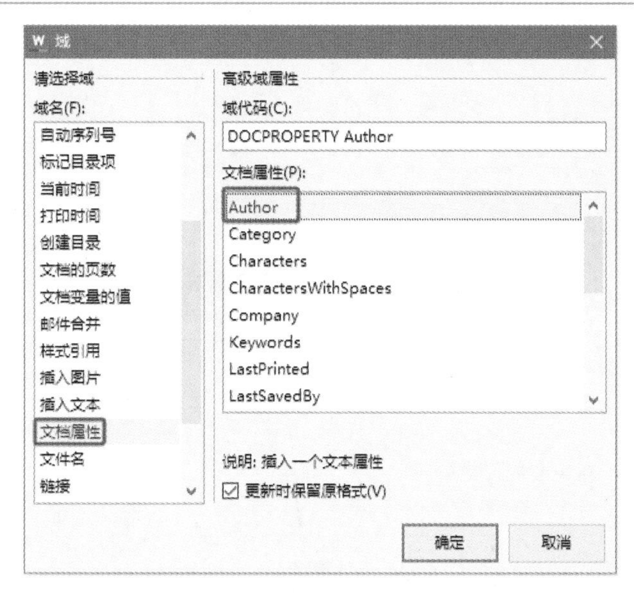

图 8.10　编辑作者域

第二章 福建省

第一节福州和厦门

作者：QX

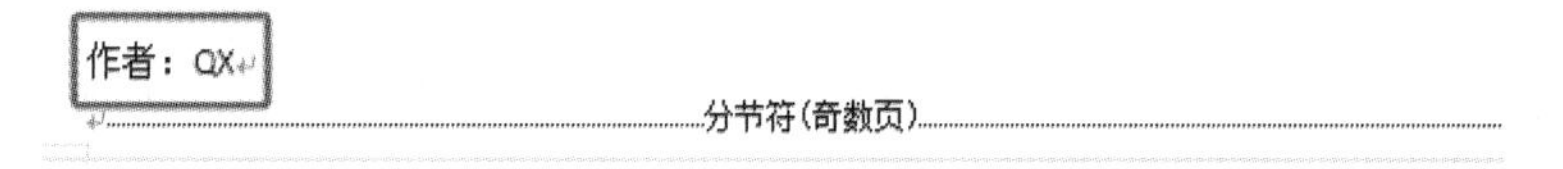

图 8.11　作者效果

图 8.12　编辑 Words 域

（5）光标定位到第 4 页第 3 行，输入“山东省”，选中“山东省”，单击“插入”选项卡，“链接”组的“书签”命令，打开“书签”编辑窗口，在“书签名”处输入“Mark”，然后单击“添加”如图 8.13 所示。

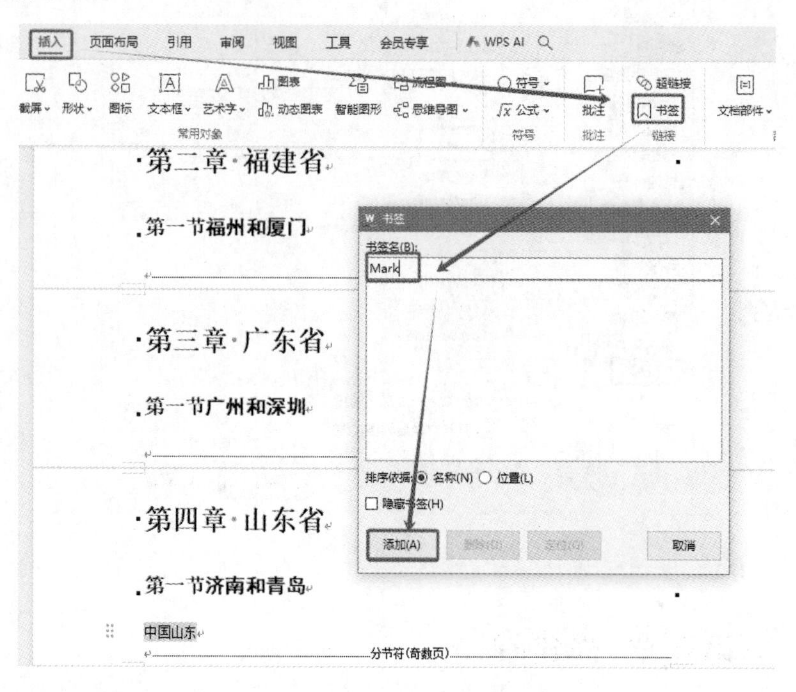

图 8.13　添加书签

（6）光标定位到第 4 页第 4 行，单击“引用”选项卡“题注”组的“交叉引用”，打开“交叉引用”编辑窗口，在“引用类型”处选择“书签”，“引用内容”选择“书签文字”，然后选择“Mark”，单击“插入”，如图 8.14 所示。

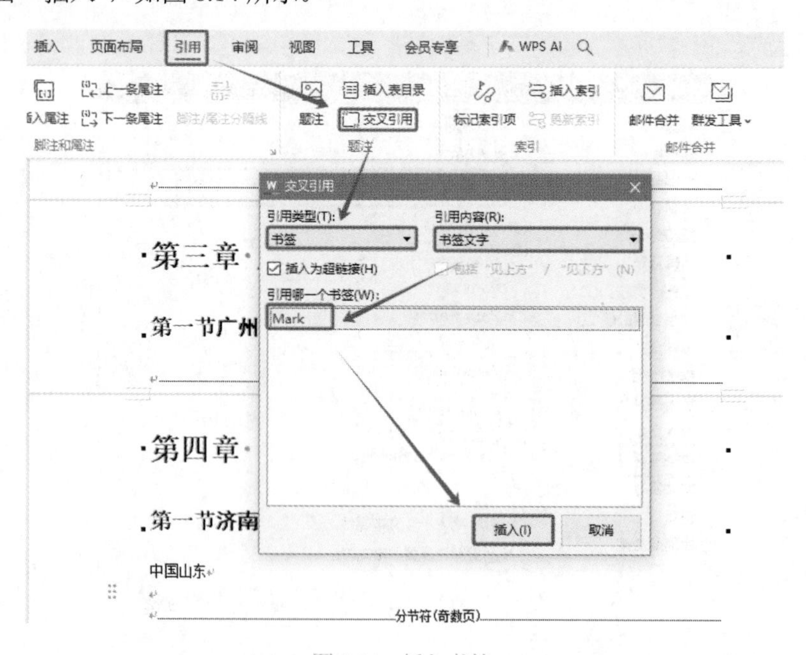

图 8.14　插入书签

（7）光标定位到第 4 页第 5 行，然后单击“插入”选项卡“部件”组里面的“文档部件”中的“域”命令，打开“域”编辑窗口，在域的编辑窗口中，在左侧“域名”列表中选择“文档属性”，右侧“文档属性”列表中选择“LastSavedTime”域，单击“确定”，如图 8.15 所示。完成效果如图 8.16 所示。

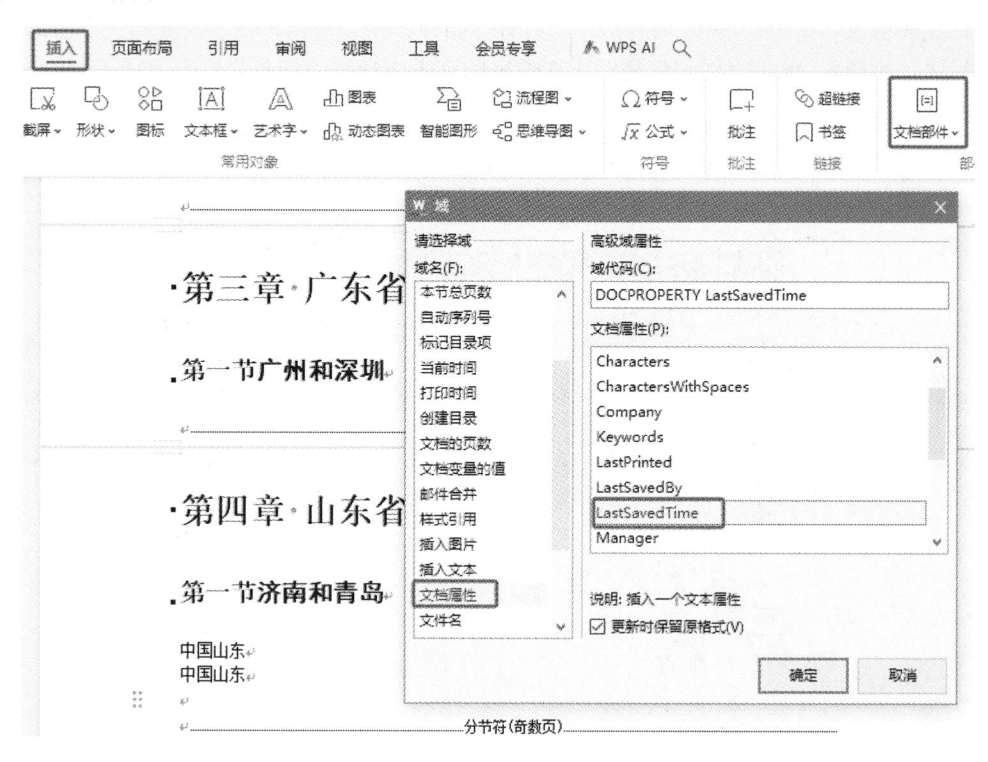

图 8.15 插入上次保存时间域

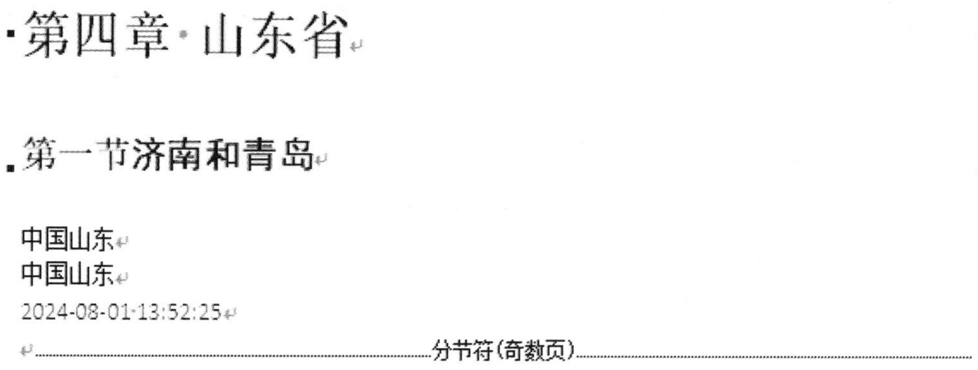

第四章 山东省

第一节济南和青岛

中国山东
中国山东
2024-08-01 13:52:25
分节符(奇数页)

图 8.16 第 4 页完成效果

8.3.3 插入目录

1. 内容概述

该部分文档要求：第 5 页是自动生成文档的目录（不改变目录对话框的缺省设置）。其中，章和节的序号为自动编号（多级编号），分别使用样式“标题 1”和“标题 2”，并设置每章均从奇数页开始。新建样式“福建”，使其与样式“标题 1”在文字格式外观上完全一致，但不会自动添加到目录中（大纲级别为正文文本），并应用于“第二章 福建省”。

2. 操作步骤

（1）光标定位到“第二章 福建省”这行，单击“开始”选项卡“样式”组右下角的 ↘ 按钮，打开“样式和格式”窗口，单击“新样式”，打开“新建样式”窗口，在“新建样式”窗口中“名称”处输入“福建”，单击“格式”按钮，在弹出的列表中选择“段落”打开“段落”设置窗口，如图 8.17 所示。

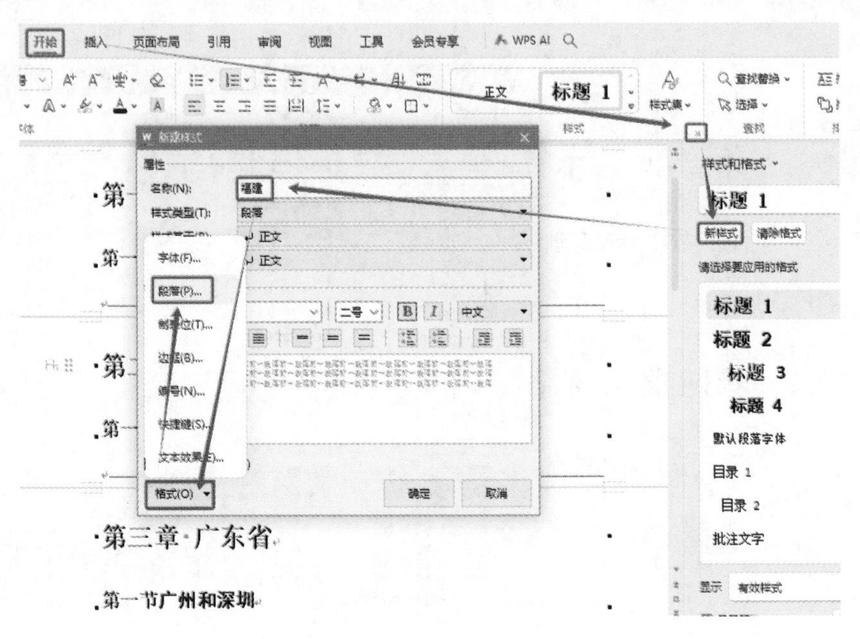

图 8.17 新建福建样式一

（2）在“段落设置”窗口中“大纲级别”处选择“正文文本”单击“确定”完成样式的新建，如图 8.18 所示。

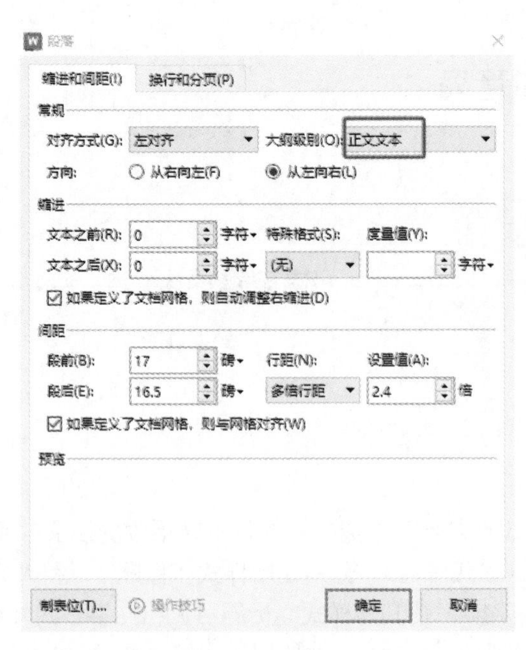

图 8.18 新建福建样式二

（3）在“样式和格式”窗口中单击“福建”，完成将“福建”样式应用到“第二章 福建省”中，如图 8.19 所示。

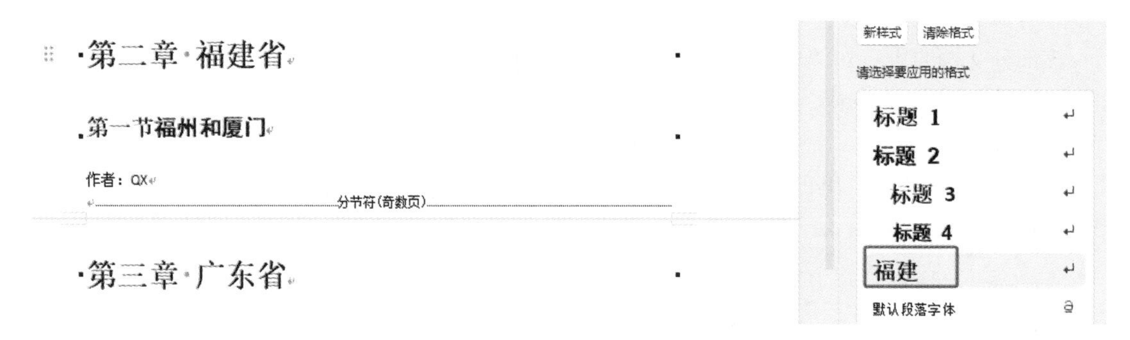

图 8.19　应用福建样式

（4）光标定位到第 5 页，打开“引用”选项卡，“目录”组中的“目录”命令，在下拉列表中选择“自定义目录”，在弹出的“目录”编辑窗口中单击“确定”即完成目录的创建，如图 8.20 所示；完成后“第二章 福建省”并没出现在目录中，效果如图 8.21 所示。

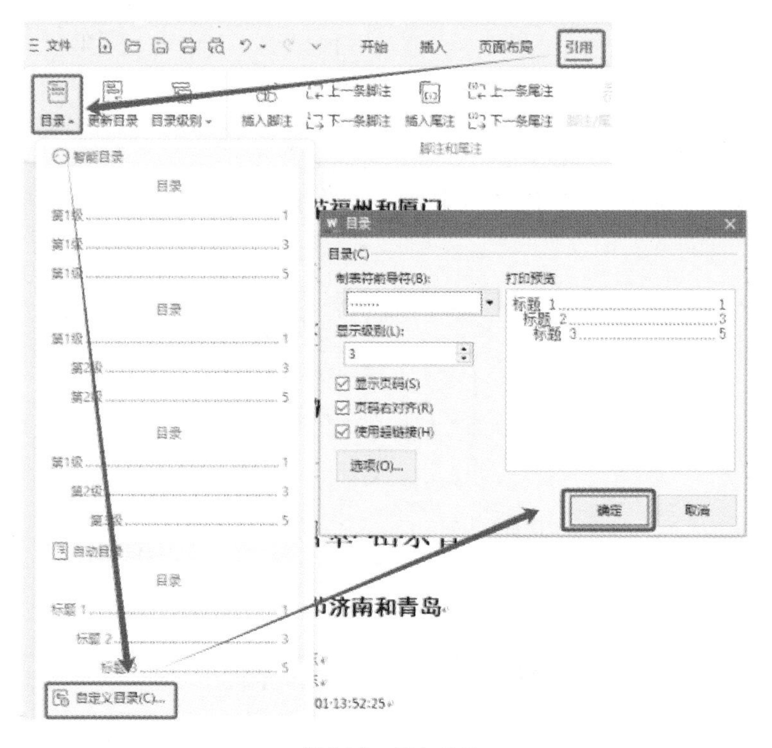

图 8.20　插入目录

第一章 浙江省……1
　第一节 杭州和宁波……1
　第一节 福州和厦门……3
第三章 广东省……5
　第一节 广州和深圳……5
第四章 山东省……7
　第一节 济南和青岛……7

图 8.21　目录效果

8.3.4 文档批注和修订

1. 内容概述

该部分文档要求：对“宁波”添加一条批注，内容为“海港城市”；对“深圳”添加一条修订，添加拼音“shēnzhèn”。

2. 操作步骤

（1）选中“宁波”，单击“审阅”选项卡，“批注”组中的“插入批注”，在插入批注处输入文字“海港城市”，如图 8.22 所示。

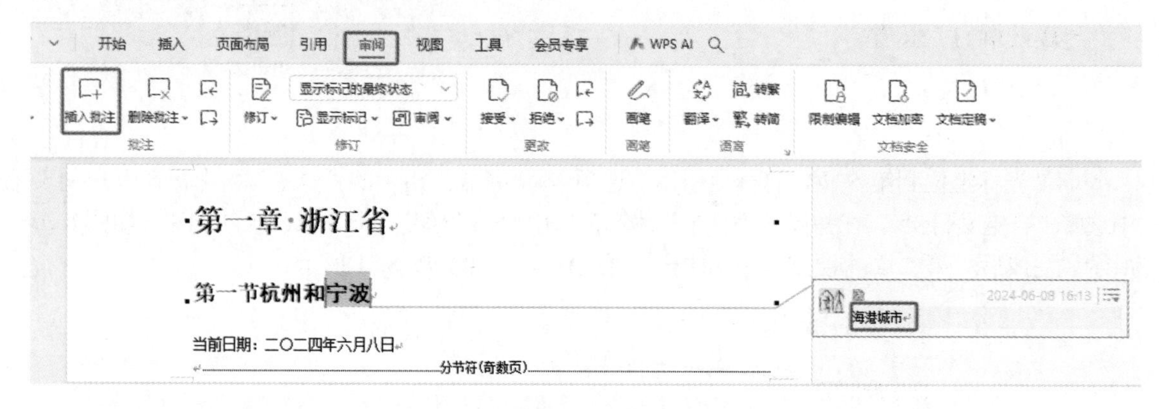

图 8.22 插入批注

（2）选中“深圳”，单击“审阅”选项卡，“修订”组的“修订”命令，让“修订”处于激活状态，如图 8.23 所示。

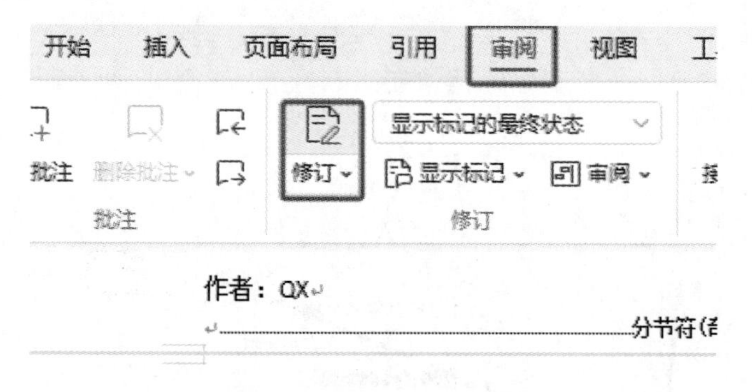

图 8.23 修订

（3）打开“开始”选项卡，“字体”组中的“拼音指南”命令，打开“拼音指南”选项卡，单击“开始注音”完成“深圳”的注音，如图 8.24 所示。

（4）单击“修订”命令，关闭“修订”，批注和修订完成效果如图 8.25 所示。

开始
插入
页面布局
引用
审阅
视图
工具
会员专享
WPS AI
正文
标题 1
标题 2
样式集
查找替换
选择
作者：QX
第三章 广东省
第一节广州和深圳
总字数：五十四
第四章 山东省
第一节济南和青岛
中国山东省
中国山东省
2024-06-08 14:08:01
第一章 浙江省
第一节 杭州和宁波
第一节 福州和厦门
第三章 广东省
第一节 广州和深圳
第四章 山东省
第一节 济南和青岛
拼音指南
拼音编辑
默认读音
删除全部拼音
基准文字
对应拼音
深
shēn
圳
zhèn
读音库
shēn
调整声调
注音样式
汉字上方（单字）
汉字上方（组合）
汉字右侧
单个汉字右侧
替换汉字
括号样式
无括号
属性设置
对齐
居中
偏移
0
字体
黑体
字号
8
效果预览
shēnzhèn
深圳
开始注音

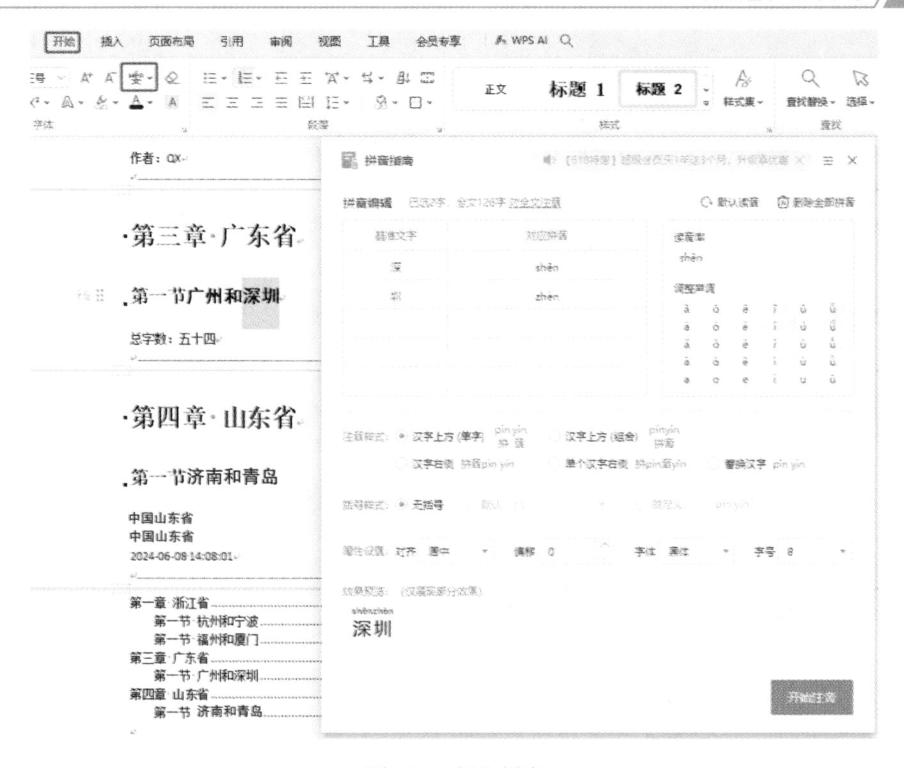

图 8.24　插入拼音

第一章 浙江省
第一节杭州和宁波
当前日期：二〇二四年六月八日
分节符(奇数页)
海港城市
第二章 福建省
第一节福州和厦门
作者：QX
分节符(奇数页)
第三章 广东省
shēnzhèn
第一节广州和深圳
删除：深圳
总字数：五十四
分节符(奇数页)

图 8.25　批注和修订完成效果

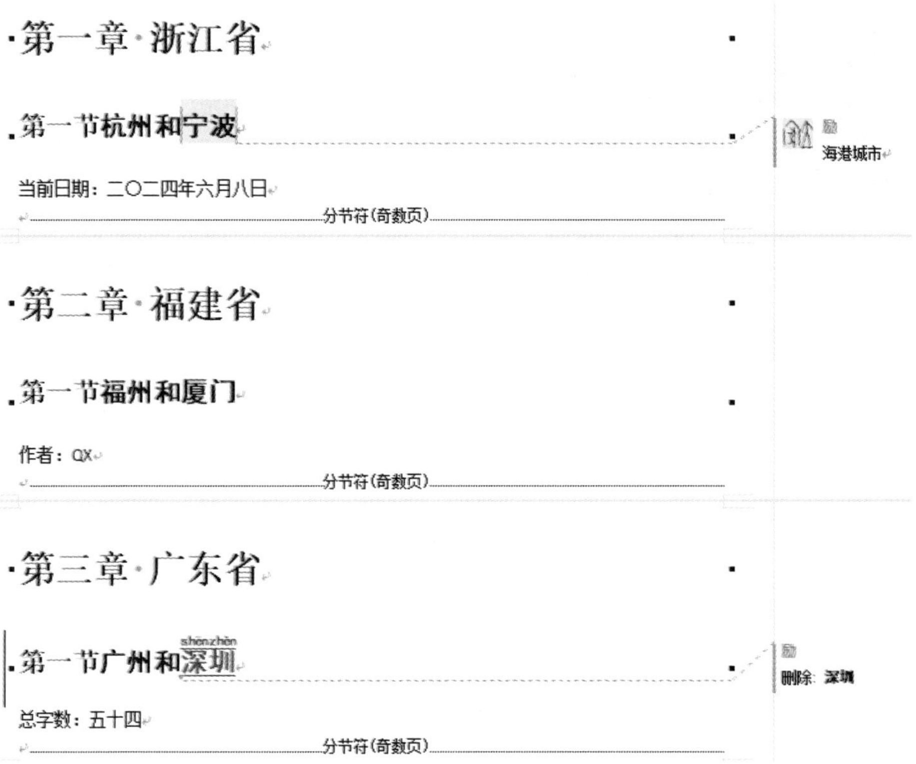

8.4 项目总结

（1）在设置标题样式时，需要注意要求，特别是样式中编号的格式，要让应用样式的内容不出现在目录中，需要对样式的段落格式进行设置，将“段落”中的“大纲级别”设置为“正文文本”即可。

（2）在插入域的时候，要按要求来设置域的代码，在 WPS 中，域的设置相对来说有一定的难度，需要仔细确认。

（3）在对文档进行修订时，修订完成一定要及时把“修订”按钮的激活状态关闭，不然后期所有的操作都是在做文档的修订了。

8.5 课后练习

建立文档“都市.docx”，共有两页组成。要求如下：

1．第一页内容如下：

第 1 章浙江

1.1 杭州和宁波

第 2 章福建

2.1 福州和厦门

第 3 章广东

3.1 广州和深圳

要求：章和节的序号为自动编号（多级编号符号），分别使用样式“标题 1”和“标题 2”。

2．新建样式“fujian”，使其与“标题 1”样式在文字格式外观上完全一致，大纲级别为正文文本，应用于“第 2 章 福建”。

3．在文档的第二页中自动生成目录。

4．对“宁波”添加一条批注，内容为“海港城市”；对“广州和深圳”添加一条修订，给“广州”添加注音“guǎngzhōu”。

项目9　WPS文档标记索引

9.1　项　目　背　景

万同学的高中同学小周跟万同学在同一个学校不同专业，这天小周来找万同学，请教计算机等级考试中关于文档标记索引的题目，还好万同学研究过这部分内容，于是万同学通过一个案例来给小周同学讲解 WPS 文档标记索引的相关知识。

本项目中，万同学需要完成的工作包括：

（1）创建一个 8 页的空白文档并命名为“标记索引.docx”。

（2）第 1 页中输入“浙江”。

（3）第 2 页中输入“江苏”。

（4）第 3 页中输入“福建”。

（5）第 4 页中输入“广东”。

（6）第 5 页中输入“浙江”。

（7）第 6 页中输入“江苏”。

（8）第 7 页中输入“广东”。

（9）第 8 页空白。

（10）在文档的页脚处插入“第 X 页　共 Y 页”形式的页码，X、Y 是阿拉伯数字，使用域自动生成，居中显示。

（11）使用自动索引方式，创建索引自动标记文件“我的索引.docx”，其中：标记为索引项的文字 1 为“浙江”，主索引项为“Zhejiang”；标记为索引项的文字 2 为“江苏”，主索引项为“Jiangsu”；标记为索引项的文字 3 为“广东”，主索引项为“Guangdong”，使用索引自动标记文件，在文档的第 8 页中创建索引。

9.2　项　目　分　析

万同学在使用 WPS 完成该案例的过程中需要用到的操作点主要包括索引。下面就针对这个操作点进行分析。

1. 索引

索引可以列出一篇文章中重要关键词或主题的所在位置（页码），以便快速检索查询。索引常见于一些书籍和大型文档中。在 WPS 中索引的创建主要通过“引用”选项卡中的“索引”组中相关命令来完成。

（1）标记索引项。此方法适用于添加少量索引项。单击“引用”选项卡“索引”组中的“标记索引项”按钮，打开“标记索引项”对话框，如图 9.1 所示。

1）主索引项。选取文档中要作为索引项的文字，进入“标记索引项”对话框后，所选的文字会显示在“主索引项”框中，或把插入点移至要输入索引项目的位置，在“标记索引项”对话框中输入需索引的文字。

2）次索引项。可在“次索引项”框中输入次索引项。若需要第 3 层项目，可在“次索引项”框中的次索引项后输入冒号，再输入第 3 层项目文字。

3）选中“交叉引用”选项，并在其后的文本框中输入文本，就可以创建交叉引用。

4）选中“当前页”选项，可以列出索引项的当前页码。

5）选中“页码范围”选项，WPS 文字会显示文档中所有的书签供选择。

单击“标记”按钮，便可完成某个索引项目的标记。单击“标记全部”按钮，则文档中每次出现此文字都会被标记。标记索引项后，WPS 会在标记的文字旁边插入一个｛XE｝域。

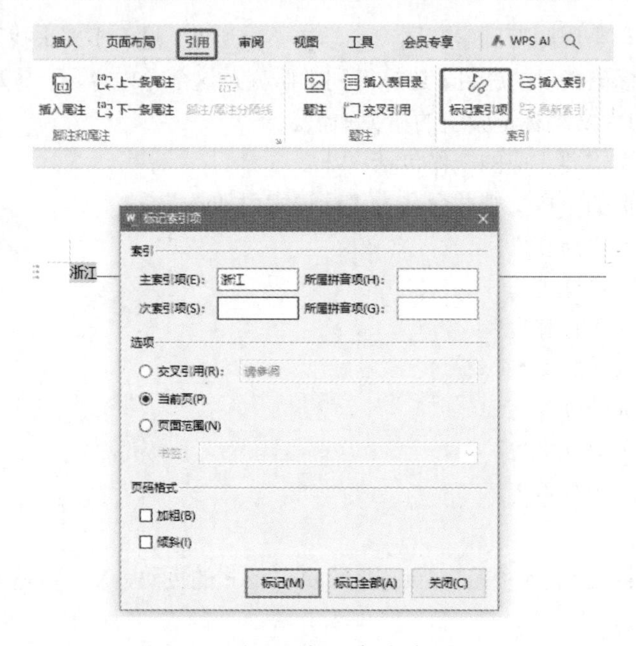

图 9.1　标记索引项

（2）自动标记。如果有大量的关键词需要创建索引，采用标记索引项来逐一完成标记是一项大工作量的操作。WPS 文字中将所有索引存放在一张双列的表格中，再由自动标记导入，实现批量化索引项标记。这个含双列表格的文档被称为“索引自动标记文件”。

双列表格的第 1 列中输入要搜索并标记为索引项的文字。第 2 列中输入第 1 列文字的索引项。如果要创建次索引项，需要在主索引项后输入冒号，再输入次索引项。WPS 文字搜索整篇文档以找到和索引文件第 1 列中的文本精确匹配的位置，并使用第 2 列中的文本作为索引项。索引自动标记文件格式如表 9.1 所示。

表 9.1　索引自动标记文件

标记为索引项的文字 1	主索引项 1：次索引项 1
标记为索引项的文字 2	主索引项 2：次索引项 2
……	……

（3）创建索引。手动或者自动标记索引项后，就可以创建索引。将光标定位在需要创建索引的位置，单击“引用”选项卡，“索引”组中的“插入索引”按钮，在打开的对话框中单击“确定”按钮，插入点后会插入一个｛INDEX｝域，即为索引，如图 9.2 所示。两行内容是相同的，上面一行是域代码的形式显示，下面一行是域的形式显示。

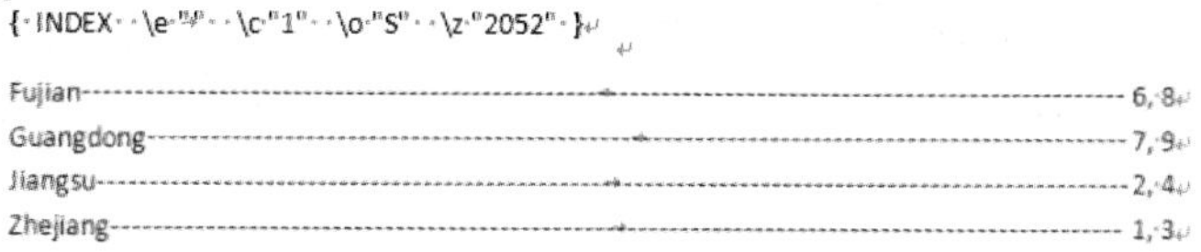

{ INDEX \e "" \c "1" \o "S" \z "2052" }

Fujian--6, 8
Guangdong--7, 9
Jiangsu--2, 4
Zhejiang---1, 3

图 9.2 创建索引

9.3 项 目 实 现

9.3.1 创建文档

1. 内容概述

本部分文档要求如下：

（1）创建一个 8 页的空白文档并命名为“标记索引.docx”。

（2）第 1 页中输入“浙江”。

（3）第 2 页中输入“江苏”。

（4）第 3 页中输入“福建”。

（5）第 4 页中输入“广东”。

（6）第 5 页中输入“浙江”。

（7）第 6 页中输入“江苏”。

（8）第 7 页中输入“广东”。

（9）第 8 页空白。

2. 操作步骤

（1）在磁盘 D 分区中创建“索引”文件夹，在“索引”文件夹中创建两个“Microsoft Word 文档”，分别命名为“标记索引”和“我的索引”，如图 9.3 所示。

名称	修改日期	类型	大小
标记索引.docx	2024-06-08 22:43	DOCX 文档	0 KB
我的索引.docx	2024-06-08 22:46	DOCX 文档	0 KB

图 9.3 新建文档

（2）打开“标记索引”文档，单击“页面布局”选项卡，“结构”组中的“分隔符”按钮，单击“分页符”命令，如图 9.4 所示；连续插入 7 个分页符，得到一个 8 页的空白文档，如图 9.5 所示。

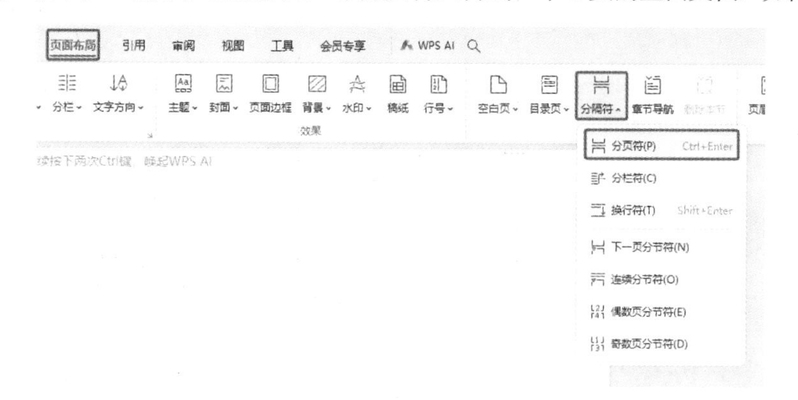

图 9.4 文档分页

（3）在第 1 页中输入“浙江”，第 2 页中输入“江苏”，第 3 页中输入“福建”，第 4 页中输入“广东”，第 5 页中输入“浙江”，第 6 页中输入“江苏”，第 7 页中输入“广东”，效果如图 9.6 所示。

图 9.5 文档效果图　　图 9.6 输入文字效果

9.3.2 插入页码

1. 内容概述

本部分文档要求：在文档的页脚处插入“第 X 页 共 Y 页”形式的页码，X、Y 是阿拉伯数字，使用域自动生成，居中显示。

2. 操作步骤

（1）在文档任意一页的页面底端双击鼠标，会出现“插入页码”的页脚内容，如图 9.7 所示。

图 9.7 打开页脚

（2）单击“插入页码”在弹出的窗口中“样式”处的下拉选项中选择“1/X”如图 9.8 所示。选择完成后，在“位置”处选择“居中”，“应用范围”选择“整篇文档”，然后单击“确定”，如图 9.9 所示。

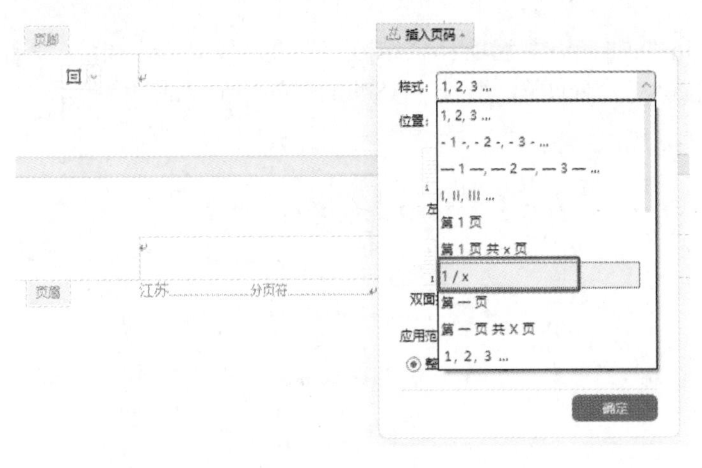

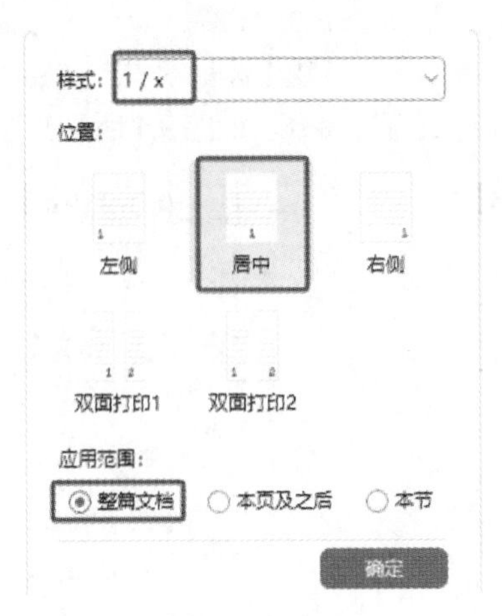

图 9.8 插入页码　　图 9.9 设置页码

9.3.3　创建索引

1. 内容概述

本部分文档要求：使用自动索引方式，创建索引自动标记文件“我的索引.docx”，其中：标记为索引项的文字1为“浙江”，主索引项为“Zhejiang”；标记为索引项的文字2为“江苏”，主索引项为“Jiangsu”；标记为索引项的文字3为“广东”，主索引项为“Guangdong”使用索引自动标记文件，在文档的第8页中创建索引。

2. 操作步骤

（1）打开“我的索引”文档，单击“插入”选项卡的“常用对象”组选择“表格”，插入一个3行*2列的表格，如图9.10所示。

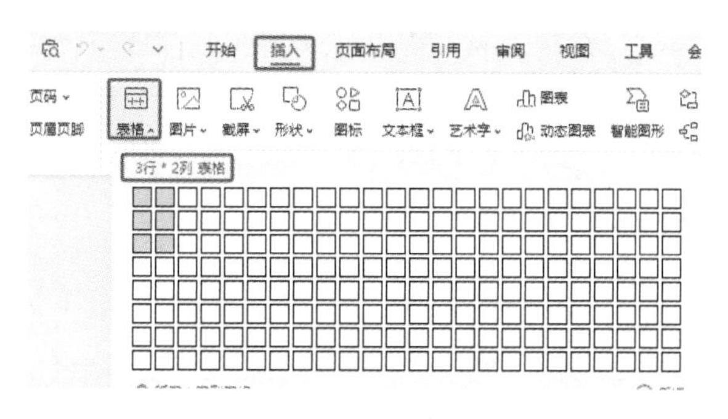

图9.10　插入表格

（2）在表格的第一列中分别输入“浙江”“江苏”“广东”；在第二列中依次输入“Zhejiang”“Jiangsu”“Guangdong”，保存并关闭文档，如图9.11所示。

浙江	Zhejiang
江苏	Jiangsu
广东	Guangdong

图9.11　输入内容

（3）在文档第8页定位光标，单击“引用”选项卡，“索引”组中的“插入索引”命令，在弹出的“索引”编辑窗口中单击“自动标记”，如图9.12所示。

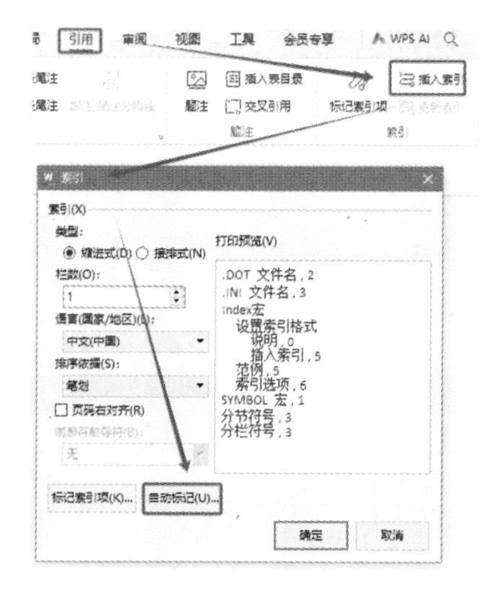

图9.12　自动标记

（4）选择文件“我的索引”，单击“打开”，如图 9.13 所示。

图 9.13 打开自动标记文档

（5）继续单击“引用”选项卡，“索引”组中的“插入索引”命令，在弹出的“索引”编辑窗口中选择“页码右对齐”，“制表符前导符”选择“------”，如图 9.14 所示。

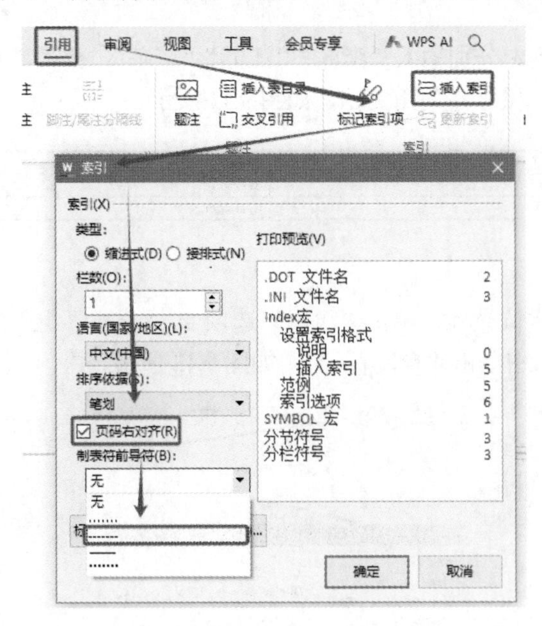

图 9.14 创建索引

（6）第 8 页效果如图 9.15 所示。

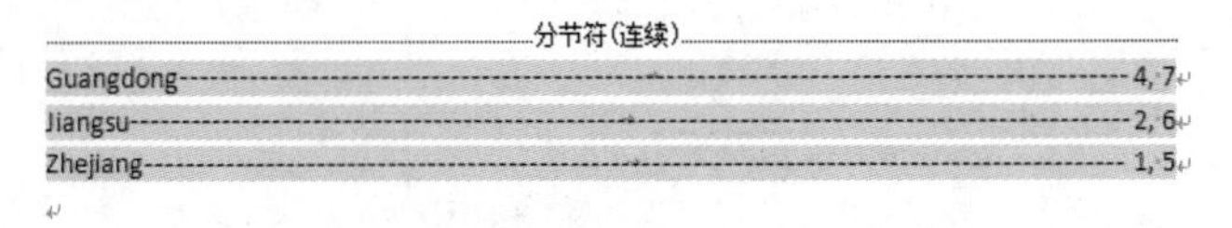

图 9.15 索引效果图

9.4 项 目 总 结

本项目主要介绍了索引、页码的相关基本知识与应用操作，并通过具体实例讲解了以上知识点的具体应用。通过万同学的讲解，小周同学彻底明白了索引的内容以及操作方法。

9.5 课 后 练 习

建立文档“省份信息.docx”，要求如下：

1．文档由6页组成，其中：

（1）第1页中第1行内容为“浙江”，样式为“正文”。

（2）第2页中第1行内容为“江苏”，样式为“正文”。

（3）第3页中第1行内容为“浙江”，样式为“正文”。

（4）第4页中第1行内容为“江苏”，样式为“正文”。

（5）第5页中第1行内容为“安徽”，样式为“标题3”。

（6）第6页为空白。

2．在文档页脚处插入“X/Y”形式的页码，X、Y是阿拉伯数字，X为当前页数，Y为总页数，居中显示。再使用自动标记索引方式，建立索引自动标记文件“Myindex.docx”，其中：标记为索引项的文字1为“浙江”，主索引项为“Zhejiang”；标记为索引项的文字2为“江苏”，主索引项为“Jiangsu”。使用自动标记文件，在文档“省份信息.docx”第6页中创建索引，格式不限。

项目10 WPS文字综合排版

10.1 项 目 背 景

万同学所在的计算机协会的会友小吴同学是学校旅游专业的学生，目前小吴正在写毕业论文，初稿已完成，小吴请万同学帮忙教他根据学校相关要求使用 WPS 文字对论文进行综合排版。

本项目中，万同学需要教小吴将最初无格式的论文（图 10.1）编辑成学校要求格式的论文。需要完成的主要工作包括：

（1）设置标题样式并应用。

（2）添加图和表的题注。

（3）使用交叉引用。

（4）添加脚注和尾注。

（5）设置页眉和页脚。

（6）目录和图表目录的添加。

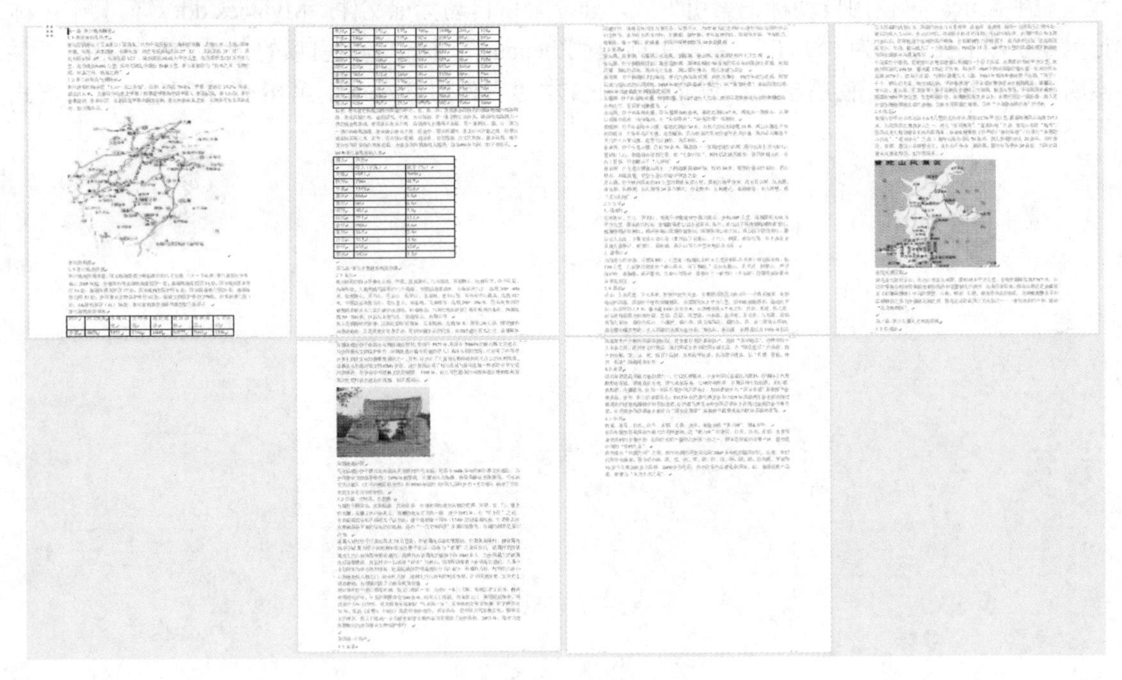

图 10.1　编辑前的初稿

10.2 项 目 分 析

1. 标题样式

WPS 文字中有 9 种常用的标题样式，分别是标题 1～标题 9。在对标题样式的使用过程中，可以根据自己的需要对标题样式进行修改。比如要实现“对章节的编号使用‘标题 1’样式，格式修改为第 X 章（例如第 1 章），其中 X 为自动排序，阿拉伯数字序号，对应‘级别 1’，居中显示；小节名使用‘标题 2’样式，自动编号格式为 X.Y，X 为章数字序号，Y 为节数字序号（例如 2.1），X、Y 均为阿拉伯数字序号，对应‘级别 2’，左对齐显示”。

单击“开始”选项卡的“段落”组中的“编号”按钮，在下拉列表中选择“自定义编号”命令，打开“项目符号和编号”编辑窗口，如图 10.2 所示；在打开的“项目符号和编号”对话框中单击“多级编号”选项卡，选择第 2 行第 4 个，再单击“自定义”按钮如图 10.3 所示；在弹出的“自定义多级编号列表”中单击“高级”按钮，然后在“级别”处选择“1”，在“编号格式”处的“①”前后分别输入“第”和“章”，在“将级别链接到样式”处选择“标题 1”，在“对齐位置”“制表位位置”“缩进位置”处全部输入“0 厘米”，如图 10.4 所示。然后单击“级别”处选择“2”，在“编号格式”处设置为“①.②”，在“将级别链接到样式”处选择“标题 2”，在“对齐位置”“制表位位置”“缩进位置”处全部输入“0 厘米”，如图 10.5 所示。

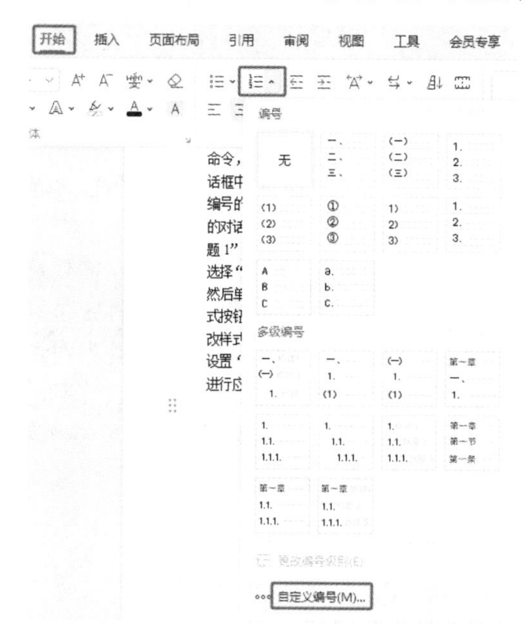

图 10.2　打开自定义编号

图 10.3　定义新的多级编号

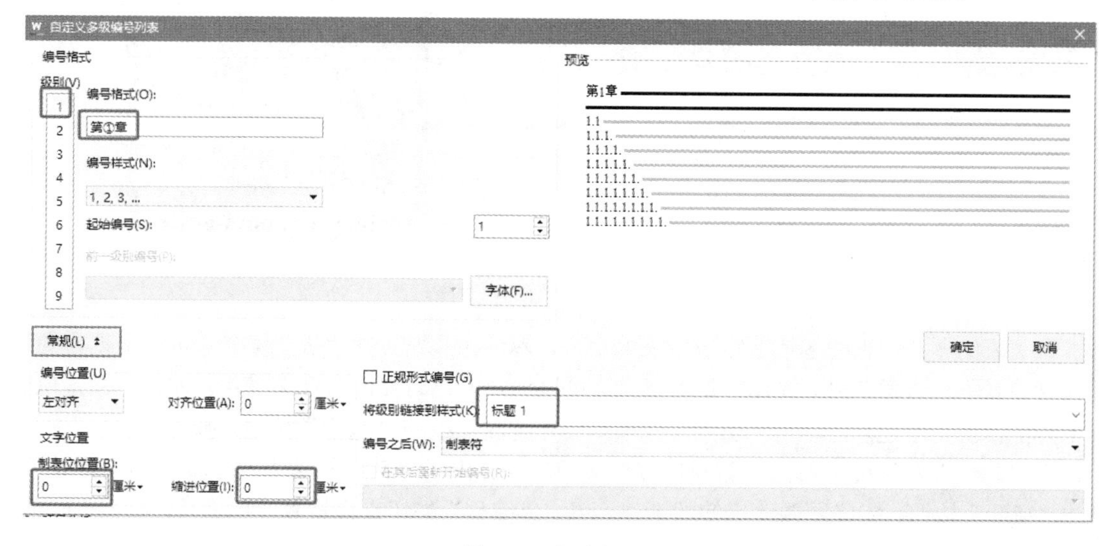

图 10.4　修改级别 1

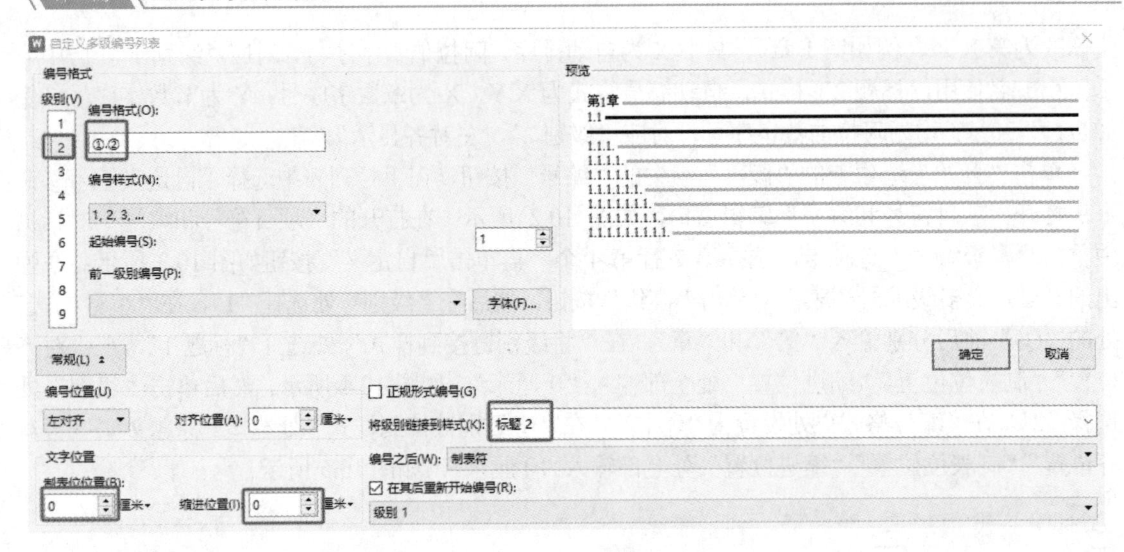

图 10.5　修改级别 2

2. 图和表的题注

在 WPS 文字中，可以为表格、图片或图形、公式及其他选定项目加上自动编号的题注。“题注”由标签及编号组成，可在其后加入说明文字。

（1）图的题注。图的题注通常位于图的下方，题注标签常使用“图”编号，可以根据需要选择包含或者不包含章节号。操作方法有多种，可以选择自己习惯的方法来使用。如将光标定位到图下方的说明文字之前，单击“引用”选项卡中“题注”组的“题注”按钮，弹出“题注”对话框，在“题注”对话框中单击“新建标签”按钮，在弹出的“新建标签”对话框中输入“图”，单击“确定”按钮，完成图题注标签的新建，单击“编号”按钮来设置题注的编号，然后单击“确定”按钮，完成图题注的插入，如图 10.6 所示。图题注效果如图 10.7 所示。

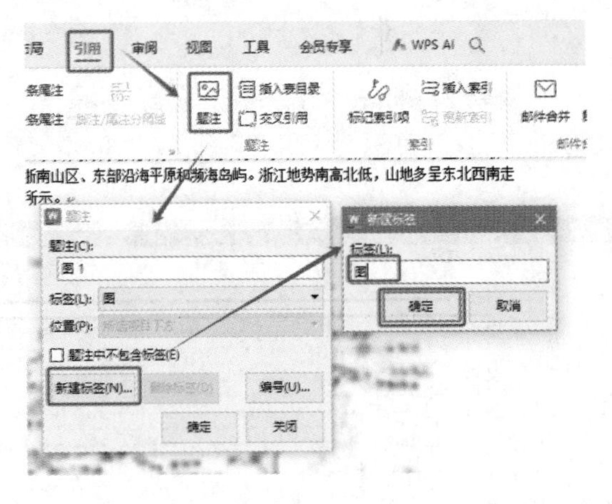

图 10.6　插入图题注

图 10.7　图题注效果

（2）表的题注。表的题注通常位于表的上方，题注标签常使用“表”编号，可以根据需要选择包含或者不包含章节号。操作方法有多种，可以选择自己习惯的方法来使用。如将光标定位到表上方的说明文字之前，单击“引用”选项卡中“题注”组的“题注”按钮，弹出“题注”对话框，在“题注”对话框中单击“新建标签”按钮，在弹出的“新建标签”对话框中输入“表”，单击“确定”按钮，完成图题注标签的新建，单击“编号”按钮来设置题注的编号，单击“确定”按钮，完成表题注的插入，如图 10.8 所示，表题注效果如图 10.9 所示。

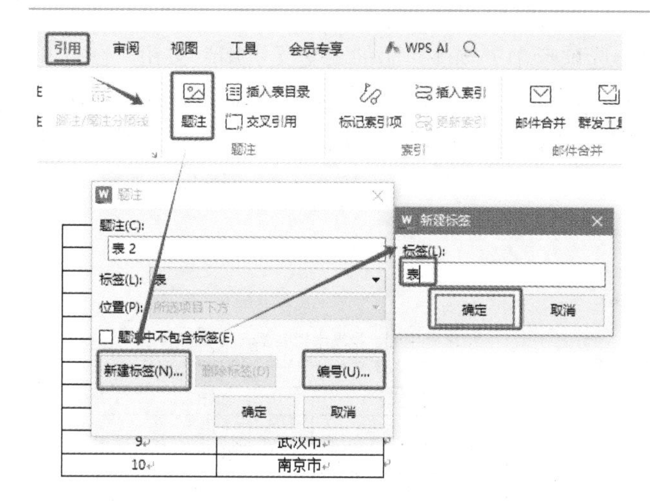

图 10.8 插入表题注

表 1-1 2023 年中国 GDP 前 10 城市排名

排名	城市
1	上海市
2	北京市
3	深圳市
4	广州市
5	重庆市
6	苏州市
7	成都市
8	杭州市
9	武汉市
10	南京市

图 10.9 表题注效果

3. 交叉引用

WPS 文字中交叉引用主要用于引用文档中其他位置显示的项目。例如，可以在文档中交叉引用图或者表的题注，并引用该图在文档中的其他位置。默认情况下，WPS 文字将交叉引用作为超链接插入，所以按住 Ctrl 键并单击该超链接即可直接转到交叉引用的项。WPS 文字中可以为标题、脚注、书签、字幕和编号段落之类项目创建交叉引用。如果添加或删除会导致相关内容发生改变，此时可以选择更新交叉引用。

对文中出现“如下图所示”中的“下图”两字使用交叉引用，改为“图 X”，其中“X”为图题注编号。

对文中出现“如下表所示”中的“下表”两字使用交叉引用，改为“表 Y”，其中“Y”为表题注编号。

在文中选中“下图”字样，单击“引用”选项卡中“题注”组的“交叉引用”按钮，在打开的对话框的“引用类型”处选择“图”，在“引用内容”处选择“只有标签和编号”，在“引用哪一个题注”处选择需要引用的题注单击“插入”按钮，如图 10.10 所示。图题注交叉引用后的效果如图 10.11 所示。

图 10.10 图题注交叉引用

图 10.11 图题注交叉引用效果

在文中选中“下表”字样，单击“引用”选项卡中“题注”组的“交叉引用”按钮，在打开的对话框的“引用类型”处选择“表”，在“引用内容”处选择“只有标签和编号”，在“引用哪一个题注”处选择需要引用的题注，单击“插入”按钮，如图 10.12 所示。表题注交叉引用后的效果如图 10.13 所示。

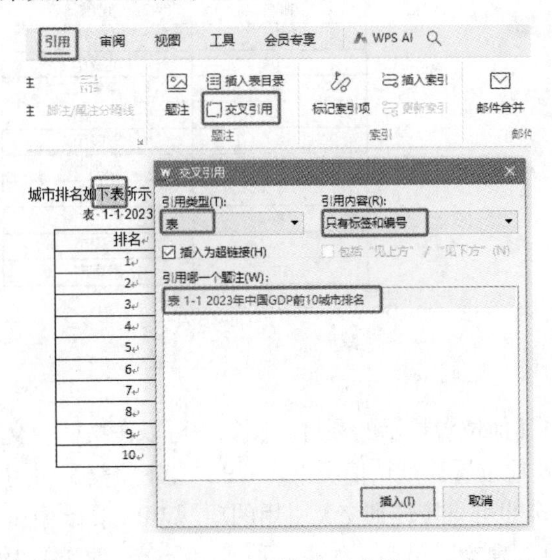

图 10.12 表题注交叉引用

2023 年中国十强城市排名如表 1-1 所示：

表 1-1 2023 年中国 GDP 前 10 城市排名

排名	城市
1	上海市
2	北京市
3	深圳市
4	广州市
5	重庆市
6	苏州市
7	成都市
8	杭州市
9	武汉市
10	南京市

图 10.13 表题注交叉引用效果

4. 脚注和尾注

脚注和尾注是对文本的补充说明。脚注一般位于页面的底部，可以作为文档某处内容的注释；尾注一般位于每节或文档的末尾，列出引文的出处等。

脚注和尾注由两个关联的部分组成，包括注释引用标记和其对应的注释文本。可以设置自动为标记编号或创建自定义的标记。在添加、删除或移动自动编号的注释时，将对注释引用标记重新编号。

（1）插入脚注和尾注。在需要插入脚注和尾注处定位光标，或者选中需要插入脚注和尾注的文字或对象，单击“引用”选项卡中“脚注和尾注”组中右下角的 ↘ 按钮，打开“脚注和尾注”对话框，如图 10.14 所示。在对话框中单击“脚注”或者“尾注”，选择相应的位置及编号格式，

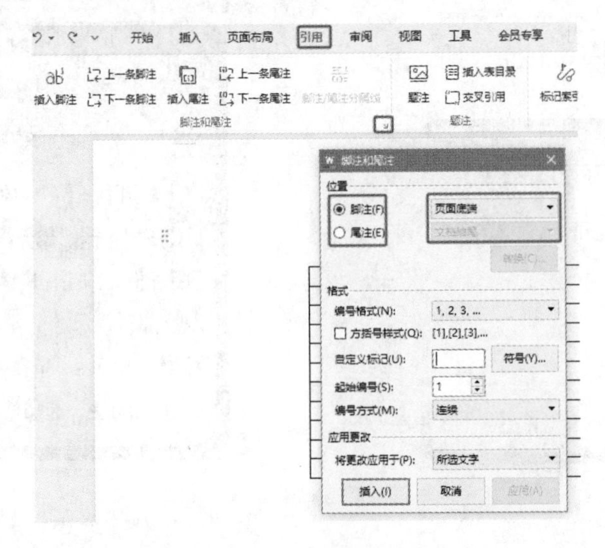

图 10.14 插入脚注和尾注

单击“插入”按钮，然后输入相应的注释内容，即可完成脚注和尾注的插入工作。

（2）编辑脚注和尾注。移动、复制或者删除脚注或尾注，是对注释标记的操作，而不是对注释窗口中的文字的操作。

移动脚注或尾注：选中脚注或尾注的注释标记，然后按住鼠标左键将注释标记拖动到新位置。

删除脚注或尾注：选中脚注或尾注的注释标记，按 Delete 键删除。也可使用替换功能，将注释标记替换为空格，以删除全文的脚注或尾注。

复制脚注或尾注：选中脚注或尾注的注释标记，使用“复制”命令，再到需要放置脚注或尾注位置使用“粘贴”命令；也可以按住 Ctrl 键将注释标记拖动到适当的位置。

编辑脚注和尾注：打开“引用”选项卡“脚注和尾注”组，通过使用“上一条脚注”和“下一条脚注”以及“上一条尾注”和“下一条尾注”来定位到要修改的脚注或者尾注，进行脚注和尾注编辑。

5. 样式引用域及应用

样式引用域，是 WPS 文字中域的一种，属于链接和引用类。样式引用域在 WPS 文字中主要应用于页眉的自动生成，利用它可以实现自动从正文中提取标题文字来作为页眉。例如，本案例中要将文章正文部分奇数页的页眉设置成“‘章序号’ + ‘章名’”的格式；偶数页页眉设置成“‘节序号’ + ‘节名’”的格式。此案例中就是用样式引用域提取指定样式的文字，由于文中章和节的序号都是自动编号的，所以要使用两个样式引用域来实现，一个提取样式的段落编号，另外一个提取该样式的文字。

将光标定位于正文中奇数页位置，单击“插入”选项卡中“页”组中的“页眉页脚”按钮，将光标定位在页眉中；在“页眉页脚”选项卡的“选项”组中选择“奇偶页不同”，在“导航”组中让“同前页”处于非激活状态以取消跟前节页眉的链接；单击“插入”组中的“域”命令，弹出“域”对话框，在“域名”处选择“样式引用”，在“样式名”处选择“标题 1”，并勾选“插入段落编号”，然后单击“确定”按钮，如图 10.15 所示。按照类似的步骤完成第二次操作，第

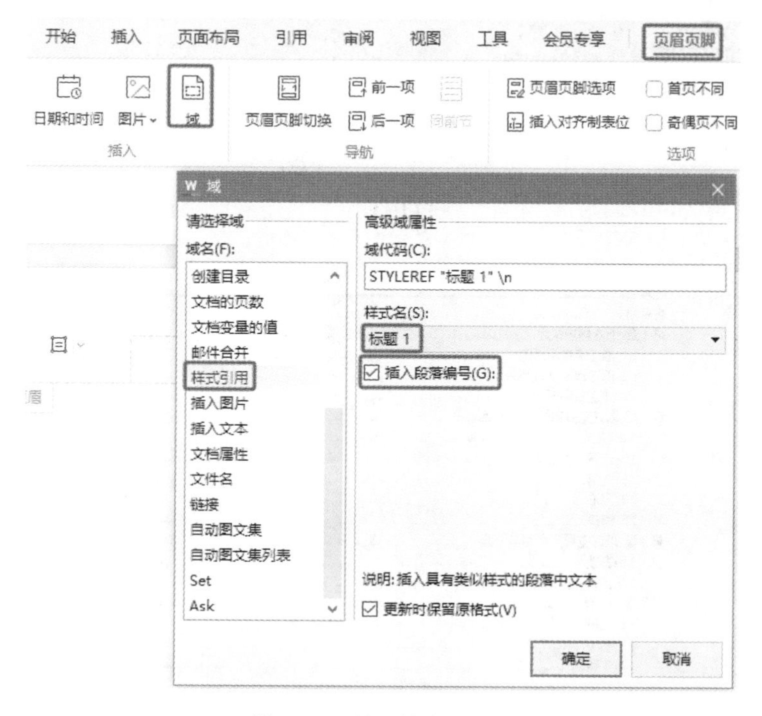

图 10.15　使用样式引用域

二次操作时不勾选“插入段落编号”，然后单击“确定”按钮，即完成奇数页页眉的添加。用相同的方法完成偶数页页眉的添加，偶数页页眉需要选择“标题 2”。

6. 目录和图表目录

（1）目录。目录通常指文档中各级标题及页码的列表，常放在文章之前。WPS 文字中设有文档目录、图目录、表格目录等多种目录类型，可以手动或自动创建目录。鉴于手动创建目录没有太大的实用性，因此大多数情况下都使用自动创建目录。在创建目录之前，需要先对文章内容进行标题样式的设置。

在需要插入目录位置定位光标，单击“引用”选项卡“目录”组中的“目录”命令，在下拉列表中选择“自定义目录”打开的“目录”对话框中单击“确定”按钮，如图 10.16 所示。这样即完成目录的创建，效果如图 10.17 所示。

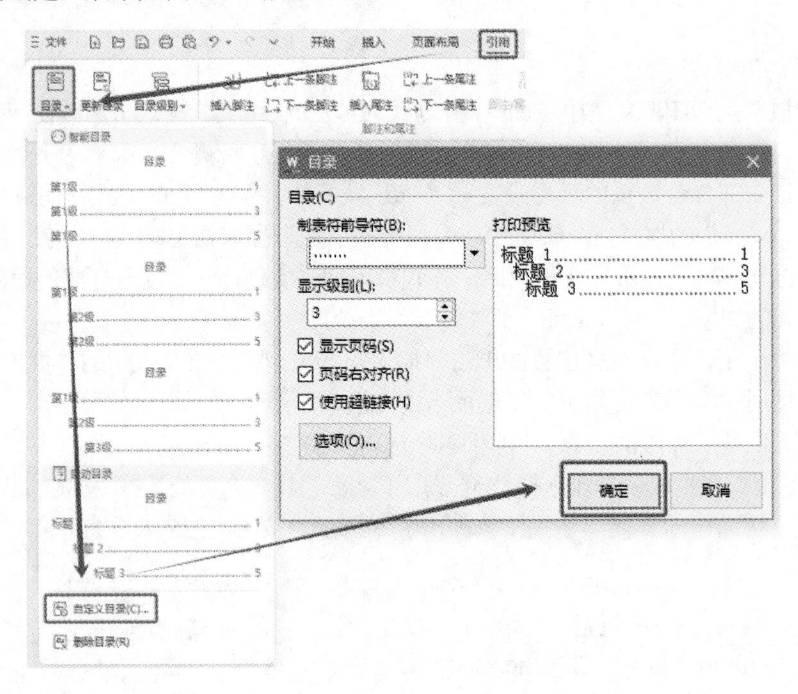

图 10.16　插入目录

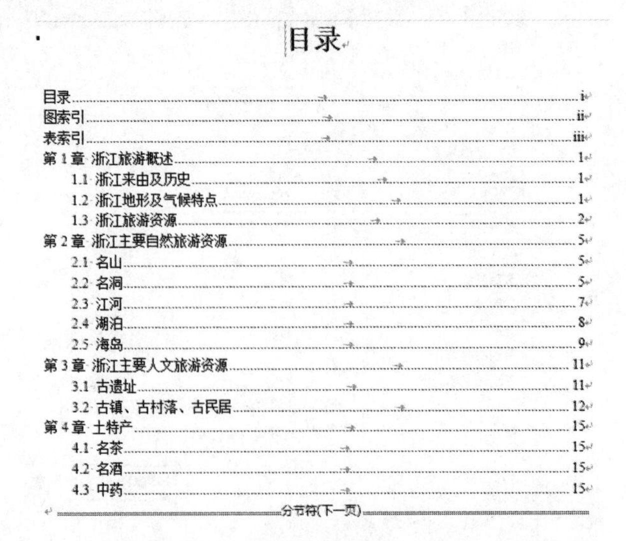

目录

目录……i
图索引……ii
表索引……iii
第 1 章 浙江旅游概述……1
1.1 浙江来由及历史……1
1.2 浙江地形及气候特点……1
1.3 浙江旅游资源……2
第 2 章 浙江主要自然旅游资源……5
2.1 名山……5
2.2 名洞……5
2.3 江河……7
2.4 湖泊……8
2.5 海岛……9
第 3 章 浙江主要人文旅游资源……11
3.1 古遗址……11
3.2 古镇、古村落、古民居……12
第 4 章 土特产……15
4.1 名茶……15
4.2 名酒……15
4.3 中药……15
分节符(下一页)

图 10.17　目录

（2）图表目录：图表目录的创建会给用户带来很大的方便。它的创建主要依据文中为图或表添加的题注。

在需要插入图表目录的位置定位光标，单击“引用”选项卡“题注”组中的“插入表目录”命令，在打开的“图表目录”对话框中的“题注标签”处选择“图”或“表”，单击“确定”按钮，如图 10.18 所示。这样即完成图表目录的创建，效果如图 10.19 所示。

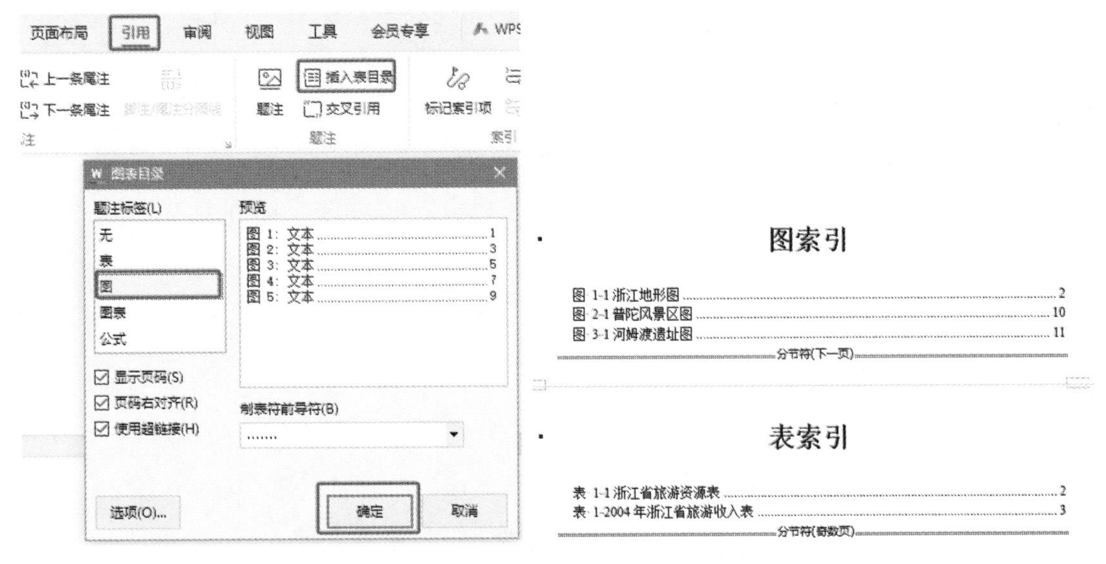

图 10.18　插入图表目录　　　　图 10.19　图表目录

10.3　项　目　实　现

10.3.1　正文排版

1. 设置标题样式并应用

将光标定位到“第一章 浙江旅游概述”这一行中的任意位置，单击“开始”选项卡的“段落”组中的“编号”按钮，在下拉列表中选择“自定义编号”命令，打开“项目符号和编号”编辑窗口，如图 10.20 所示；在打开的“项目符号和编号”对话框中单击“多级编号”选项卡，选择第 2 行第 4 个，再单击“自定义”按钮如图 10.21 所示；在弹出的“自定义多级编号列表”中单击“高级”按钮，然后在“级别”处选择“1”，在“编号的格式”处的“①”前后分别输入“第”和“章”，在“将级别链接到样式”处选择“标题 1”，在“对齐位置”“制表位位置”“缩进位置”处全部输入“0 厘米”，如图 10.22 所示。然后单击“级别”处选择“2”，在“编号格式”处设置为“①.②”，在“将级别链接到样式”处选择“标题 2”，在“对齐位置”“制表位位置”“缩进位置”处全部输入“0 厘米”，如图 10.23 所示。单击“开始”选项卡“样式”组右下角的展开样式按钮，如图 10.24 所示；单击“标题 1”右侧的下拉箭头，选择“修改”命令，在打开的“修改样式”对话框中选择对齐方式“居中”，单击“确定”按钮，如图 10.25 所示。以同样的方法设置“标题 2”的对齐方式为“左对齐”，如图 10.26 所示；将“标题 1”样式分别应用到文内的章序号中，将“标题 2”样式分别应用到文内的节序号中。完成后在导航窗格里面删除标题 1 和标题 2 样式应用后多余的第一章、第二章、第三章、第四章和 1.1～1.3、2.1～2.5、3.1～3.2、4.1～4.3 文字内容，删除后效果如图 10.27 所示。

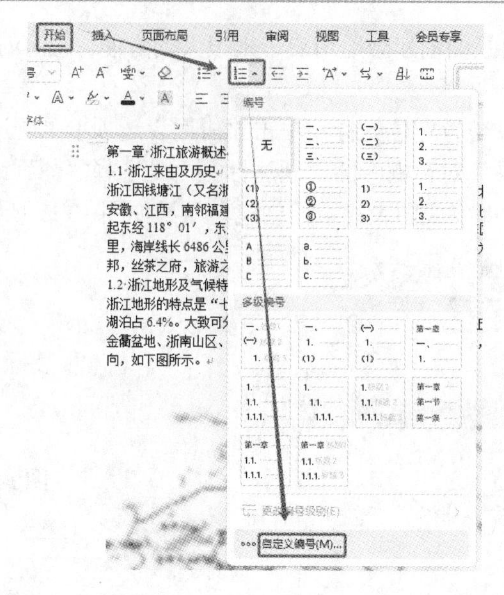

图 10.20 打开样式编辑

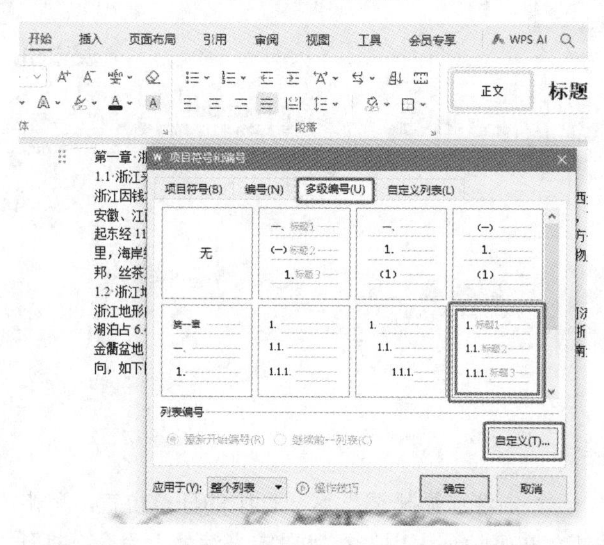

图 10.21 定义新的多级列表

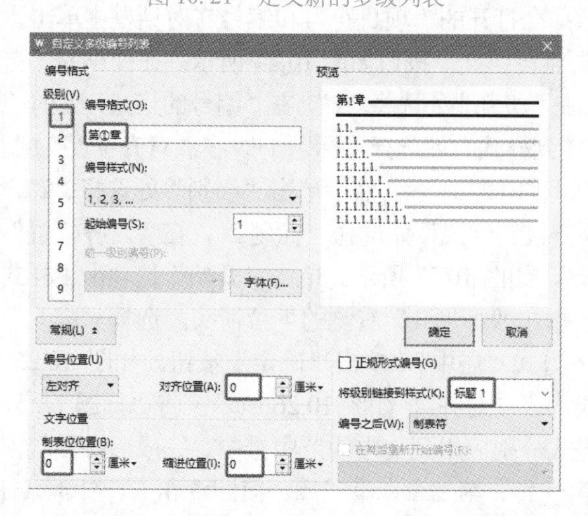

图 10.22 设置级别 1

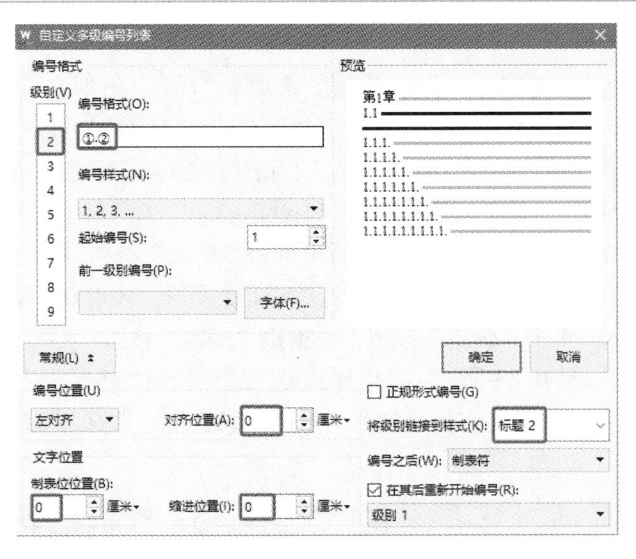

图 10.23　设置级别 2

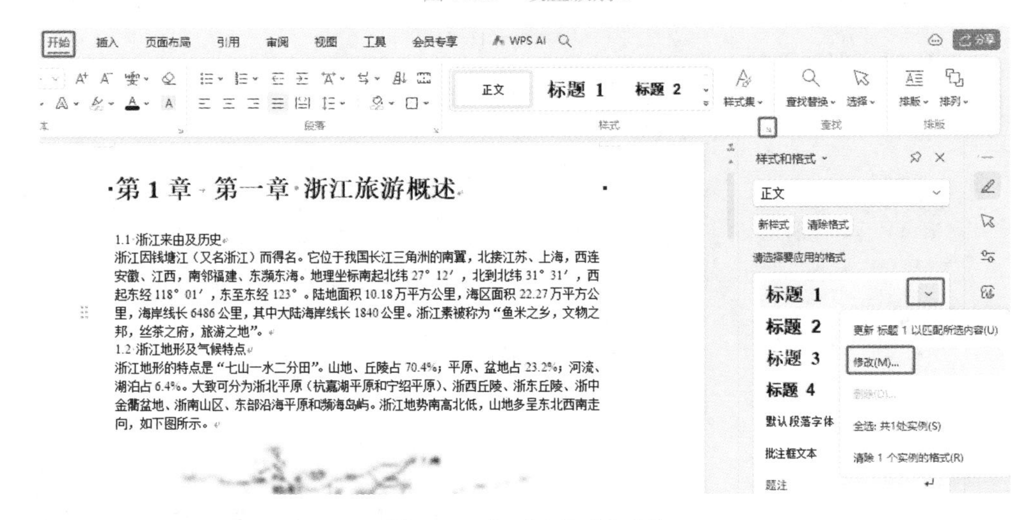

图 10.24　打开“样式”窗格

图 10.25　设置标题 1 居中对齐

图 10.26　设置标题 2 左对齐

2. 新建“样式 123”样式并应用

将光标定位到文中的正文部分，单击“开始”选项卡“样式”组中右下角的下拉按钮，在“样式和格式”窗格中选择“新样式”按钮，在打开的对话框的“名称”处设为“样式 123”，如图 10.28 所示；单击“格式”按钮后，选择“字体”，如图 10.29 所示。在打开的对话框的“中文字体”处选择“楷体”，“西文字体”选择“Times New Roman”，“字形”选择“常规”，“字号”选择“小四”，如图 10.30 所示；单击“确定”后再单击“格式”按钮，选择“段落”，如图 10.31 所示，在打开的对话框中设置“两端对齐，首行缩进，2 字符，段前 0.5 行，段后 0.5 行，1.5 倍行距”，如图 10.32 所示；单击“确定”按钮，再单击“确定”按钮，然后将“样式 123”应用到文章中无编号的文字，如图 10.33 所示。应用样式可以通过使用“格式刷”或使用鼠标选择应用，也可以应用一次后使用 F4 快捷键进行重复上一步操作来实现，大家可以选择自己习惯的方法来操作。

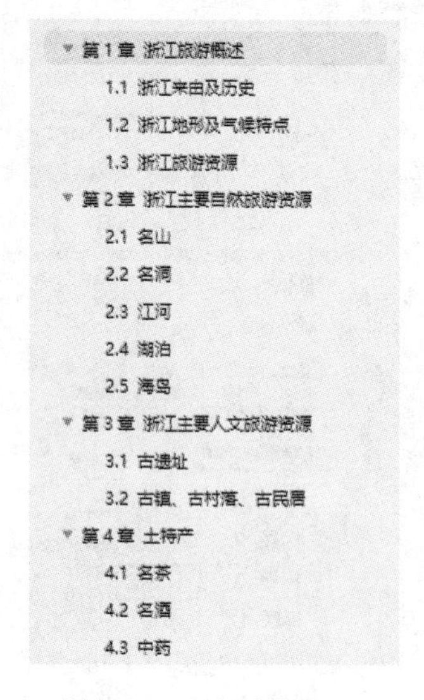

图 10.27 导航窗格显示

图 10.28 新建“样式 123”样式

图 10.29 打开字体选项

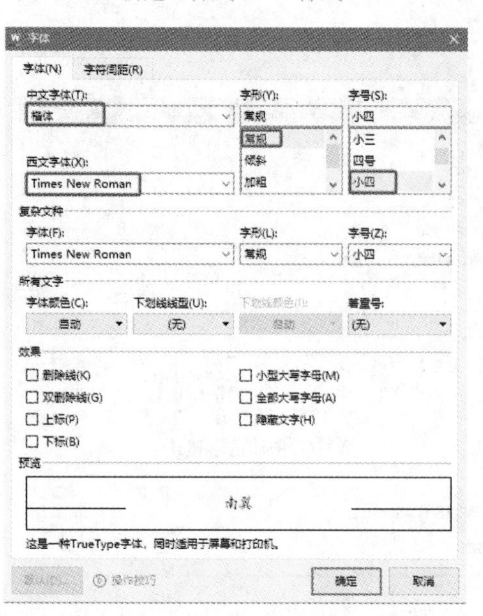

图 10.30 设置字体格式

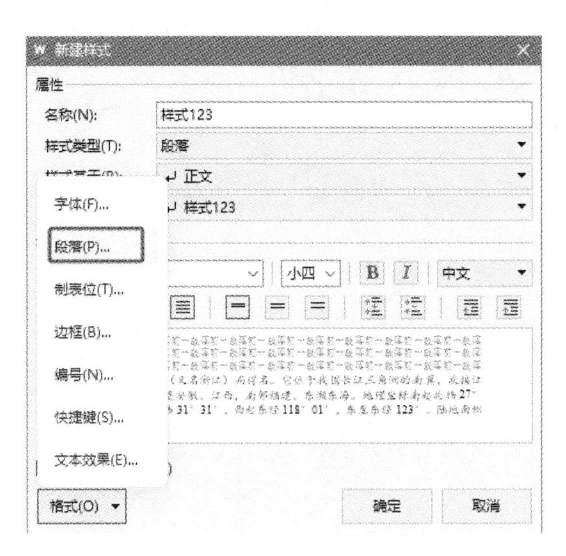

图 10.31　打开段落设置

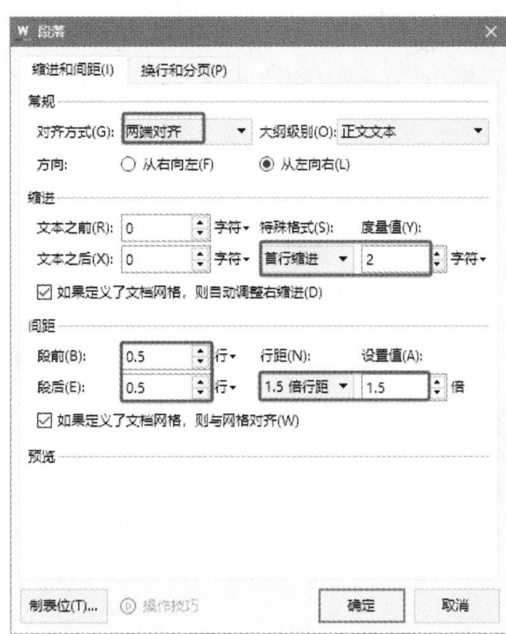

图 10.32　设置段落格式

第 1 章　浙江旅游概述

1.1　浙江来由及历史

浙江因钱塘江（又名浙江）而得名。它位于我国长江三角洲的南翼，北接江苏、上海，西连安徽、江西，南邻福建、东濒东海。地理坐标南起北纬 27° 12′，北到北纬 31° 31′，西起东经 118° 01′，东至东经 123°。陆地面积 10.18 万平方公里，海区面积 22.27 万平方公里，海岸线长 6486 公里，其中大陆海岸线长 1840 公里。浙江素被称为“鱼米之乡，文物之邦，丝茶之府，旅游之地”。

1.2　浙江地形及气候特点

浙江地形的特点是“七山一水二分田”。山地、丘陵占 70.4%；平原、盆地占 23.2%；河流、湖泊占 6.4%。大致可分为浙北平原（杭嘉湖平原和宁绍平原）、浙西丘陵、浙东丘陵、浙中金衢盆地、浙南山区、东部沿海平原和濒海岛屿。浙江地势南高北低，山地多呈东北西南走向，如下图所示。

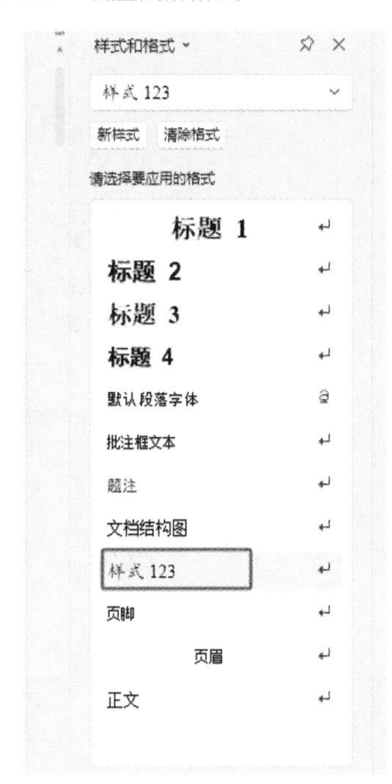

图 10.33　应用“样式 123”样式

3．对文中图和表添加题注并进行交叉引用

（1）添加图题注：在文档中从前往后找图片，选中图片，单击“开始”选项卡“段落”组中的“居中”按钮，或者使用快捷键“Ctrl+E”居中图片，如图 10.34 所示；将光标定位到图下方的文字“浙江地形图”之前，单击“引用”选项卡“题注”组的“题注”按钮，在弹出的“题注”对话框中单击“新建标签”按钮，在弹出的“新建标签”对话框中输入“图”，确定后完成图题注标签的新建，如图 10.35 所示；单击“编号”按钮来设置题注的编号，在打开的对话框中选择“包含章节编号”，确定后完成图题注的插入，如图 10.36 所示，完成后效果如图 10.37 所示。在

"开始"选项卡"段落"组中单击"居中"按钮将题注居中，如图 10.38 所示。使用相同的方法将文章中所有的图都添加题注，在添加过程中要注意顺序，从前往后。

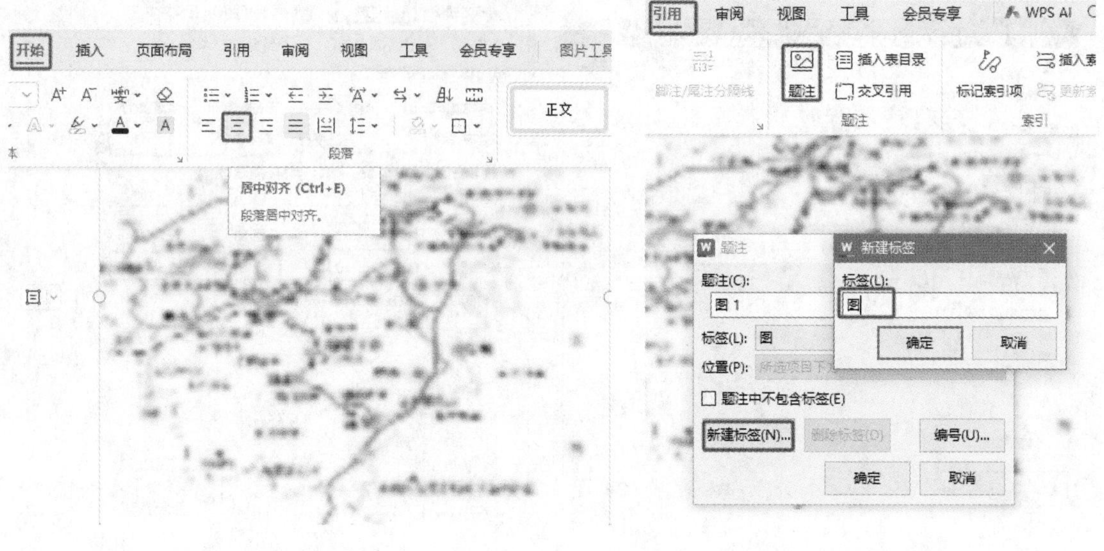

图 10.34　居中图片　　　　图 10.35　新建题注标签图

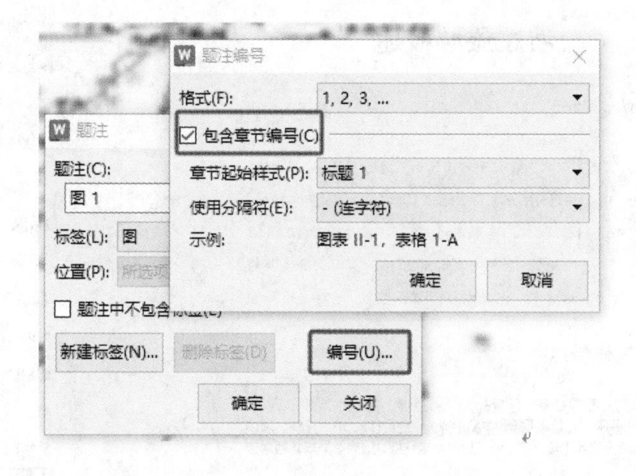

图 10.36　设置编号

图·1-1 浙江地形图

图 10.37　完成效果

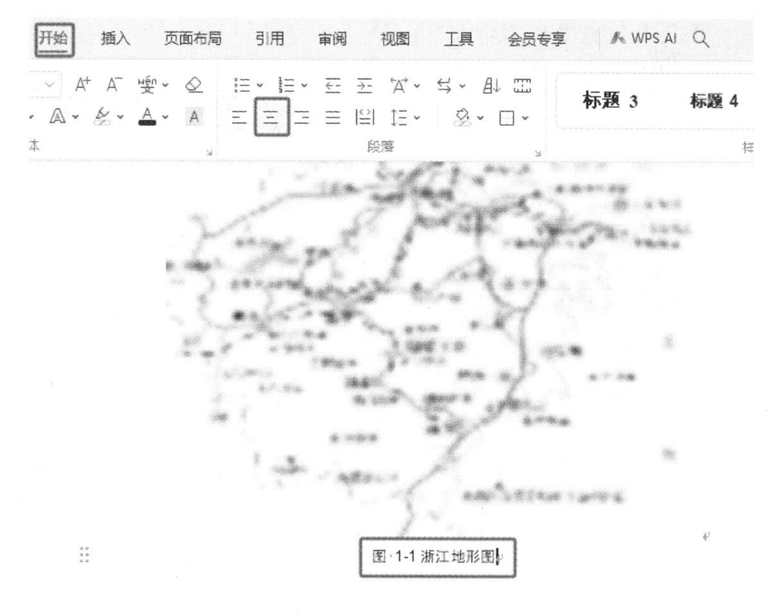

图 10.38　最终效果

（2）添加表题注：在文档中从前往后找表格，选中表格，单击“开始”选项卡“段落”组中的“居中”按钮，将表格居中，如图 10.39 所示；将光标定位到表格上方的文字“浙江省旅游资源表”之前，单击“引用”选项卡“题注”组的“题注”按钮，在弹出的“题注”对话框中单击“新建标签”按钮，在弹出的“新建标签”对话框中输入“表”，确定后完成图题注标签的新建，如图 10.40 所示；单击“编号”按钮来设置题注的编号，在打开的对话框中选择“包含章节编号”，确定后完成表题注的插入，如图 10.41 所示。在“开始”选项卡“段落”组中单击“居中”按钮将题注居中，如图 10.42 所示。使用相同的方法将文章中所有的表格都添加题注，在添加过程中需要注意顺序，从前往后。

开始　插入　页面布局　引用　审阅　视图　工具　会员专享　表格工具　表格样式

正文　标题

段落

省旅游资源表

地区	地文景观	水域风光	生物景观	遗址遗迹	建筑设施	旅游商品	人文活动
全省	4029	1553	1396	1000	10777	1069	1160
杭州	278	152	137	166	1640	204	114
宁波	144	86	137	87	1253	85	103
温州	1081	422	192	95	1356	77	43
嘉兴	52	52	65	119	654	81	124
湖州	146	100	122	89	855	86	115
绍兴	233	114	73	82	953	180	226
金华	361	121	166	49	1156	40	54
衢州	334	127	139	92	667	72	119
舟山	270	38	20	64	495	53	72
台州	501	146	133	60	766	75	85
丽水	629	195	212	9797	982	116	106

图 10.39　居中表格

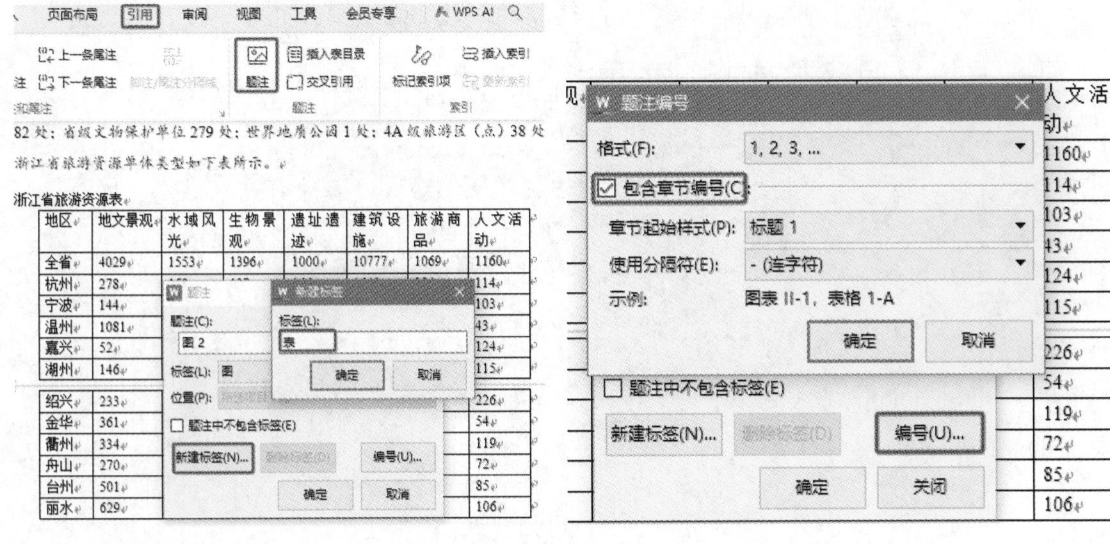

图 10.40　新建题注标签表　　　　图 10.41　设置编号

82 处；省级文物保护单位 279 处；世界地质公园 1 处；4A 级旅游区（点）38 处

浙江省旅游资源单体类型如下表所示。

表 1-1 浙江省旅游资源表

地区	地文景观	水域风光	生物景观	遗址遗迹	建筑设施	旅游商品	人文活动
全省	4029	1553	1396	1000	10777	1069	1160
杭州	278	152	137	166	1640	204	114
宁波	144	86	137	87	1253	85	103
温州	1081	422	192	95	1356	77	43
嘉兴	52	52	65	119	654	81	124
湖州	146	100	122	89	855	86	115
绍兴	233	114	73	82	953	180	226
金华	361	121	166	49	1156	40	54
衢州	334	127	139	92	667	72	119
舟山	270	38	20	64	495	53	72
台州	501	146	133	60	766	75	85
丽水	629	195	212	9797	982	116	106

图 10.42　表题注居中

（3）图题注交叉引用：在文中图上方选中文字“下图”，单击“引用”选项卡“题注”组的“交叉引用”按钮，在打开的对话框的“引用类型”处选“图”，在“引用内容”处选“只有标签和编号”，在“引用哪一个题注”处选需要引用的题注，单击“插入”按钮，如图 10.43 所示。

（4）表题注交叉引用：在文中选中文字“下表”，单击“引用”选项卡“题注”组的“交叉引用”按钮，在打开的对话框的“引用类型”处选“表”，在“引用内容”处选“只有标签和编号”，在“引用哪一个题注”处选需要引用的题注，单击“插入”按钮，如图 10.44 所示。交叉引用效果如图 10.45 所示。

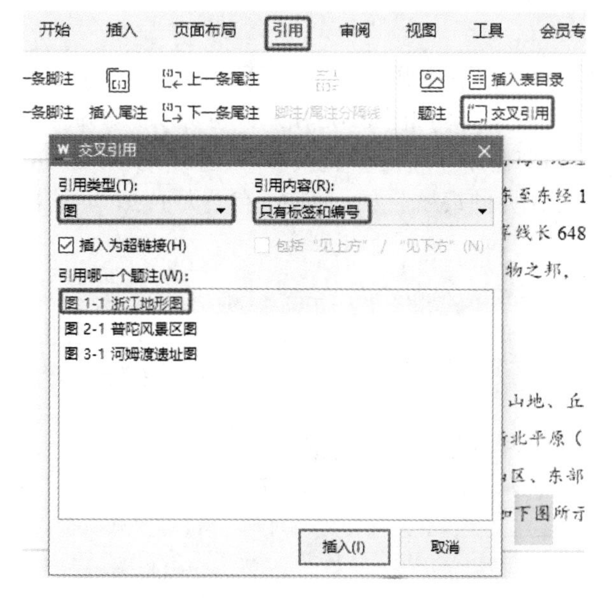

开始
插入
页面布局
引用
审阅
视图
工具
会员专
上一条尾注
下一条尾注
插入尾注
插入表目录
题注
交叉引用
交叉引用
引用类型(T):
图
引用内容(R):
只有标签和编号
插入为超链接(H)
包括"见上方"/"见下方"(N)
引用哪一个题注(W):
图 1-1 浙江地形图
图 2-1 普陀风景区图
图 3-1 河姆渡遗址图
插入(I)
取消

图 10.43　图的交叉引用

交叉引用
引用类型(T):
表
引用内容(R):
只有标签和编号
插入为超链接(H)
包括"见上方"/"见下方"(N)
引用哪一个题注(W):
表 1-1 浙江省旅游资源表
表 1-2 04年浙江省旅游收入表
插入(I)
取消

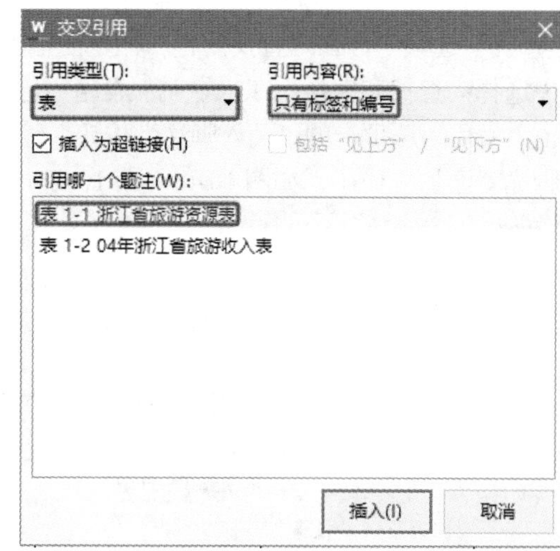

图 10.44　表的交叉引用

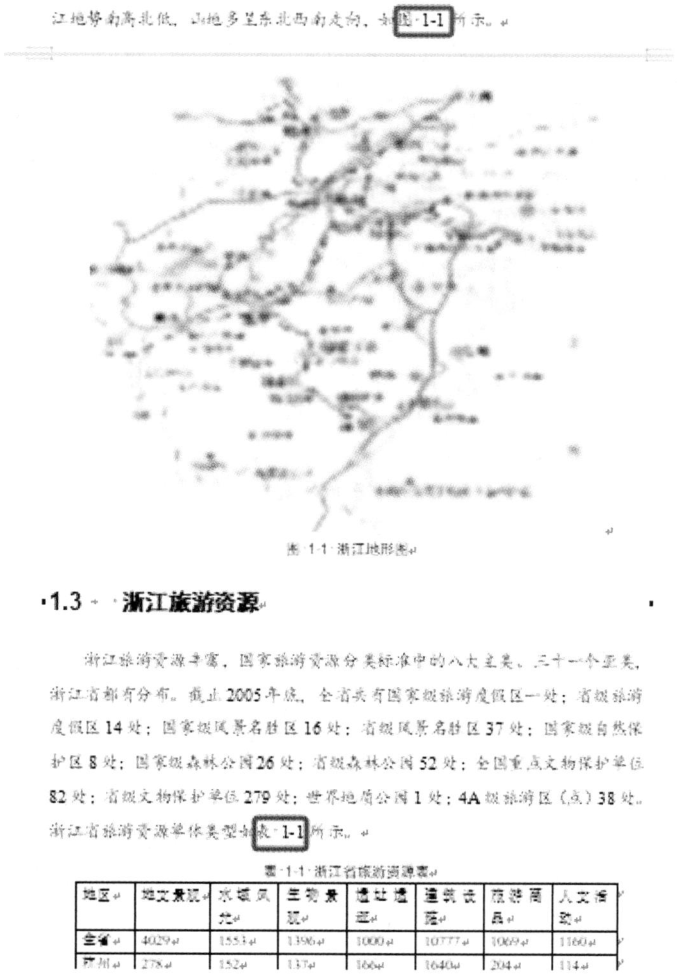

江地势南高北低，山地多呈东北西南走向，如图 1-1 所示。
图 1-1 浙江地形图
1.3 浙江旅游资源
浙江旅游资源丰富，国家旅游资源分类标准中的八大主类、三十一个亚类，浙江省都有分布。截止2005年底，全省共有国家级旅游度假区一处；省级旅游度假区14处；国家级风景名胜区16处；省级风景名胜区37处；国家级自然保护区8处；国家级森林公园26处；省级森林公园52处；全国重点文物保护单位82处；省级文物保护单位279处；世界地质公园1处；4A级旅游区（点）38处。浙江省旅游资源单体类型如表 1-1 所示。
表 1-1 浙江省旅游资源表
地区 地文景观 水域风光 生物景观 遗址遗迹 建筑设施 旅游商品 人文活动
全省 4029 1553 1396 1000 10777 1069 1160
杭州 278 152 137 166 1640 204 114

图 10.45　交叉引用效果图

4．插入脚注

单击“开始”选项卡“查找”组的“查找替换”按钮，在弹出的“查找和替换”窗口中选择“查找”选项卡，在“查找内容”框里面输入“西湖龙井”，如图 10.46 所示；也可以在导航窗格中选择“查找和替换”在“导航”窗格中输入“西湖龙井”，单击“查找”，如图 10.47 所示；单击“引用”选项卡的“插入脚注”按钮，输入“西湖龙井茶加工方法独特，有十大手法。”，这样脚注就添加完成了，如图 10.48、图 10.49 所示。

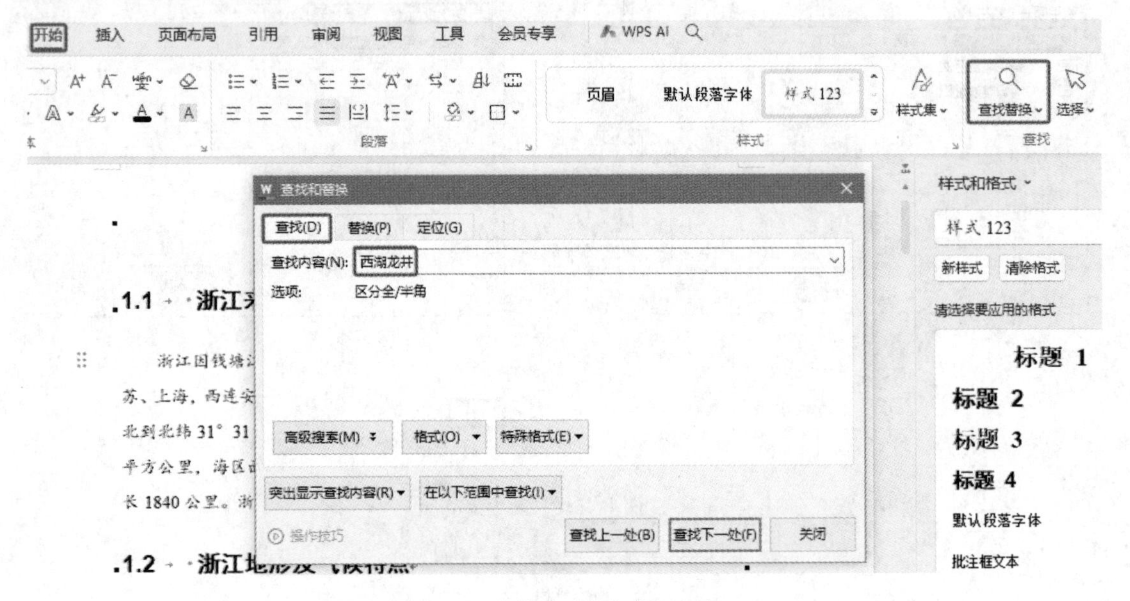

图 10.46 查找“西湖龙井”方法一

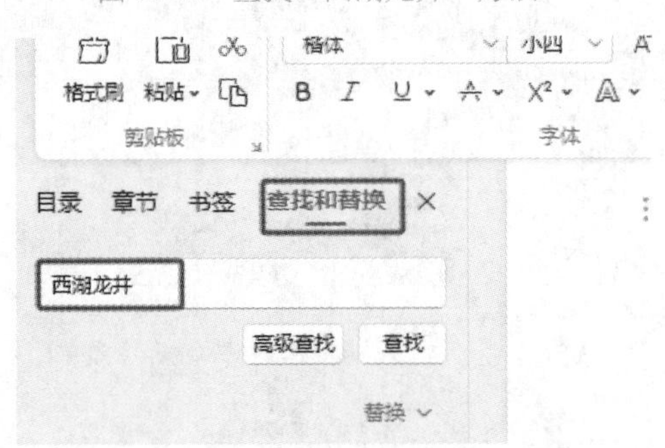

图 10.47 查找“西湖龙井”方法二

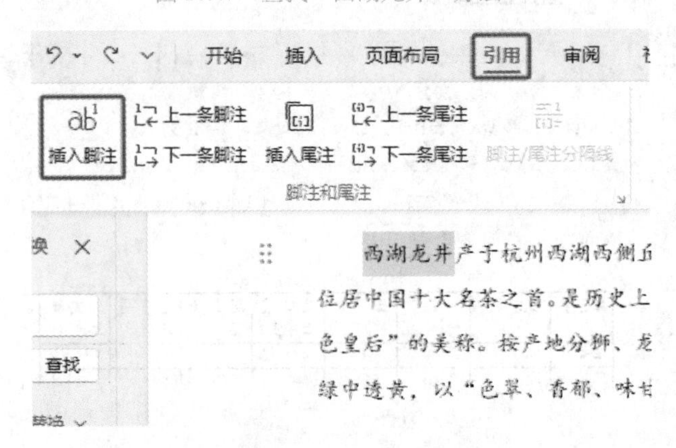

图 10.48 插入脚注

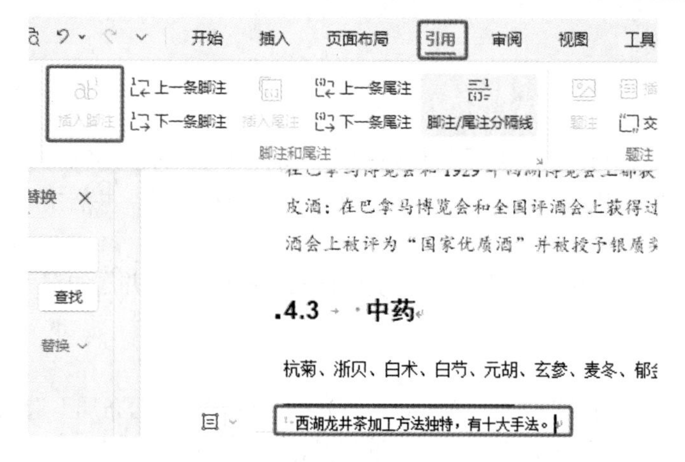

图 10.49　插入脚注效果

5. 编号设置

（1）将光标定位到“2.3 江河”节中的“1.钱塘江”所在的行，打开“开始选项卡”“段落”组“编号”按钮，在下拉列表中选择第一行第 4 项，实现对“1.钱塘江”进行自动编号，如图 10.50 所示。

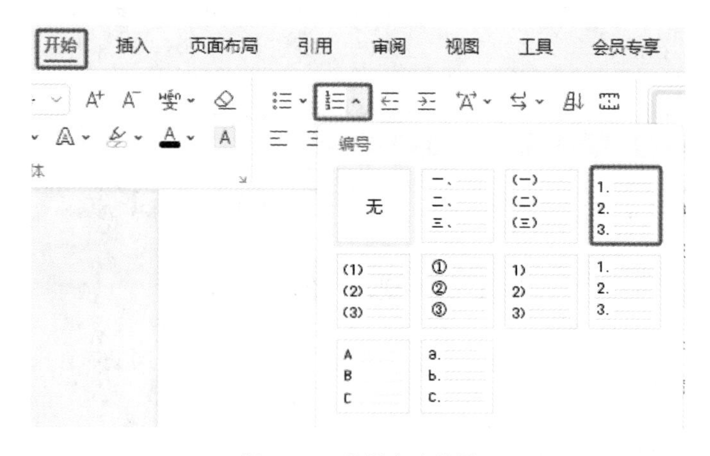

图 10.50　设置自动编号

（2）利用上述方法，将需要设置自动编号的内容进行自动编号，效果如图 10.51 所示。

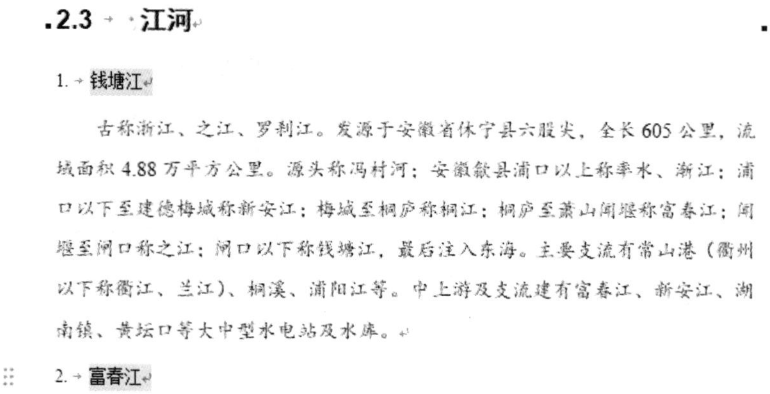

.2.3 江河

1. 钱塘江

古称浙江、之江、罗刹江。发源于安徽省休宁县六股尖，全长 605 公里，流域面积 4.88 万平方公里。源头称冯村河；安徽歙县浦口以上称率水、渐江；浦口以下至建德梅城称新安江；梅城至桐庐称桐江；桐庐至萧山闻堰称富春江；闻堰至闸口称之江；闸口以下称钱塘江，最后注入东海。主要支流有常山港（衢州以下称衢江、兰江）、桐溪、浦阳江等。中上游及支流建有富春江、新安江、湖南镇、黄坛口等大中型水电站及水库。

2. 富春江

图 10.51　自动编号效果

10.3.2 正文前插入三节

1. 设置要求

（1）第 1 节：目录。其中：“目录”使用样式“标题 1”，并居中对齐；“目录”下为目录项。

（2）第 2 节：图索引。其中：“图索引”使用样式“标题 1”，并居中对齐；“图索引”下为图目录项。

（3）第 3 节:表索引。其中：“表索引”使用样式“标题 1”，并居中对齐；“表索引”下为表目录项。

2. 设置步骤

（1）正文前插入 3 节：在“第 1 章”后定位光标，单击“页面布局”选项卡“结构”组“分隔符”按钮，选择“下一页分节符”命令，重复操作一次，如图 10.52 所示；单击“页面布局”选项卡“结构”组“分隔符”按钮，选择“奇数页分节符”命令，如图 10.53 所示；完成正文前 3 节的插入，效果如图 10.54 所示。

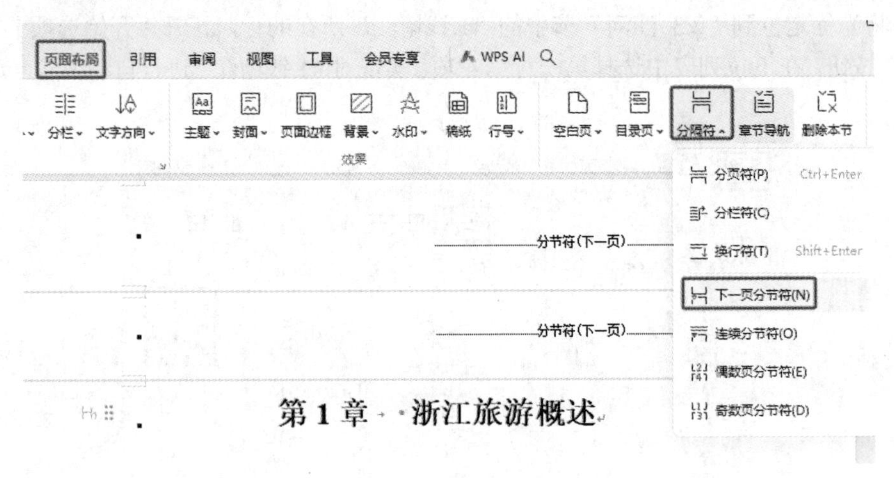

图 10.52 插入下一页分节符

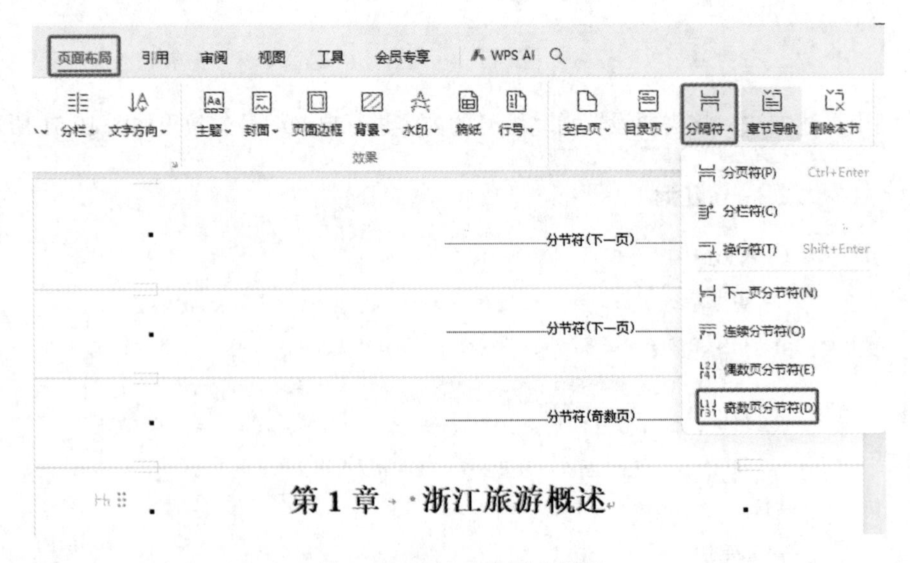

图 10.53 插入奇数页分节符

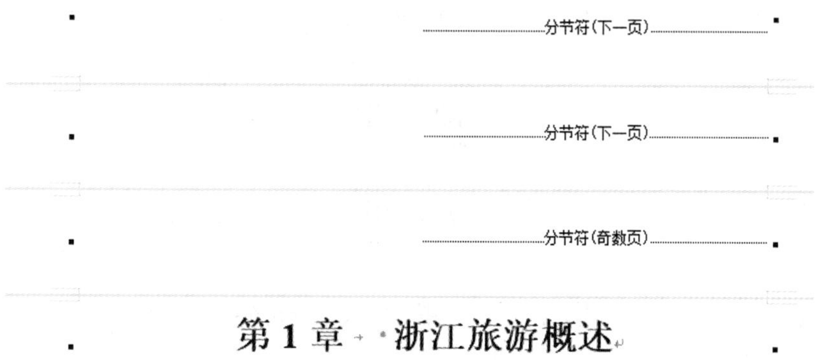

分节符(下一页)

分节符(下一页)

分节符(奇数页)

第 1 章 浙江旅游概述

图 10.54　正文前插入 3 节

（2）输入标题：在第一节中输入“目录”，第二节中输入“图索引”，第三节中输入“表索引”，如图 10.55 所示；在导航栏中单击“第 1 章目录”，然后单击“开始”选项卡“段落”组的“编号”按钮，在下拉列表中选择“无”，如图 10.56 所示，用同样的方法去掉“图索引”前的“第 2 章”和“表索引”前的“第 3 章”，效果如图 10.57 所示。

图 10.55　输入标题

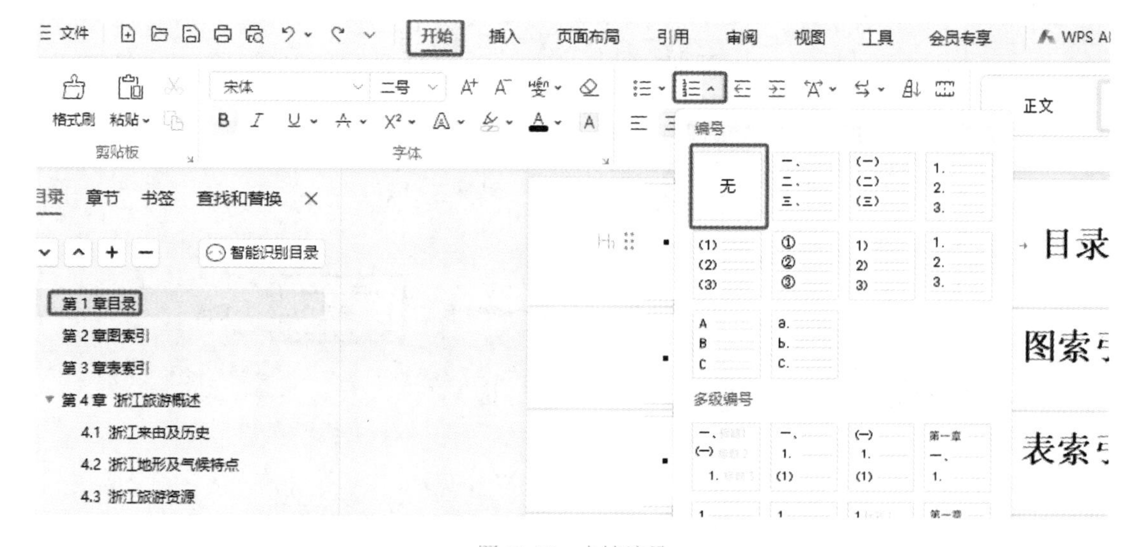

图 10.56　去掉编号

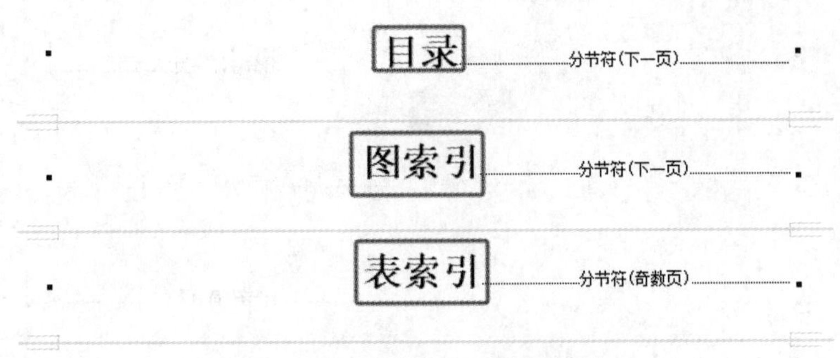

图 10.57 去掉编号后效果

（3）插入目录项：将光标定位到“目录”之后，单击“引用”选项卡“目录”组“目录”按钮，在下拉列表中选择“自定义目录”命令，在打开的“目录”对话框中单击“确定”按钮，如图 10.58 所示，插入目录项后的效果如图 10.59 所示。

（4）插入图索引项：将光标定位到“图索引”之后，单击“引用”选项卡“题注”组的“插入表目录”按钮，弹出“图表目录”对话框。在“题注标签”处选择“图”，单击“确定”按钮，如图 10.60 所示，插入的图索引项效果如图 10.61 所示。

（5）插入表索引项：将光标定位到“表索引”之后，单击“引用”选项卡“题注”组的“插入表目录”按钮，弹出“图表目录”对话框。在“题注标签”处选择“表”，单击“确定”按钮，如图 10.62 所示，插入的表索引项效果如图 10.63 所示。

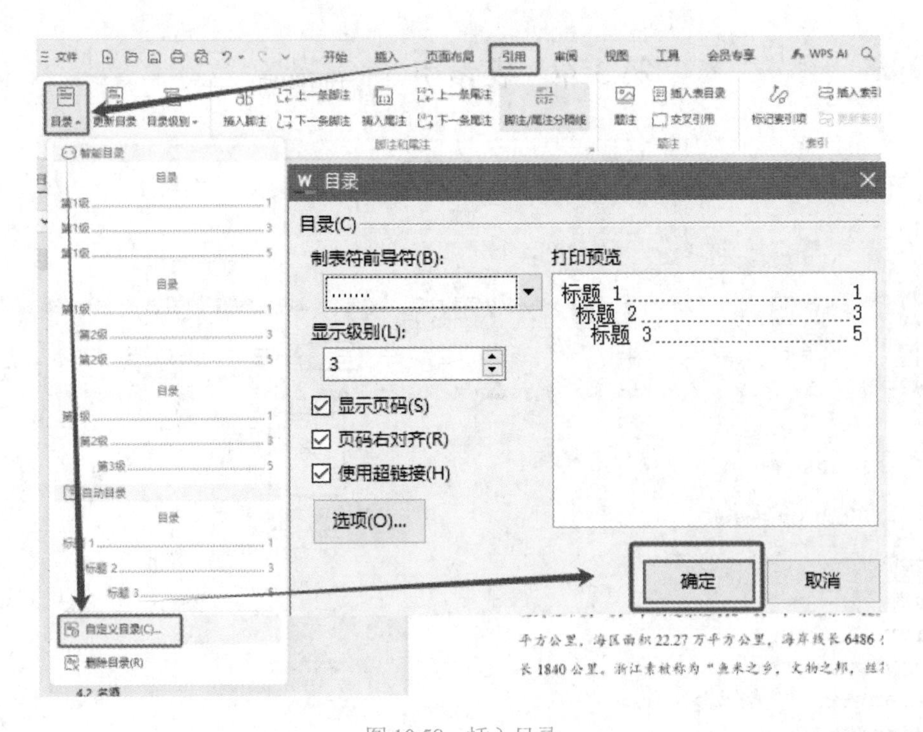

图 10.58 插入目录

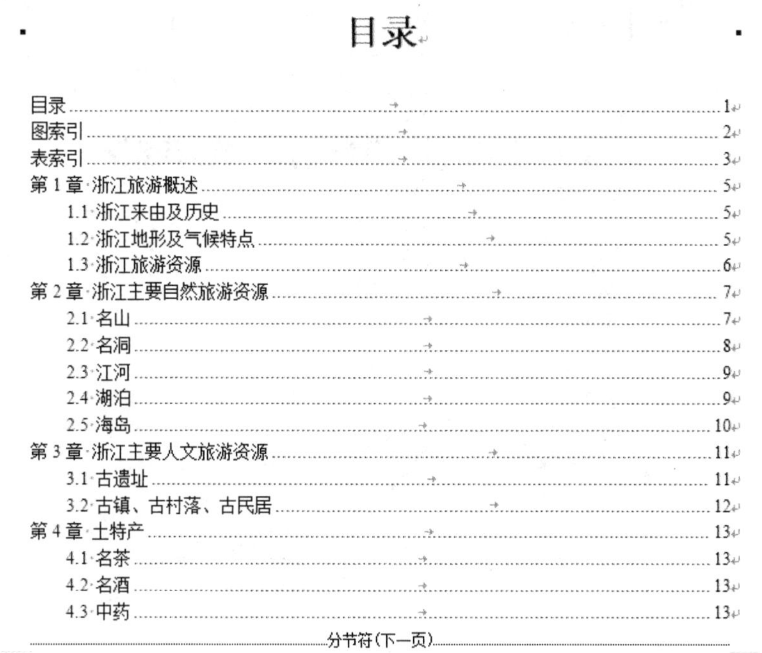

目录

目录 1
图索引 2
表索引 3
第 1 章 浙江旅游概述 5
1.1 浙江来由及历史 5
1.2 浙江地形及气候特点 5
1.3 浙江旅游资源 6
第 2 章 浙江主要自然旅游资源 7
2.1 名山 7
2.2 名洞 8
2.3 江河 9
2.4 湖泊 9
2.5 海岛 10
第 3 章 浙江主要人文旅游资源 11
3.1 古遗址 11
3.2 古镇、古村落、古民居 12
第 4 章 土特产 13
4.1 名茶 13
4.2 名酒 13
4.3 中药 13
分节符(下一页)

图 10.59 目录效果

图 10.60 插入图索引项

图索引

图 1-1 浙江地形图 6
图 2-1 普陀风景区图 11
图 3-1 河姆渡遗址图 12
分节符(下一页)

图 10.61 图索引项效果

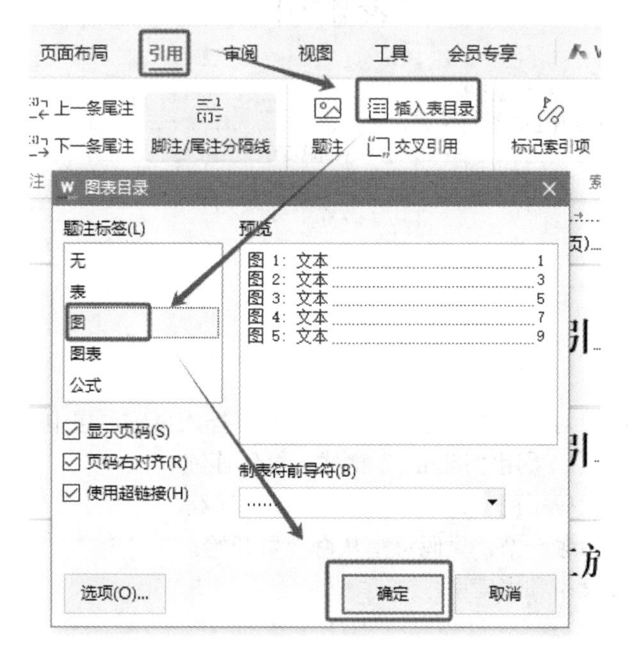

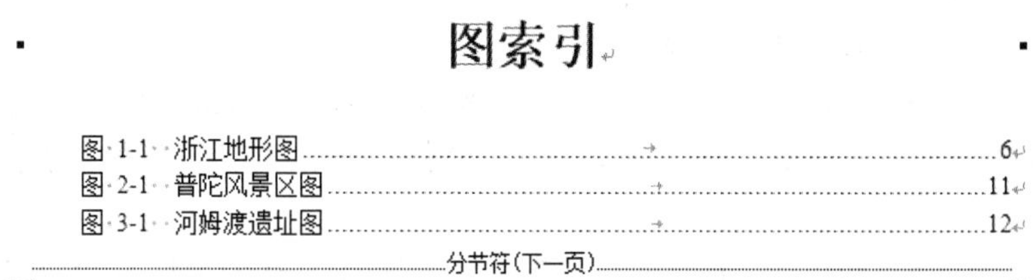

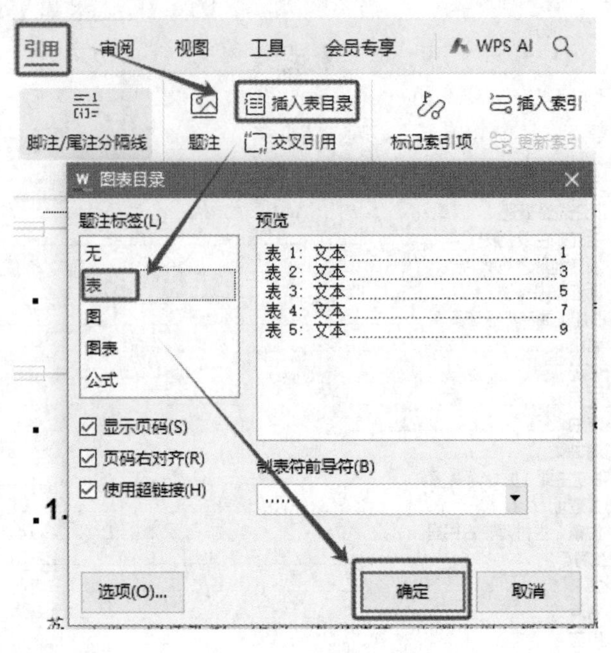

图 10.62 插入表索引项

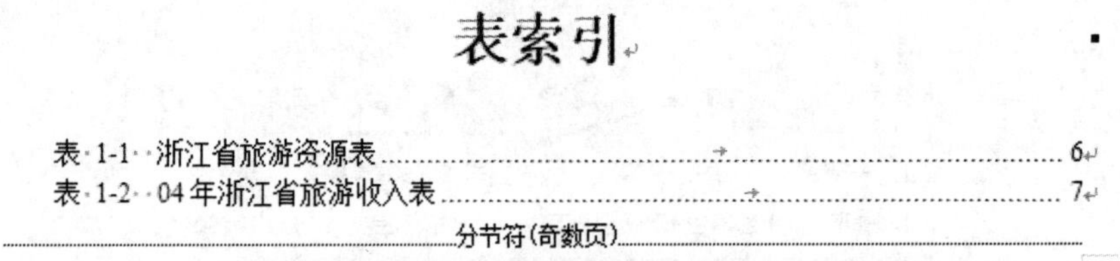

表索引

表 1-1 浙江省旅游资源表 6
表 1-2 04 年浙江省旅游收入表 7

分节符(奇数页)

图 10.63 表索引项效果

10.3.3 添加页脚

1. 设置要求

使用适合的分节符，对正文进行分节。添加页脚，插入页码，居中显示。要求如下：

（1）正文前的节，页码采用“i,ii,iii...”格式，页码连续。

（2）正文中的节，页码采用“1,2,3...”格式，页码连续。

（3）正文中每章为单独一节，页码总是从奇数页开始。

（4）更新目录、图索引和表索引。

2. 操作步骤

（1）设置奇偶页不同：单击“页面布局”选项卡“页面设置”组右下角的对话框启动器，弹出“页面设置”对话框，在“版式”选项卡中选择“奇偶页不同”，在“应用于”处选择“整篇文档”，单击“确定”按钮，如图 10.64 所示。

（2）对正文进行分节：在“第 2 章”后面定位光标，单击“页面布局”选项卡“结构”组中的“分隔符”按钮，选择“奇数页分节符”，如图 10.65 所示。使用同样的方法完成文章其他几章的分节操作。

（3）前 3 节页码插入与设置：在导航栏单击“第 1 章 浙江旅游概述”，单击“插入”选项卡“页”组中的“页眉页脚”命令，如图 10.66 所示。

（4）在“页眉页脚”选项卡“导航”组中单击“同前节”按钮，使“同前节”处于非激活状态，如图 10.67 所示，使用同样的方法设置页脚以及第 1 章的第 2 页页眉和页脚，然后单击“关闭”关闭页眉页脚，如图 10.68 所示。

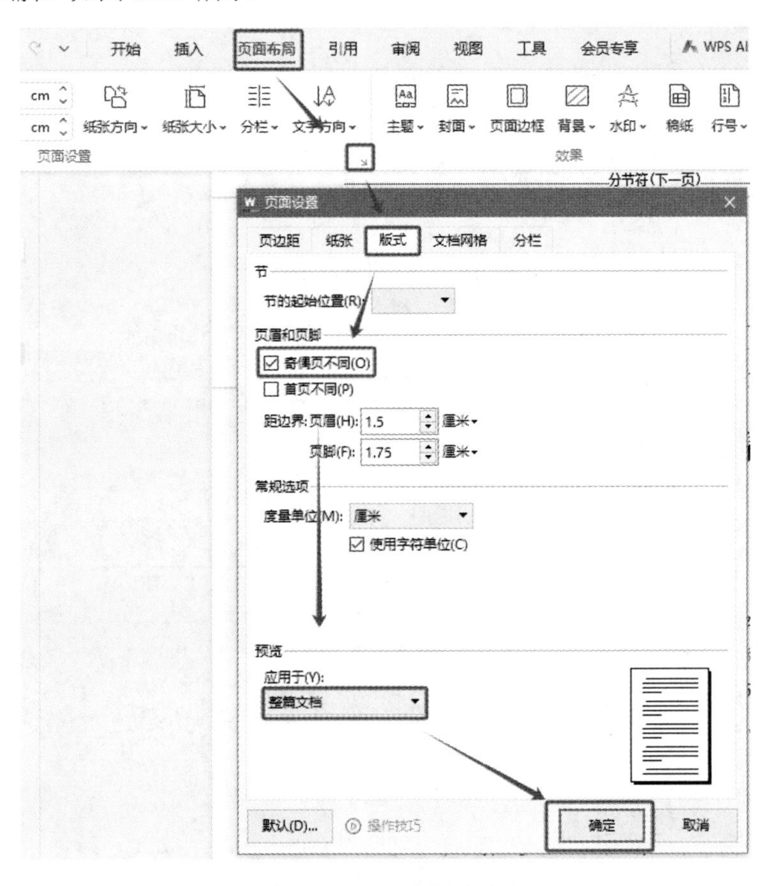

图 10.64　设置奇偶页不同

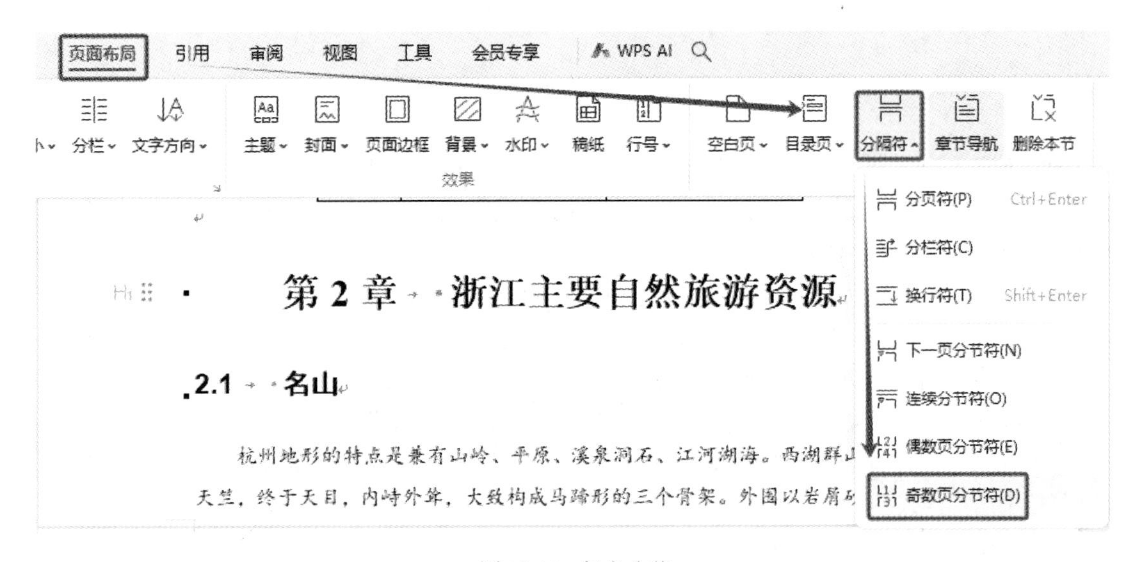

图 10.65　每章分节

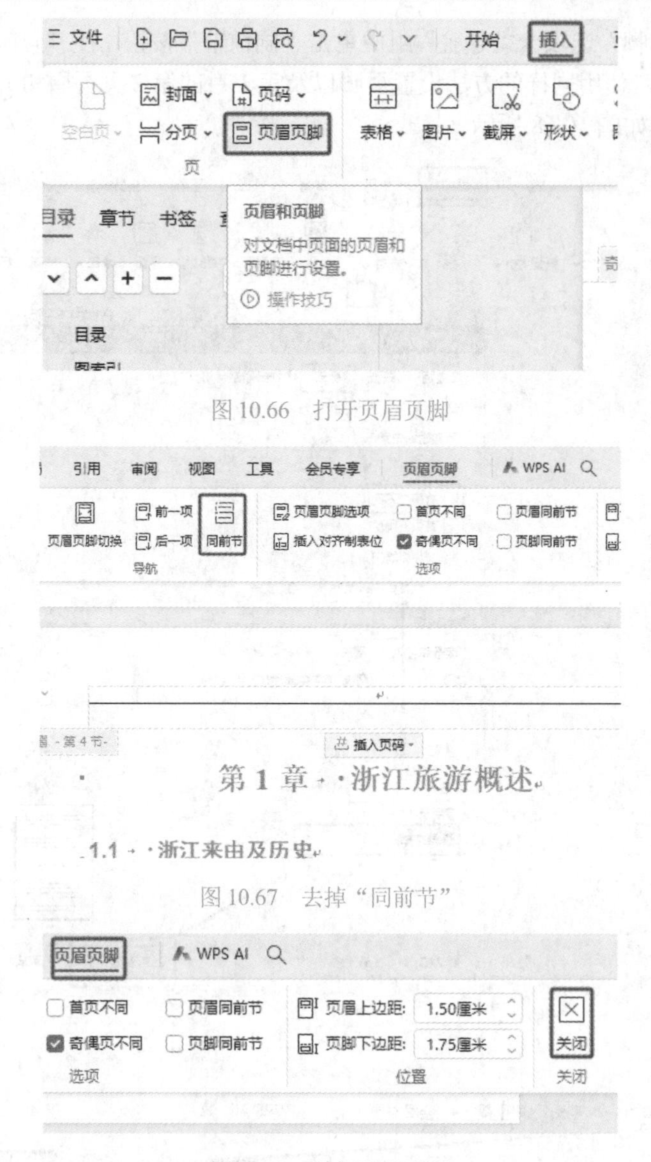

图 10.66 打开页眉页脚

图 10.67 去掉“同前节”

图 10.68 关闭页眉页脚

（5）在目录页底端双击鼠标，在弹出的页脚编辑框中使用快捷键“Ctrl+E”让页脚居中，然后单击“插入页码”在弹出窗口中的“样式”处选择“i,ii,iii,...”，“位置”选择“居中”，“应用范围”选择“本节”，如图 10.69 所示。

（6）在图索引页的页脚编辑框中使用快捷键“Ctrl+E”让页脚居中，然后单击“插入页码”在弹出窗口中的“样式”处选择“i,ii,iii...”，“位置”选择“居中”，“应用范围”选择“本节”。

（7）在表索引页的页脚编辑框中定位光标，然后单击“插入页码”在弹出窗口中的“样式”处选择“i,ii,iii...”，“位置”选择“居中”，“应用范围”选择“本节”。

（8）在第 1 章的页脚编辑框中使用快捷键“Ctrl+E”让页脚居中，然后单击“插入页码”在弹出窗口中的“样式”处选择“1,2,3...”，“位置”选择“居中”，“应用范围”选择“本页及之后”，如图 10.70 所示。完成了正文页码的设置。关闭页眉页脚。

（9）更新目录、图索引、表索引的页码：在目录项上面右击，在弹出的快捷菜单中选择“更新域”，在打开的对话框中选“只更新页码”，单击“确定”按钮，如图 10.71 所示；用同样的方法更新“图索引”和“表索引”的页码，如图 10.72、图 10.73 所示。

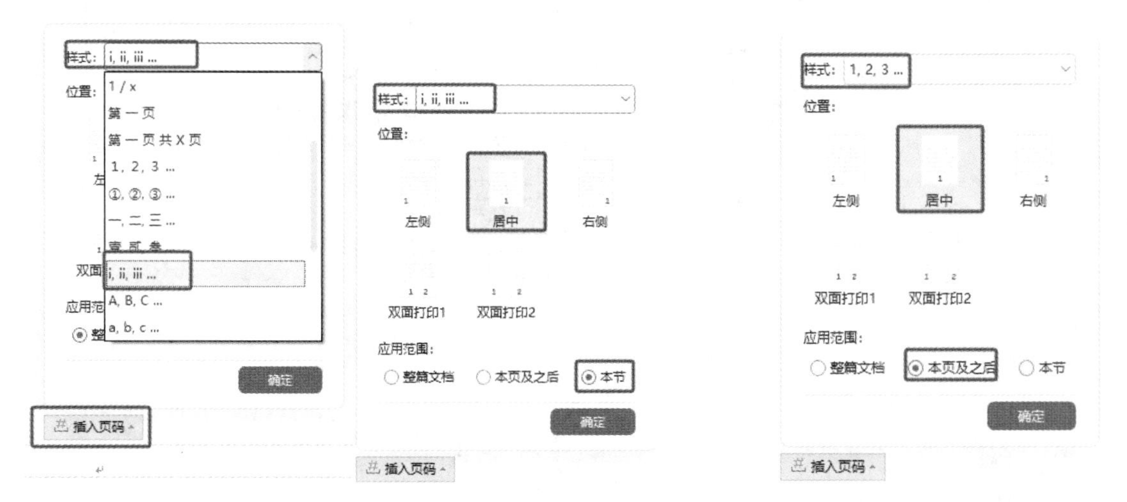

图 10.69　设置目录页页码　　　　图 10.70　插入正文页码

图 10.71　更新目录页码

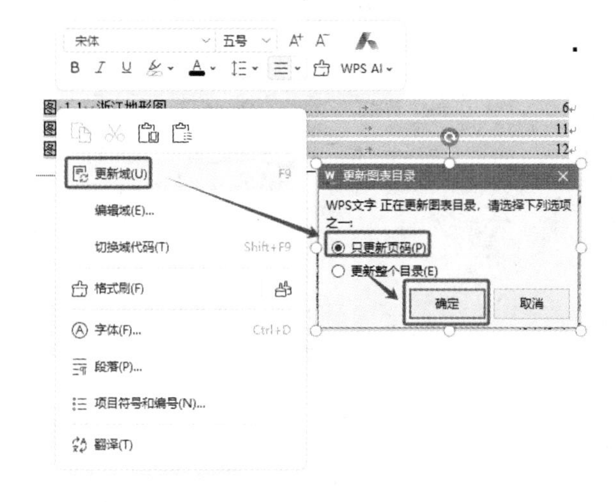

图 10.72　更新图索引页码

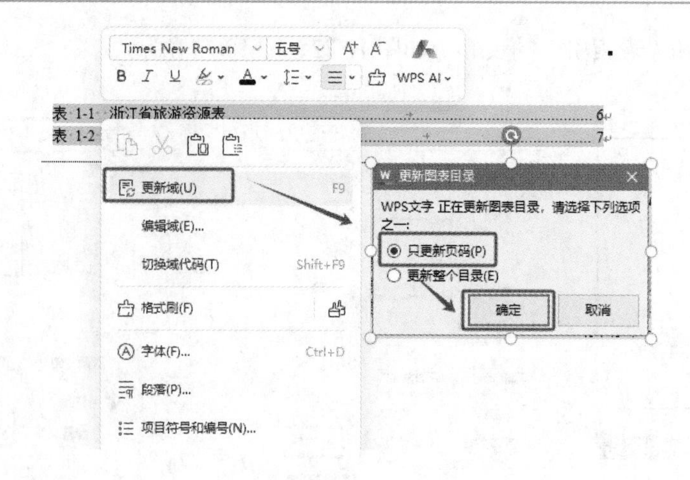

图 10.73 更新表索引页码

10.3.4 设置页眉

1. 设置要求

添加正文的页眉，居中显示，使用域，按以下要求添加内容：

（1）对于奇数页，页眉中的文字为：章序号 章名（例如：第 1 章 ×××）。

（2）对于偶数页，页眉中的文字为：节序号 节名（例如：1.1 ×××）。

2. 操作步骤

（1）设置奇数页页眉：在第 1 章页面最上方双击鼠标，进入页眉编辑状态，在“页眉页脚”选项卡“插入”组中选择“域”命令，如图 10.74 所示。在打开的域窗口的“域名”处选择“样式引用”，在“样式名”下拉列表中选择“标题 1”，勾选“插入段落编号”单击“确定”，如图 10.75 所示。在第 1 章页眉“第 1 章”后输入一个空格，然后再重复前面的操作，在域窗口中的“插入段落编号”不做勾选，如图 10.76 所示。

（2）设置偶数页页眉：在第 1 章第 2 页即偶数页页眉中定位光标，在“页眉页脚”选项卡“插入”组中选择“域”命令，在打开的域窗口的“域名”处选择“样式引用”在“样式名”下拉列表中选择“标题 2”，勾选“插入段落编号”单击“确定”，如图 10.77 所示。在偶数页页眉“1.3”后输入一个空格，然后再重复前面的操作，在域窗口中的“插入段落编号”不做勾选，如图 10.78 所示。

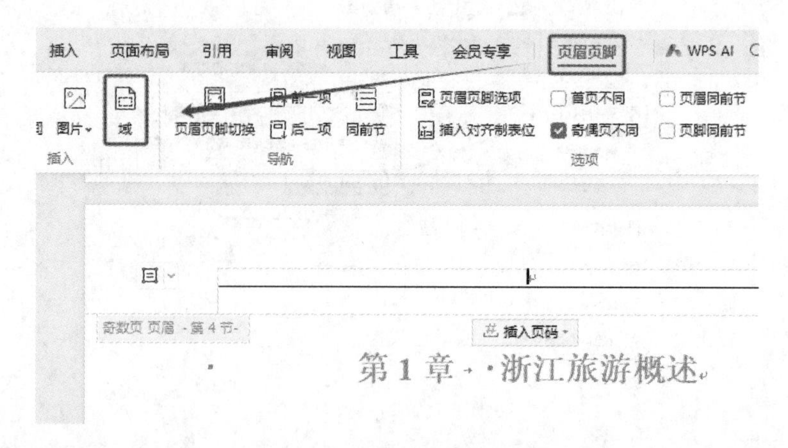

图 10.74 打开域窗口

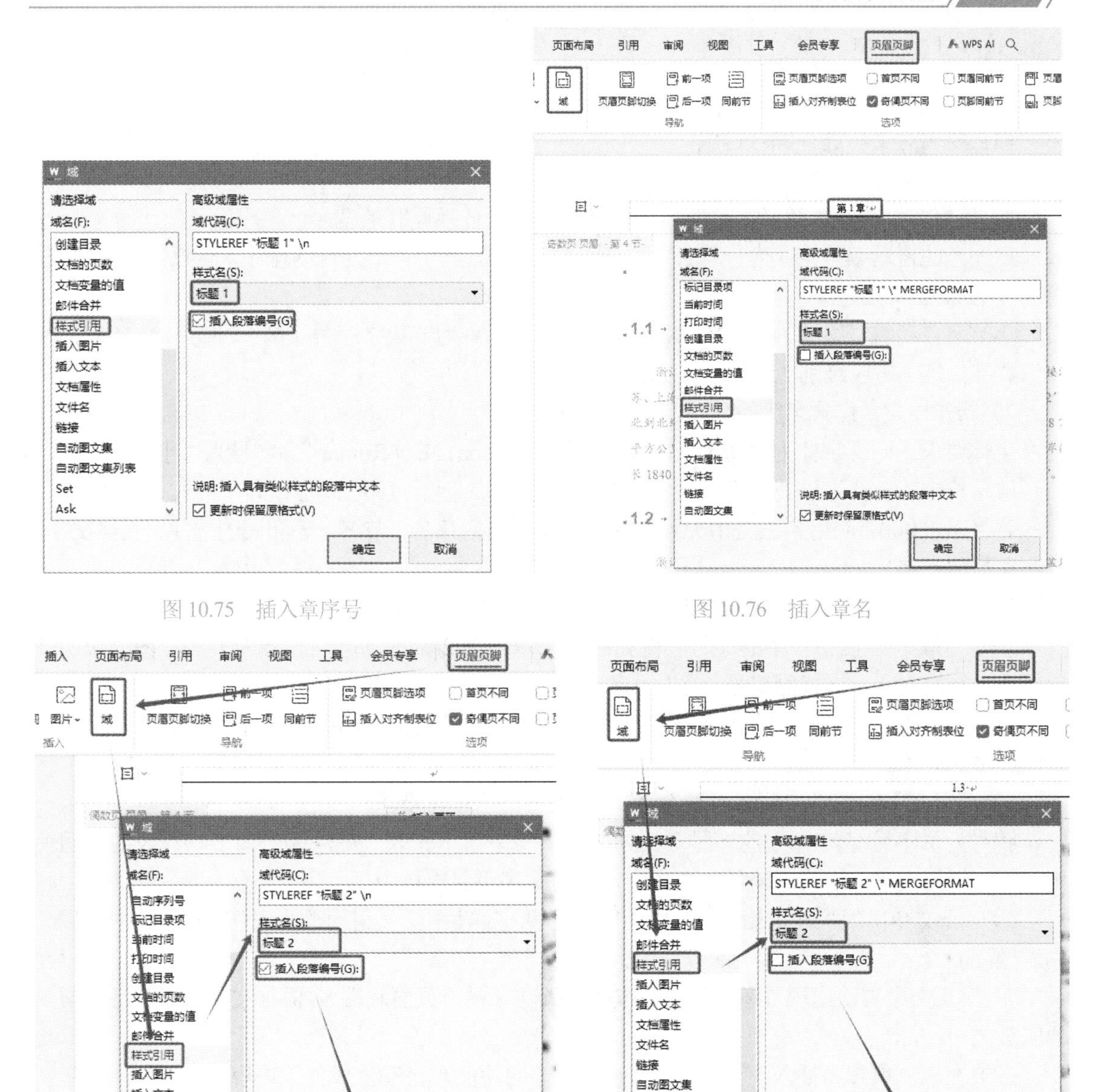

图 10.75　插入章序号　　图 10.76　插入章名

图 10.77　插入节序号　　图 10.78　插入节名

10.4 项 目 总 结

对于类似毕业论文这种长文档的编辑，是 WPS 文字中多种知识点的综合运用，需要我们对相关知识点熟练掌握并对相关操作了然于心，才会得心应手，才能把文档编辑得规范、美观，让人赏心悦目。

长文档排版是非常实用的技巧，需要多操作多练习，做到熟能生巧。

10.5 课 后 练 习

根据要求对文档进行综合排版。

（1）对正文进行排版。

1）使用多级符号对章名、小节名进行自动编号，替换原有的编号。要求：

章序号的自动编号格式为：第 X 章（例：第 1 章），其中，X 为自动排序，阿拉伯数字序号。对应级别 1，居中显示。

小节名自动编号格式为：X.Y，X 为章数字序号，Y 为节数字序号（例：2.1），X、Y 均为阿拉伯数字序号，对应级别 2，左对齐显示。

2）新建样式，样式名为："样式 000"，其中：

字体要求：中文字体为"仿宋"；西文字体为"Times New Roman"；字号为"小四"。

段落要求：首行缩进 2 字符；段前 0.5 行，段后 0.5 行，行距 1.5 倍；其余格式，默认设置。

将"样式 000"应用到正文中无编号的文字（不包括章名、节名、表和图的题注、表格文字、脚注和尾注文字）。

3）对正文中的图添加题注"图"，位于图下方，居中，要求：

编号为章序号-图在章中的序号（例如：第 1 章中第 2 幅图，题注编号为 1-2）；图的说明使用图下一行的文字，格式同编号；图居中。

4）对正文中出现"如下图所示"中的"下图"两字，使用交引用改为"图 X-Y"，其中"X-Y"为图题注的编号。

5）对正文中的表添加题注"表"，位于表上方，居中，要求：

编号为章序号-表在章中的序号（例如：第 1 章中第 1 张表，题注编号为 1-1）；表的说明使用表上一行的文字，格式同编号；表居中，表内文字不要求居中。

6）对正文中出现"如下表所示"中的"下表"两字，使用交叉引用改为表"X-Y"，其中"X-Y"为表题注的编号。

7）对正文中首次出现"道教"的地方插入脚注（置于页面底端），添加文字"道教是中国主要宗教之一。"。

（2）在正文前按序插入 3 节，使用 Word 提供的功能，自动生成如下内容：

1）第 1 节：目录。"目录"使用样式标题 1，居中；"目录"下为目录项。

2）第 2 节：图索引。"图索引"使用样式标题 1，居中；"图索引"下为图索引项。

3）第 3 节：表索引。"表索引"使用样式标题 1，居中；"表索引"下为表索引项。

（3）使用适合的分节符，对正文进行分节。添加页脚，使用域插入页码，居中显示。要求：

1）正文前的节，页码采用"i,ii,iii…"格式，页码连续。

2）正文中的节，页码采用"1,2,3…"格式，页码连续。

3）正文中每章为单独一节，页码总是从奇数页开始。

4）更新目录、图索引和表索引。

（4）添加正文的页眉。使用域，按要求添加内容，并居中显示。其中：

1）奇数页页眉中的文字为："章序号""章名"（例如：第 1 章×××）。

2）偶数页页眉中的文字为："节序号""节名"（例如：1.1×××）。

第 3 篇　WPS 表格应用案例

项目 11　WPS 表格模板和数据输入

11.1　项　目　背　景

万同学的高中同学小白是某公司部门办公室职员，由于公司人员变动，现需统计每位职员的联系方式及相关信息。小白在收集相关资料后，需要将每位职员的相关信息制作成 WPS 表格文件交给人事主管。由于小白不太会使用 WPS 软件，所以向万同学求助，万同学分析发现，公司职员分属几个不同部门，相同办公室职员办公电话一致，公司为职员办理的手机号码也仅是最后两位不同。如何使用良好的方法来制作员工情况表，既能提高工作效率，又能降低出错概率，是使用 WPS 表格的关键所在。

本项目效果图如图 11.1 所示，需要完成的工作包括：

（1）建立员工信息表模板及样式。

（2）单元格格式设置，表格格式设置。

（3）使用数据有效性序列、自定义文本长度和出错警告、填充序列与填充柄等方法录入员工情况表内容。

（4）灵活使用条件格式、单元格名称的命名与引用。

（5）分割窗口、冻结窗口，使用监视窗口。

员工信息表

员工编号	姓名	部门	部门电话	岗位级别	性别	出生日期	学历	进厂工作日期	电子邮件地址
001	王X	五分厂	0574-6800565×	分析师	女	1950-04-30	大学本科	1969-10-29	001@haotian.com.cn
002	陈X敏	八分厂	0574-6800568×	工程师	男	1951-02-17	硕士研究生	1971-02-02	002@haotian.com.cn
003	陈X龙	八分厂	0574-6800568×	分析师	女	1951-03-21	博士研究生	1971-02-05	003@haotian.com.cn
004	汪X焕	五分厂	0574-6800565×	分析师	男	1950-05-25	博士研究生	1972-07-13	004@haotian.com.cn
005	邓X	七分厂	0574-6800567×	工程师	男	1952-10-28	大学本科	1973-05-04	005@haotian.com.cn
006	刘X虎	八分厂	0574-6800568×	研究员	女	1952-02-07	博士研究生	1974-04-19	006@haotian.com.cn
007	曾X军	五分厂	0574-6800565×	研究员	男	1955-12-04	硕士研究生	1975-09-18	007@haotian.com.cn
008	刘X平	一分厂	0574-6800561×	分析师	男	1956-02-17	硕士研究生	1975-10-24	008@haotian.com.cn
009	胡X海	七分厂	0574-6800567×	分析师	女	1951-01-10	大学本科	1976-04-27	009@haotian.com.cn
010	杨X华	六分厂	0574-6800566×	研究员	女	1956-04-17	硕士研究生	1976-06-01	010@haotian.com.cn
011	肖X盼	六分厂	0574-6800566×	工程师	女	1952-03-25	大学本科	1976-09-07	011@haotian.com.cn
012	邹X平	二分厂	0574-6800562×	工程师	男	1952-07-28	大学本科	1977-03-12	012@haotian.com.cn
013	邓X桃	七分厂	0574-6800567×	研究员	男	1953-11-01	博士研究生	1977-05-31	013@haotian.com.cn
014	曾X妹	三分厂	0574-6800563×	分析师	男	1952-10-25	大学本科	1977-07-08	014@haotian.com.cn
015	彭X飞	四分厂	0574-6800564×	工程师	男	1951-10-24	大学本科	1977-09-19	015@haotian.com.cn
016	彭X	七分厂	0574-6800567×	工程师	女	1958-06-20	博士研究生	1977-12-02	016@haotian.com.cn
017	徐X安	五分厂	0574-6800565×	研究员	男	1958-09-12	博士研究生	1978-12-09	017@haotian.com.cn
018	刘X文	四分厂	0574-6800564×	研究员	女	1957-02-24	硕士研究生	1979-01-26	018@haotian.com.cn
019	陈X峰	五分厂	0574-6800565×	分析师	男	1953-03-05	大学本科	1979-07-09	019@haotian.com.cn
020	熊X瑶	六分厂	0574-6800566×	研究员	女	1957-12-04	博士研究生	1980-07-08	020@haotian.com.cn
021	彭X	七分厂	0574-6800567×	研究员	男	1955-10-28	博士研究生	1981-01-08	021@haotian.com.cn
022	胡X	五分厂	0574-6800565×	工程师	女	1957-11-07	博士研究生	1981-12-02	022@haotian.com.cn
023	肖X华	二分厂	0574-6800562×	分析师	男	1958-10-07	硕士研究生	1981-12-13	023@haotian.com.cn
024	黄X	七分厂	0574-6800567×	研究员	男	1956-03-27	硕士研究生	1982-02-26	024@haotian.com.cn
025	高X	一分厂	0574-6800561×	工程师	男	1957-04-20	硕士研究生	1982-03-17	025@haotian.com.cn
026	邱X发	七分厂	0574-6800567×	工程师	女	1957-06-28	大学本科	1982-08-19	026@haotian.com.cn
027	刘X	四分厂	0574-6800564×	工程师	女	1961-09-04	博士研究生	1982-09-19	027@haotian.com.cn
028	姜X	三分厂	0574-6800563×	分析师	男	1957-07-02	硕士研究生	1982-09-28	028@haotian.com.cn
029	叶X弋	五分厂	0574-6800565×	研究员	男	1960-03-01	硕士研究生	1982-09-29	029@haotian.com.cn
030	杨X龙	四分厂	0574-6800564×	研究员	男	1957-06-11	硕士研究生	1983-06-13	030@haotian.com.cn

员工信息　Sheet2　Sheet3

图 11.1　公司员工信息表

11.2 项 目 分 析

1. 建立员工信息表模板

模板是具有预设主题、样式、布局及占位符等信息的 WPS 表格文档，与从零开始相比，使用模板创建工作表文件可节省时间，使用者也可以对原始模板进行修改，保存为自己所需的 WPS 表格模板。

2. 设置单元格格式、表格行高、列宽

使用模板打开的工作表，需要对特定单元格进行格式设置，对不同的列进行列宽的调整，对整个窗体进行分割并冻结。

3. 录入职员信息

灵活使用数据有效性序列、自定义文本长度、通用格式填充柄等方法，为员工信息表添加相应信息。

4. 特殊数据的输入

分数、负数、文本型数字、特殊字符、大写中文数字、超链接的处理。

11.3 项 目 实 现

11.3.1 建立员工信息表模板及样式

在 WPS 表格模板库中，有着非常丰富的模板，此处可以通过搜索来找到自己需要的模板进行使用，但是 WPS 表格提供的模板大部分是针对收费会员的，免费模板数量类型不是很多，如图 11.2 所示。

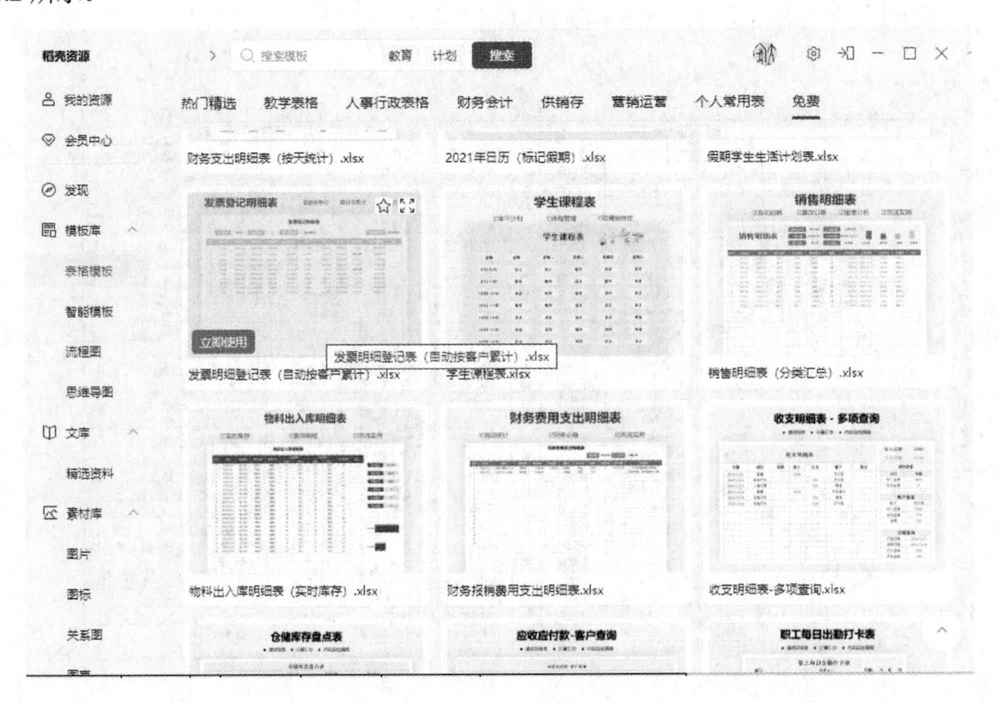

图 11.2 WPS 表格模板

在 WPS 表格的新工作簿中将其打开，现在可以根据自己的需求，对模板工作簿更改相应的信息，如图 11.3 所示。保存更改时，单击“文件”选项卡的“另存为”按钮，在下拉列表中选择“WPS 表格 模板文件(*.ett)”，如图 11.4 所示，将修改完的模板保存为“员工信息.ett”文件，保存位置默认。

员工信息表

员工编号	姓名	部门	部门电话	岗位级别	性别	出生日期	学历	进厂工作日期	电子邮件地址

图 11.3 修改后的模板内容

以后要使用时可以单击“文件”选项卡的“新建”按钮，在下拉列表中选择“本机上的模板”，如图 11.5 所示，在打开的“模板”窗口中选择“导入模板”找到之前保存的“员工信息”模板打开并使用即可，如图 11.6 所示。

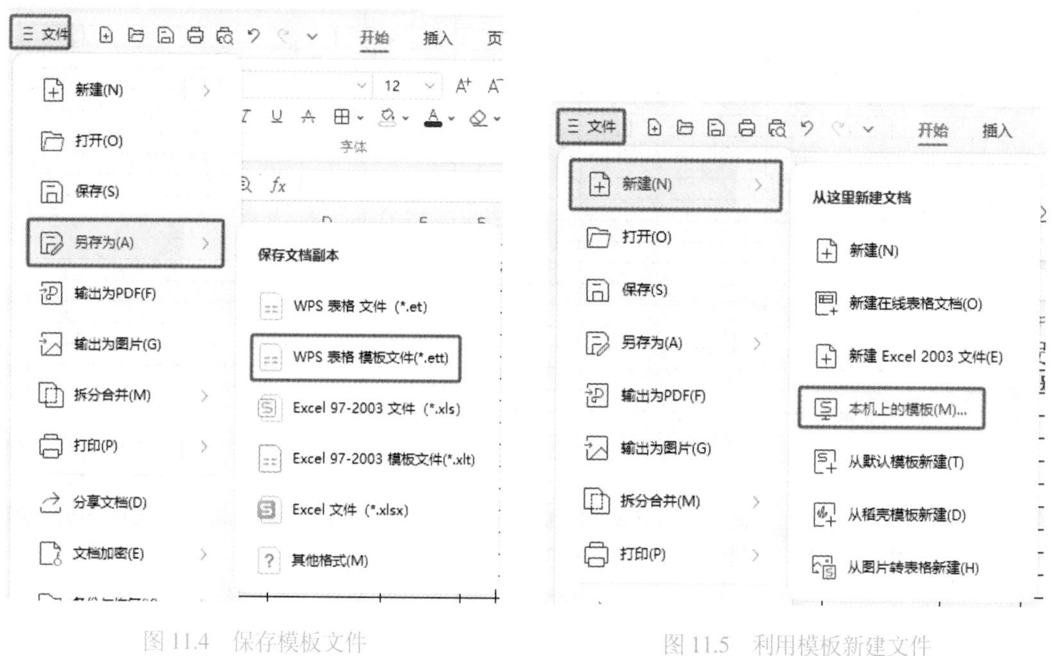

图 11.4 保存模板文件　　图 11.5 利用模板新建文件

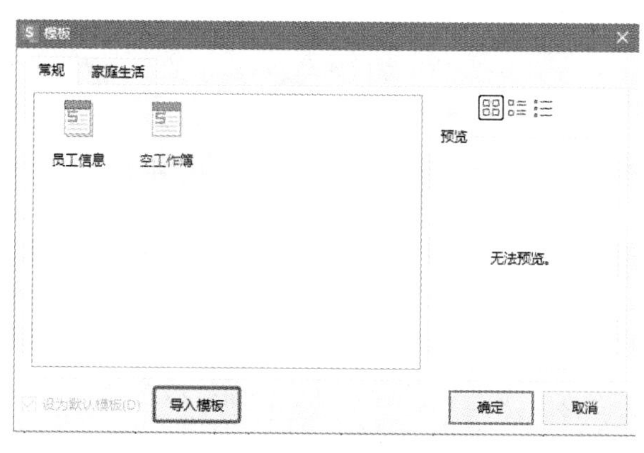

图 11.6 导入模板

11.3.2 拆分、冻结窗格

通过模板创建“员工信息表”时，从表中可以看到，在拖动滑动块时，表格 A、B 列和第一行固定不动，这属于冻结窗格。日常工作中，在滚动浏览表格时，需要固定显示表头标题行，在此就使用拆分、冻结窗格命令实现这种效果。

1. 拆分窗格

单个工作表可以通过“拆分窗格”，实现在现有的工作表窗口中同时显示多个位置。

（1）将光定位于想要拆分的区域（此处为 C3 单元格），然后单击“视图”选项卡“窗口”组中的“拆分”按钮，就会将整个工作表窗口拆分为 4 个窗格，如图 11.7 所示。再次单击“拆分”按钮，就会去掉整个窗口的拆分状态。

员工信息表

员工编号	姓名	部门	部门电话	岗位级别	性别	出生日期	学历	进厂工作日期	电子邮件地址

图 11.7 拆分窗格

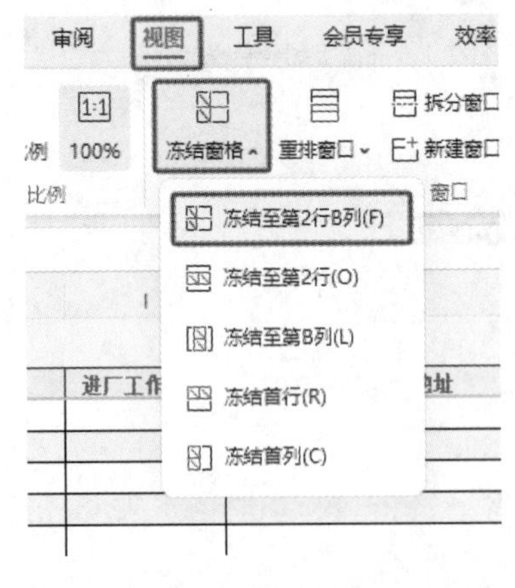

图 11.8 冻结窗格

（2）将光标定位到拆分条上，按住鼠标左键即可移动拆分条，从而改变窗格布局。

（3）若想要去除某条拆分条，将其拖到窗口边缘或者在拆分条上双击鼠标左键即可。

2. 冻结窗格

（1）如需要固定显示的行列为 A、B 列及第一行，选中 C3 单元格作为当前活动单元格，单击“视图”选项卡“窗口”组的“冻结窗格”下拉按钮，在下拉列表中选择“冻结至第 2 行 B 列”命令，如图 11.8 所示，冻结后窗格如图 11.9 所示。

（2）再次单击“冻结窗格”下拉菜单，在扩展菜单中选择“取消冻结窗格”命令，即可取消冻结状态。

（3）还可以在下拉菜单中选择“冻结首行”或“冻结首列”命令，快速冻结表格首行或首列。

（4）如需变换冻结位置，需要先取消冻结，然后再执行一次“冻结窗格”命令。

员工信息表

员工编号	姓名	部门	部门电话	岗位级别	性别	出生日期	学历	进厂工作日期	电子邮件地址

图 11.9 冻结后的窗格

11.3.3 数据有效性序列、自定义下拉列表和自定义文本长度

1. 数据输入

利用自定义数据格式输入 6 位员工编号。单击 A 列列标“A”，选中 A 列所有需要输入员工编号的单元格，单击“开始”选项卡“格式”组中的“设置单元格格式”按钮，在打开的对话框的“数字”选项卡“数字格式”组右下角的 ↘ 按钮，打开“单元格格式”窗口在“单元格格式”编辑窗口中选“数字”选项卡，在“分类”列表中选择“自定义”，在“类型”中输入“000000”，表示 A 列所有单元格为 6 位数字，不足 6 位的，则在左侧用“0”补足，如图 11.10 所示。完成设置后，在 A3 单元格中输入“1”，则在 A3 中显示内容为“000001”，其余编号可以用填充柄填充法或者序列填充法完成输入。

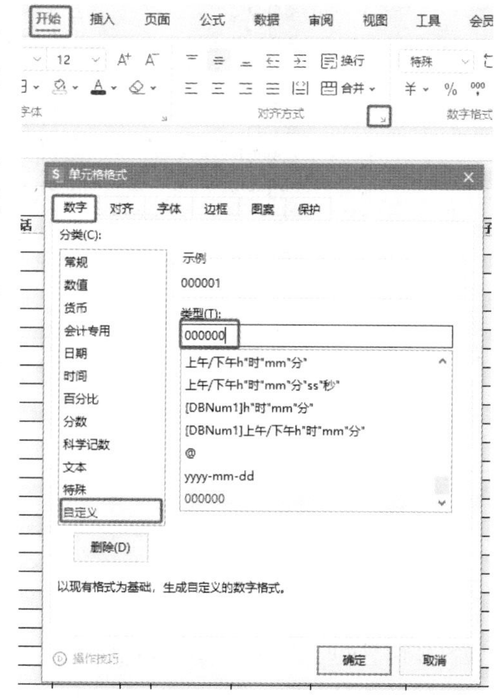

图 11.10 设置单元格格式

使用填充柄填充法步骤：单击显示内容为“000001”的 A3 单元格，使 A3 单元格为选中状态，将光标放至其右下角的填充柄，按住 Ctrl 键，同时用鼠标向下拖动填充柄，则自动在 A4～A94 单元格中生成编号 000002～000092。

采用序列填充法步骤：单击显示内容为“000001”的 A2 单元格使其为选中状态，单击“开始”选项卡“数据处理”组的“填充”命令，在下拉列表中选择“序列”命令，如图 11.11 所示。在打开的“序列”对话框中“序列产生在”处选“列”，“类型”为“等差序列”，输入“步长值”为“1”，“终止值”为“92”，如图 11.12 所示，单击“确定”按钮，WPS 表格自动在 A4～A94 单元格中填充编号 000002～000092。

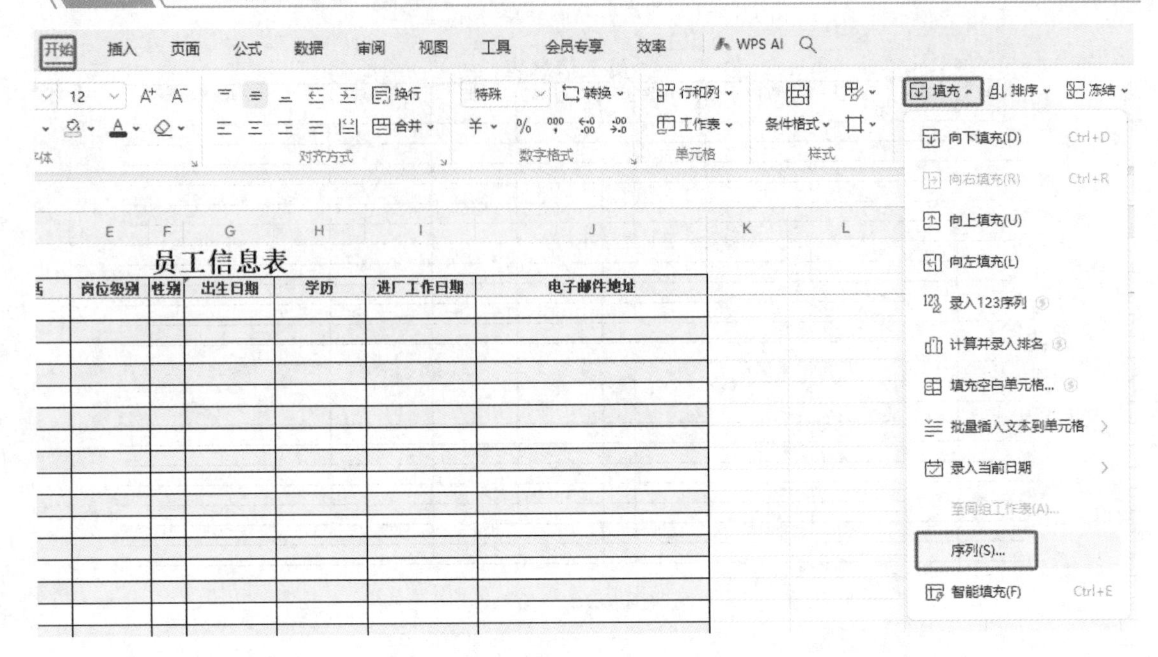

图 11.11　打开序列填充

员工信息表

	A	B	C	D	E	F	G	H
2	员工编号	姓名	部门	部门电话	岗位级别	性别	出生日期	学历
3	000001							
4	000002							
5	000003							
6	000004							
7	000005							
8	000006							
9	000007							
10	000008							
11	000009							
12	000010							
13	000011							
14	000012							
15	000013							
16	000014							
17	000015							
18	000016							
19	000017							
20	000018							

序列
序列产生在：行(R)　列(C)
类型：等差序列(L)　等比序列(G)　日期(D)　自动填充(F)
日期单位：日(A)　工作日(W)　月(M)　年(Y)
预测趋势(T)
步长值(S): 1　终止值(O): 92
确定　取消

图 11.12　序列填充设置

2. 利用数据有效性序列输入部门信息

部门有一分厂、二分厂、三分厂、四分厂、五分厂、六分厂、七分厂和八分厂，如何快速有效输入这些部门信息就需要良好的方法。一个一个输入肯定比较麻烦，而且浪费时间，如果用无规则重复信息的输入办法来复制也要不断移动鼠标，为此，在输入这类重复出现的信息字段时，可以采用“数据有效性”中的有效性序列简化输入过程。

有效性序列法步骤：单击部门字段 C 列单元格“C”，滑动滚轴到 C94，按住 Shift 键单击 C94 单元格选中 C3:C94 将需要输入数据的所有单元格选中，单击“数据”选项卡的“有效性”按钮，打开的“数据有效性”编辑窗口，如图 11.13 所示。打开“数据有效性”窗口“设置”选项卡在“允许”下拉列表中选“序列”，在“来源”文本框中输入“一分厂，二分厂，三分厂，四分厂，五分厂，六分厂，七分厂，八分厂”，注意：文本选项之间必须用英文状态下的逗号隔开，单击

“确定”按钮后完成序列设置，此时选中 C3 单元格，会发现该单元格右边多了一个下三角按钮，单击下三角按钮，可以选择部门直接输入如图 11.14 所示。

图 11.13　打开有效性序列　　　　图 11.14　完成有效性序列

3．输入以“0”开始的电话号码，并限制电话号码长度为 12 个数字

在 WPS 表格中，数字格式的数值是不能以 0 开头的，就像日常生活中习惯将“01”写为“1”，但是文本格式的数值是可以以 0 开头的，所以输入以“0”开头的数字，必须将单元格的格式转化成文本格式。有两种方法：一是在数字前加上英文状态下的单引号，此方法适用于个别单元格设置；二是在选中单元格后，在选中的单元格上单击鼠标右键在弹出的选择框中选择“设置单元格格式”命令，如图 11.15 所示，在弹出的“单元格格式”窗口中设置“数字”选项卡的“分类”选择“文本”，单击“确定”将单元格设置成文本格式，如图 11.16 所示，此方法适用于对所选单元格区域进行设置。

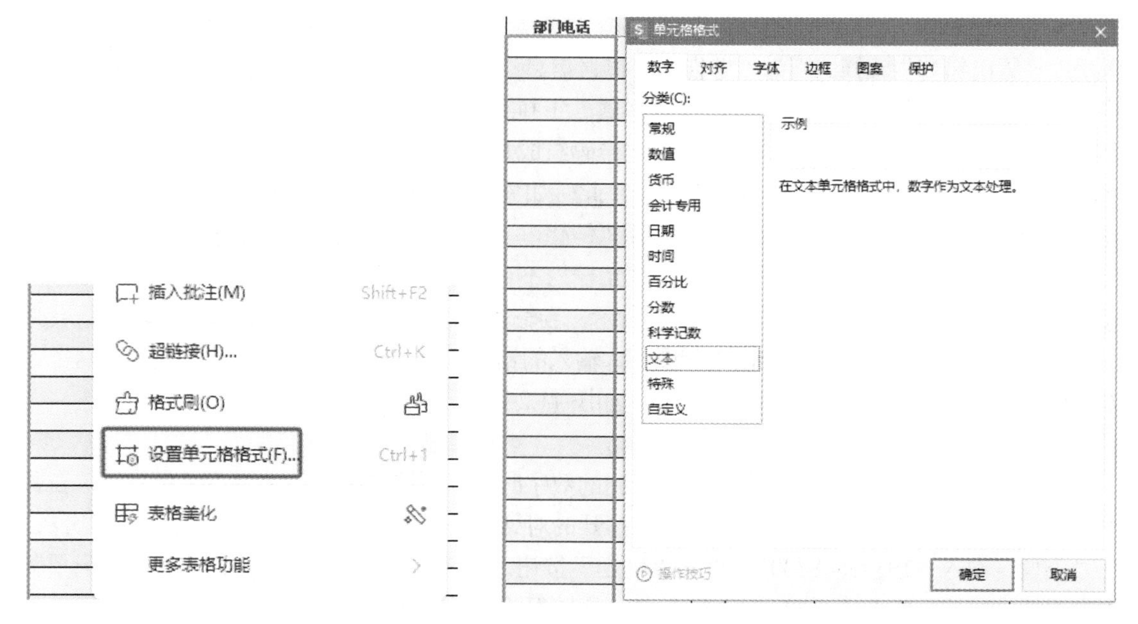

图 11.15　打开设置单元格格式　　　　图 11.16　设置为文本格式

为了避免输入数据时数字位数输入错误，需要限制每个单元格输入 12 个数字。选中要设置的单元格区域，单击“数据”选项卡“数据工具”组的“有效性”按钮，在打开的对话框的“设置”选项卡下选“允许”为“文本长度”，如图 11.17 所示，“数据”选择“等于”，“数值”输入“12”，如图 11.18 所示。

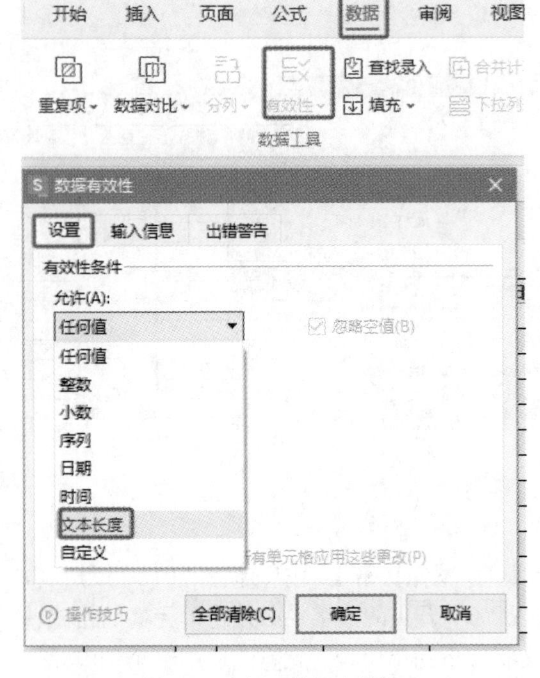

图 11.17　打开数据有效性

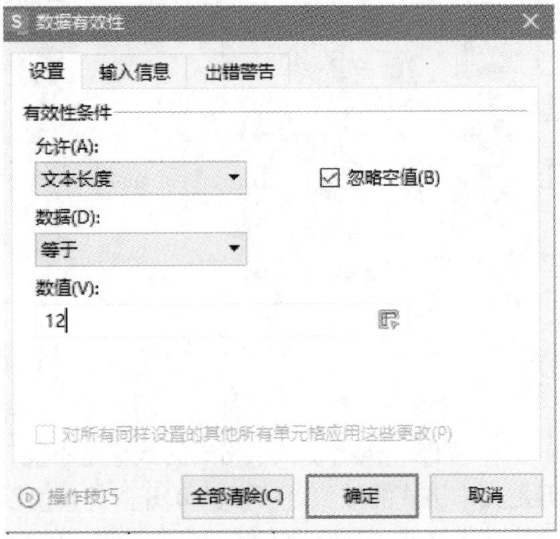

图 11.18　设置数据有效性

设置当选择输入电话号码的单元格时会有信息提示，提示信息为“电话号码由 4 位区号加 8 位固定号码组成！”；当输入的电话号码不是 12 位数字时，可让系统提示电话号码由 4 位区号和 8 位固定号码组成！。单击“输入信息”选项卡，在“输入信息”下面的文本框中输入“电话号码由 4 位区号和 8 位固定号码组成！”，如图 11.19 所示，设置完成“输入信息”效果如图 11.20 所示；设置出错警告“样式”为“警告”，“错误信息”为“电话号码由 4 位区号和 8 位固定号码组成！”，打开“出错警告”选项卡，在“样式”下拉列表中选择“警告”，在错误信息下的文本框中输入“电话号码由 4 位区号加 8 位固定号码组成！”，单击“确定”按钮，如图 11.21 所示，当输入错误时显示警告信息如图 11.22 所示，此时如果忽略错误警告，则能继续输入，尽管输入位数有误；如若在“样式”下拉列表中选择“停止”，如图 11.23 所示，当输入的电话号码不是 12 位数字时，会弹出错误信息提示系统会禁止输入不合要求的数据，如图 11.24 所示；如若在“样式”下拉列表中选择“信息”，如图 11.25 所示，当输入的电话号码不是 12 位数字时，系统会弹出错误提示信息，并标记一个错误提示图标，输入的错误数据不会被禁止，但是每次单击这个错误数据的单元格时，系统会给出错误提示，如图 11.26 所示。

4. 输入仅有末两位不同的员工手机号码

在 WPS 表格中要输入仅有末尾两位不同的数字时，在所选的单元格上单击鼠标右键，在弹出窗口中选择“设置单元格格式”命令，在打开的对话框的“数字”选项卡选择“自定义”分类，在“类型”输入“18898868800”，单击“确定”按钮，如图 11.27 所示。现在在单元格中只要输入末尾两位号码，按 Enter 键后，系统会自动将前面相同的数字输入，如图 11.28 所示。

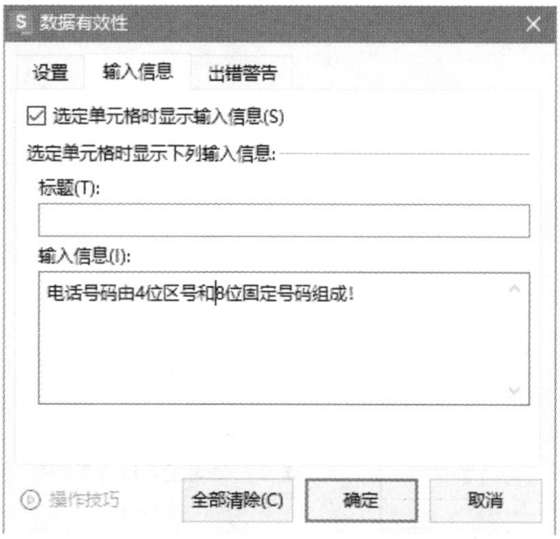

数据有效性
设置　输入信息　出错警告
☑ 选定单元格时显示输入信息(S)
选定单元格时显示下列输入信息:
标题(T):
输入信息(I):
电话号码由4位区号和8位固定号码组成!
操作技巧　全部清除(C)　确定　取消

图 11.19　设置输入信息

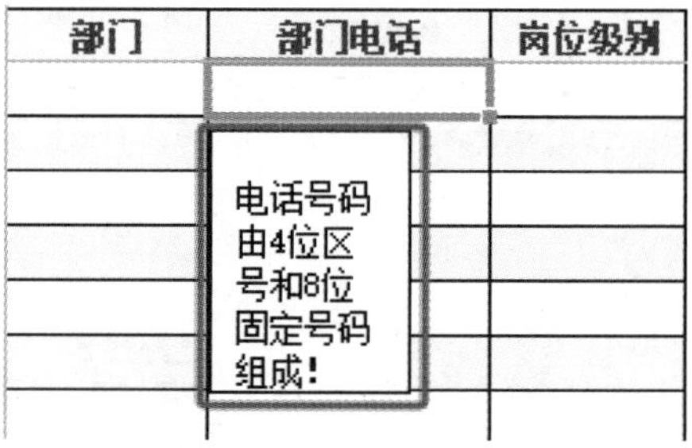

部门	部门电话	岗位级别

电话号码由4位区号和8位固定号码组成!

图 11.20　输入信息效果

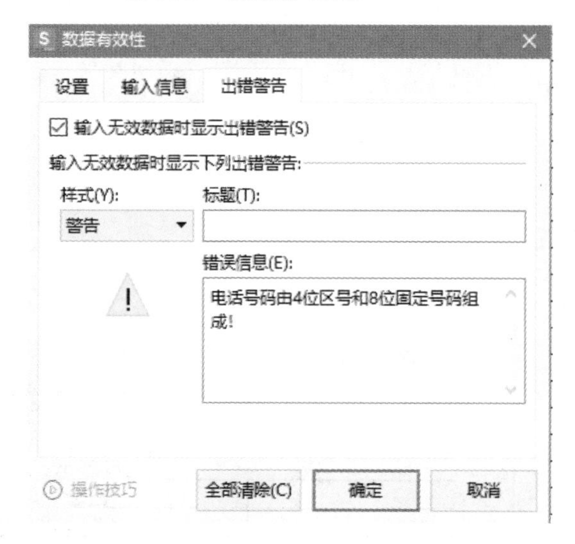

图 11.21　设置出错样式为警告

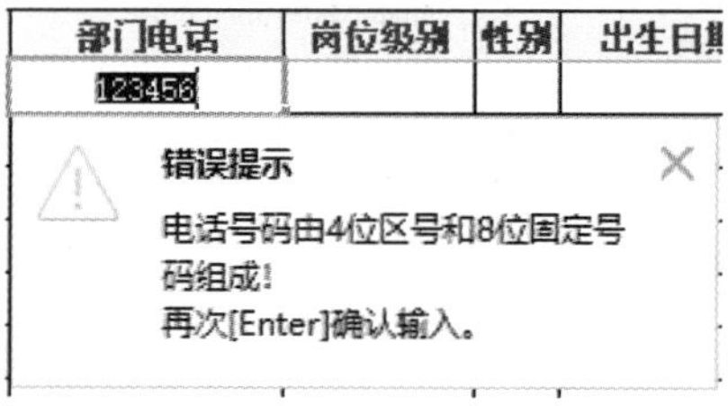

部门电话	岗位级别	性别	出生日期
123456			

错误提示
电话号码由4位区号和8位固定号码组成!
再次[Enter]确认输入。

图 11.22　出错样式为警告的出错提示信息

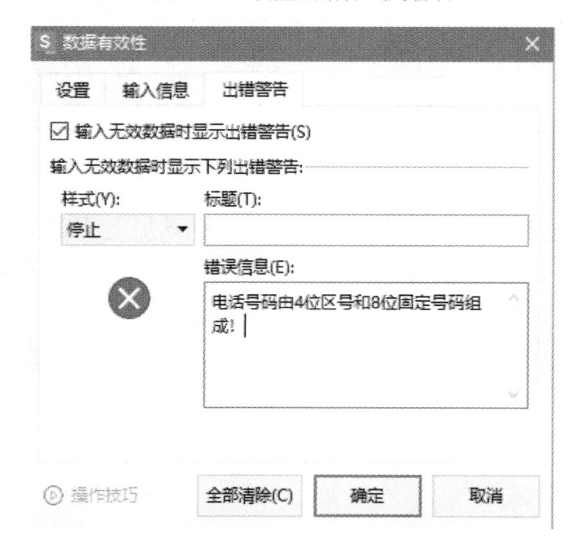

图 11.23　设置出错样式为停止

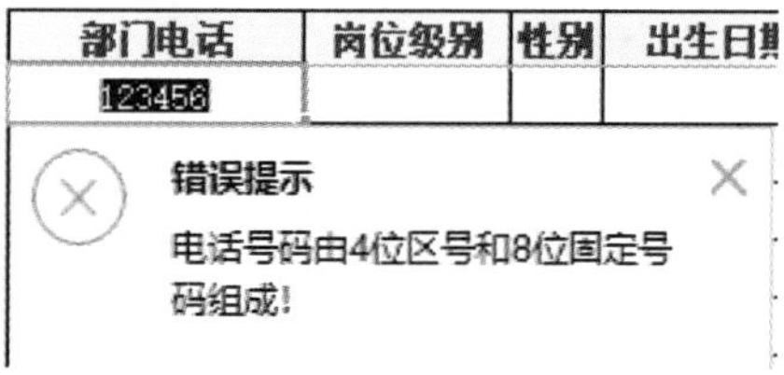

部门电话	岗位级别	性别	出生日期
123456			

错误提示
电话号码由4位区号和8位固定号码组成!

图 11.24　出错样式为停止的出错提示信息

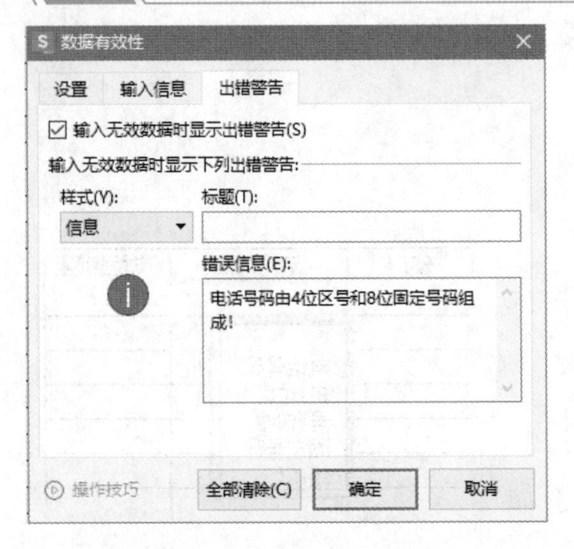

图 11.25 设置出错样式为信息

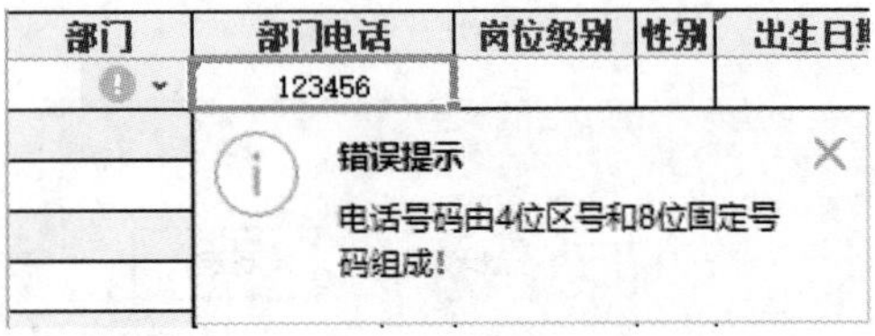

图 11.26 出错样式为信息的出错提示信息

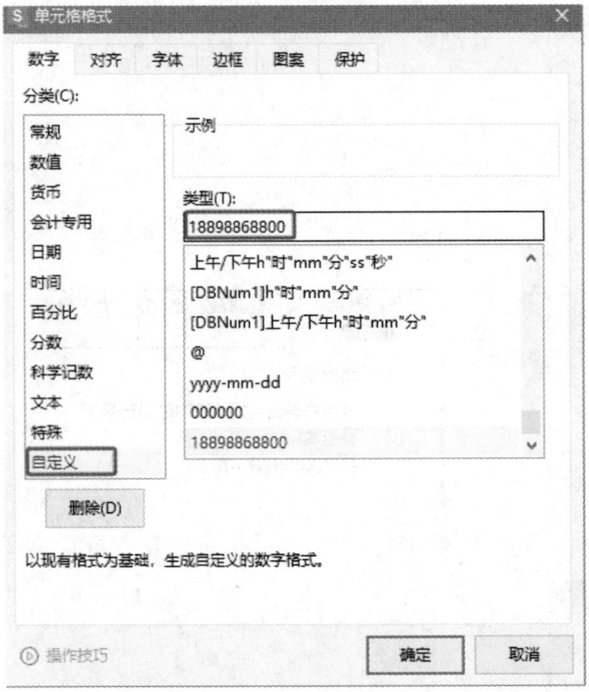

图 11.27 设置仅末尾两位不同号码输入格式

电子邮件地址	手机号码
	18898868801
	18898868802
	18898868803
	18898868804
	18898868805
	18898868806
	18898868807
	18898868808
	18898868809
	18898868810
	18898868811
	18898868812

图 11.28 输入末尾两位数字效果

如果在实际情况中，相同的数字中需要出现“0”，则此时必须将该“0”两端加上英文状态下的双引号，以表示为固定内容，而不是可以替代的代码。比如该部分手机号码以“130”开始，最后两位数字不同，则刚才的设置就应该变为“13 "0" 567865 00”，此时最前面的“0”是固定的文本，不会变化。

11.3.4 设置条件格式

1. 设置要求

在输入内容的表格中完成如下条件格式设置：

（1）设置岗位级别列中的所有“工程师”填充“黄色”底纹。

（2）在出生日期列中将出生日期为1969年8月31日之前的所有数据设置为“红色加粗”显示。

（3）将学历列中的“博士研究生”设置“突出显示单元格规则”“浅红填充色深红色文本”。

2. 操作步骤

（1）选中“岗位级别”列的所有数据单元格，打开“开始”选项卡“样式”组中的“条件格式”命令在下拉列表中选择“新建规则”，如图11.29所示。在打开的“新建格式规则”窗口中“选择规则类型”处选择“只为包含以下内容的单元格设置格式”，在“只为满足以下条件的单元格设置格式”处选择“单元格值”“等于”“工程师”，然后单击“格式”按钮，在弹出的“单元格格式”窗口中选择“图案”选项卡，选择“黄色”，单击“确定”按钮，如图11.30所示。

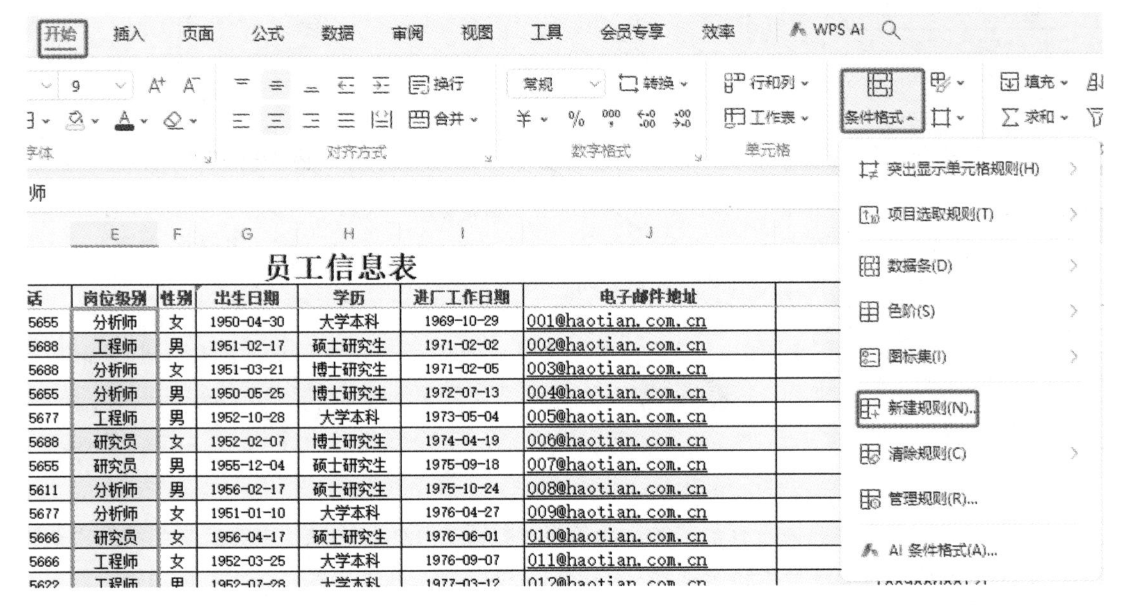

图 11.29 打开新建规则

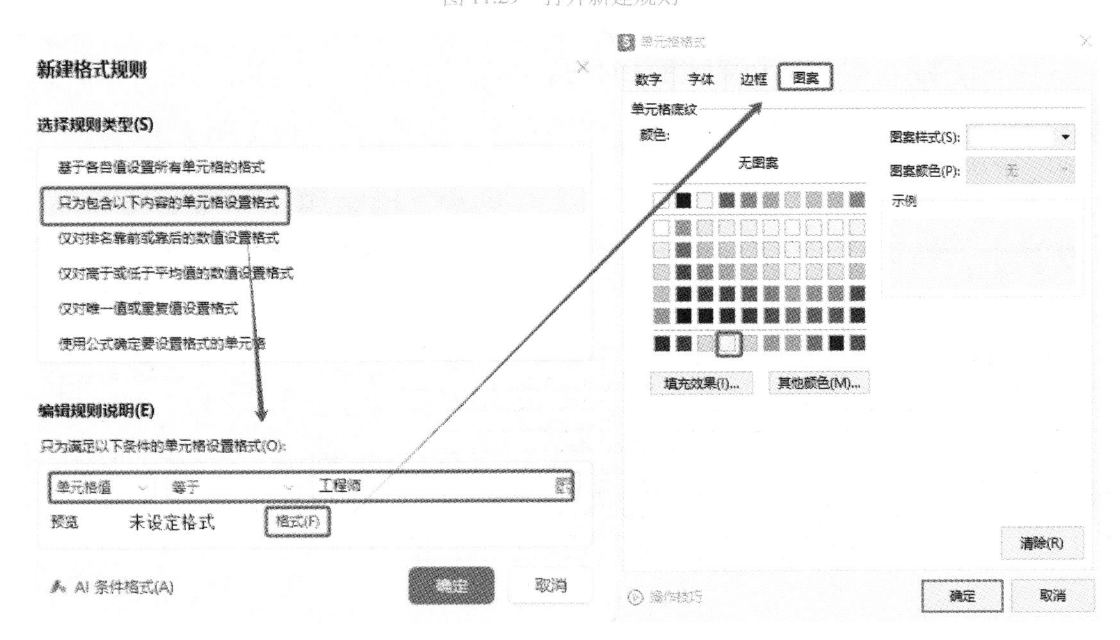

图 11.30 设置新建规则一

（2）在“出生日期”列选中所有员工的出生日期单元格，打开“开始”选项卡“样式”组中的“条件格式”命令在下拉列表中选择“新建规则”，在打开的“新建格式规则”窗口中“选择规则类型”处选择“只为包含以下内容的单元格设置格式”，在“只为满足以下条件的单元格设置格式”处选择“单元格值”“小于”“1969-8-31”，然后单击“格式”按钮，在弹出的“单元格格式”窗口中选择“字体”选项卡，选择“黄色”，单击“确定”按钮，如图 11.31 所示。

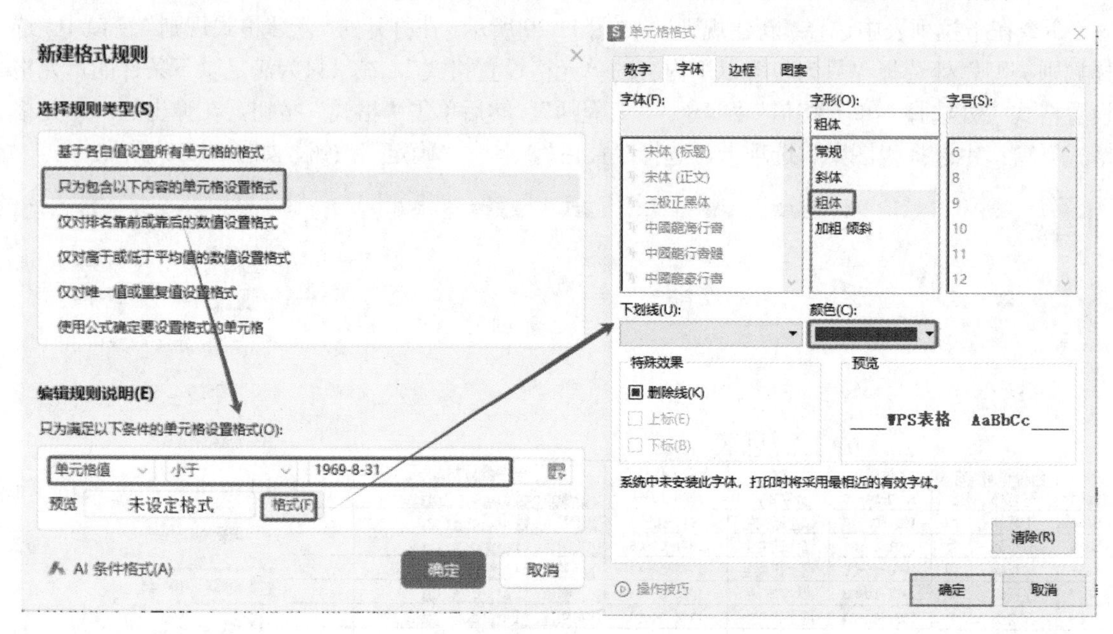

图 11.31 设置新建规则二

（3）在“学历”列中选择所有员工的学历信息，打开“开始”选项卡“样式”组中的“条件格式”命令在下拉列表中选择“新建规则”，如图 11.32 所示。在弹出的“等于”窗口中“为等于以下值的单元格设置格式”处输入“博士研究生”，“设置为”处选择“浅红填充色深红色文本”，如图 11.33 所示。

（4）条件格式设置完成后效果如图 11.34 所示。

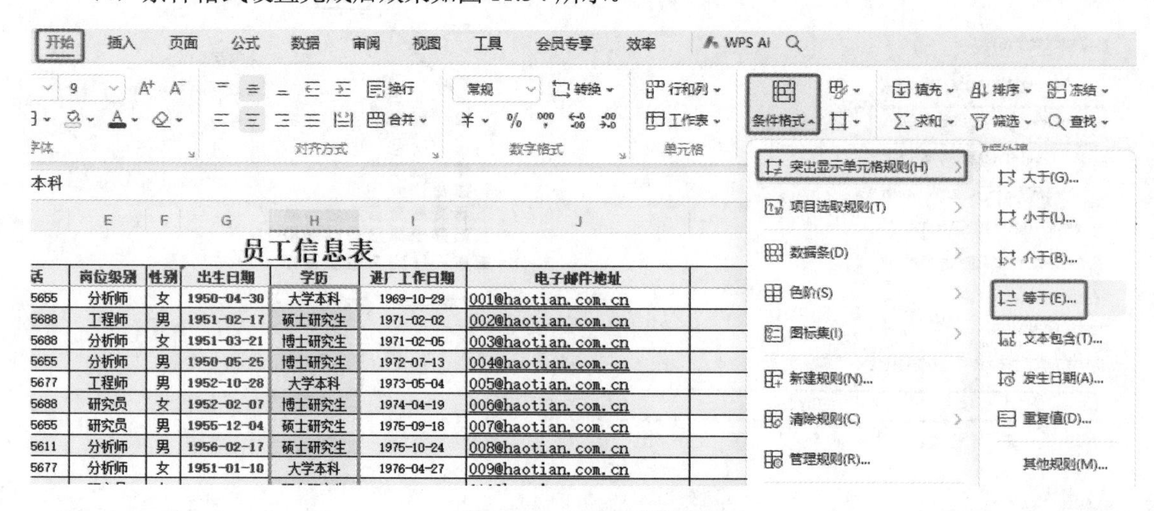

图 11.32 打开条件格式

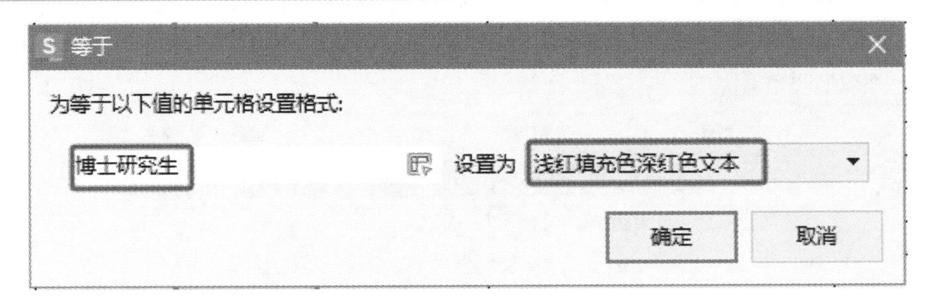

图 11.33 设置条件

员工信息表

话	岗位级别	性别	出生日期	学历	进厂工作日期	电子邮件地址
05655	分析师	女	1950-04-30	大学本科	1969-10-29	001@haotian.com.
05688	工程师	男	1951-02-17	硕士研究生	1971-02-02	002@haotian.com.
05688	分析师	女	1951-03-21	博士研究生	1971-02-05	003@haotian.com.
05655	分析师	男	1950-05-25	博士研究生	1972-07-13	004@haotian.com.
05677	工程师	男	1952-10-28	大学本科	1973-05-04	005@haotian.com.
05688	研究员	女	1952-02-07	博士研究生	1974-04-19	006@haotian.com.
05655	研究员	男	1955-12-04	硕士研究生	1975-09-18	007@haotian.com.

图 11.34 条件格式完成效果图

11.3.5 单元格名称管理

1. 设置要求

将员工“王×”的所有信息的单元格设置名称为“王×”。

2. 操作步骤

（1）在员工信息表中选中员工“王×”的所有信息单元格，打开“公式”选项卡“定义名称”组中的“名称管理”按钮，如图 11.35 所示。

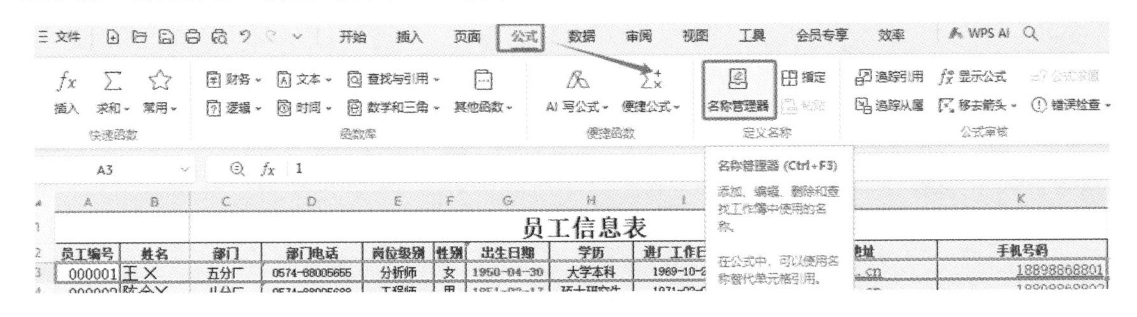

图 11.35 打开名称管理

（2）在弹出的名称管理窗口中选择“新建”命令，打开“编辑名称”窗口，在“编辑名称”窗口的“名称”处输入“王×”，单击“确定”按钮，如图 11.36 所示。

（3）完成效果如图 11.37 所示。如若想修改名称，则需要单击“编辑”按钮进行修改名称或者引用位置，如若要删除名称，则单击“删除”按钮即可完成删除。

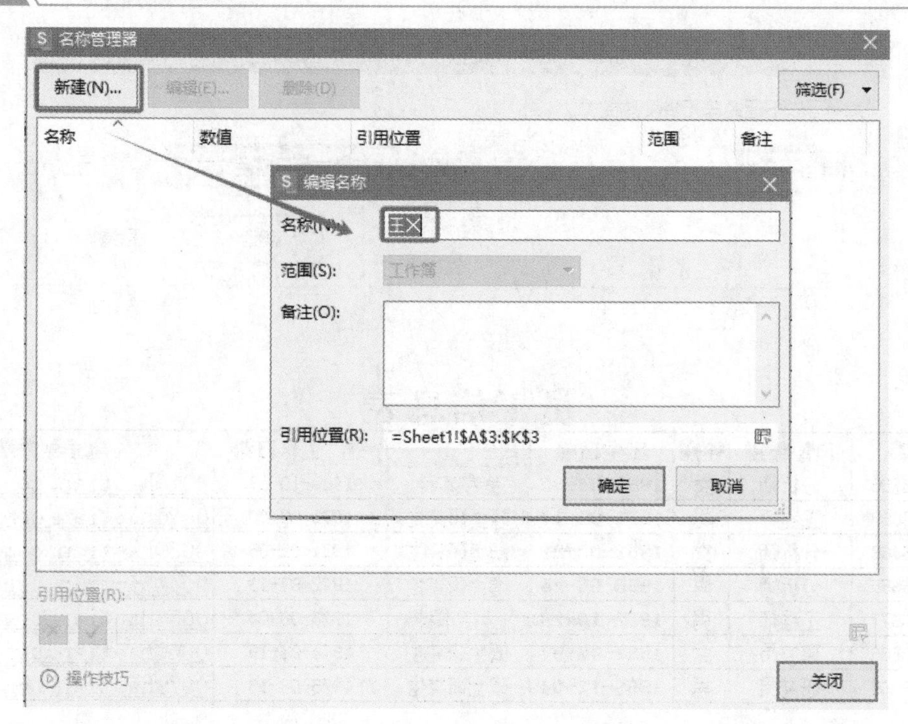

图 11.36 编辑名称

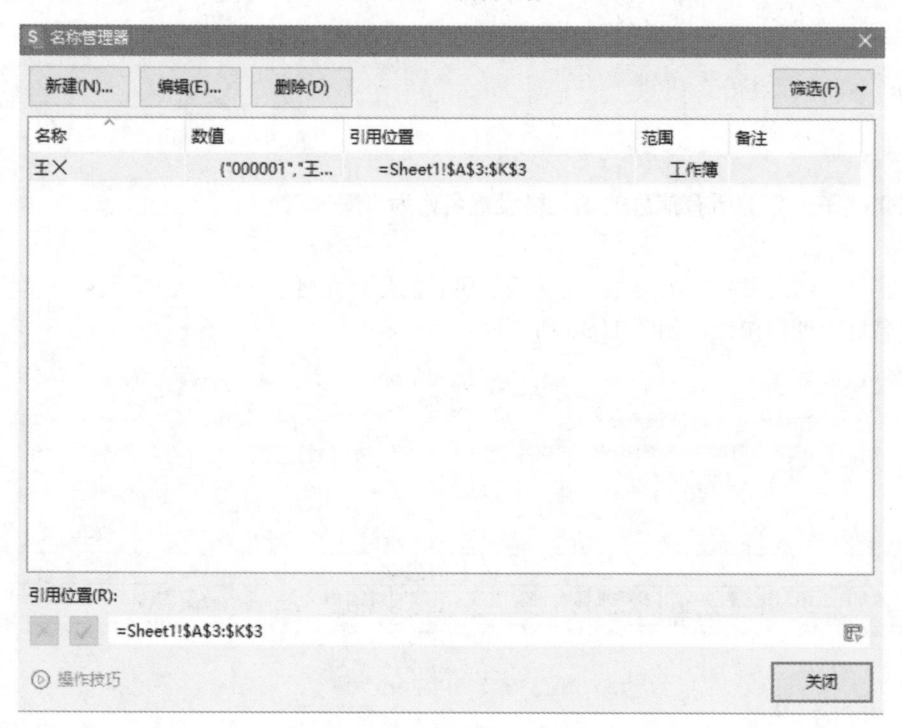

图 11.37 新建名称效果

11.4 项 目 总 结

数据输入及单元格设置是 WPS 表格的基础操作。通过本项目的学习，除了需要掌握创建、保存 WPS 表格文档的基础操作外，重点学习不同格式数据的输入方法与技巧，并进一步掌握通过填充、数据有效性序列等命令简化数据输入。还要灵活运用条件格式，合理定义单元格名称，以便更有效率地使用 WPS 表格解决问题，处理问题。

11.5 课后练习

打开“员工信息表.xlsx”，完成如下设置，效果如图 11.38 所示。

（1）在第 1 行之前插入 1 行，合并 A1～H1 单元格，输入“员工信息表”，字体“隶书”，字号“32”。

（2）设置第 1 行行高为 35，其余单元格设置最合适行高和最合适列宽，单元格对齐方式水平居中、垂直居中。

（3）设置表格外边框蓝色双线，内边框红色细实线。

（4）用自动以 6 位数字格式的方法输入员工编号，并设置文本长度只能为 6 位数字。

（5）运用数据有效性序列的方法输入职务数据：技术员、技工、技师、助工、中级工、工程师、高级工程师。

员工信息表

员工编号	员工姓名	性别	手机号码	出生年月	参加工作时间	职称	岗位级别
000001	毛×	女	1889885880×	1987年12月	2005年7月	技术员	2级
000002	杨×	女	1889885880×	1988年1月	2010年7月	助工	5级
000003	陈×鹰	男	1889885880×	1973年11月	1997年10月	助工	5级
000004	陆×兵	女	1889885880×	1986年7月	2007年7月	助工	5级
000005	闻×东	男	1889885880×	1973年12月	1997年11月	高级工程师	8级
000006	曹×武	男	1889885880×	1992年10月	2016年4月	技术员	1级
000007	彭×玲	女	1889885880×	1970年3月	1993年2月	高级工程师	5级
000008	傅×珊	女	1889885880×	1979年1月	1996年12月	技术员	3级
000009	钟×秀	男	1889885880×	1966年12月	1990年11月	技工	3级
000010	周×璐	女	1889885881×	1980年4月	2002年3月	助工	5级
000011	柴×琪	男	1889885881×	1987年1月	2009年7月	工程师	6级
000012	吕×杰	女	1889885881×	1973年9月	1993年9月	高级工程师	8级
000013	陈×	男	1889885881×	1958年10月	1979年9月	技师	5级
000014	姚×玮	女	1889885881×	1979年3月	2001年2月	工程师	6级
000015	刘×瑞	男	1889885881×	1989年2月	2010年7月	助工	5级
000016	肖×云	男	1889885881×	1970年4月	1988年3月	工程师	7级
000017	徐×君	女	1889885881×	1980年6月	2005年6月	技术员	3级
000018	程×	男	1889885881×	1984年1月	2002年7月	助工	5级
000019	黄×	男	1889885881×	1992年5月	2014年7月	技术员	3级
000020	钟×	男	1889885882×	1993年9月	2014年7月	助工	5级
000021	郎×民	男	1889885882×	1967年1月	1987年12月	中级工	5级
000022	谷×力	男	1889885882×	1985年3月	2008年7月	工程师	6级
000023	张×玲	女	1889885882×	1973年8月	1994年7月	技工	3级
000024	邓×	女	1889885882×	1971年12月	1994年11月	高级工程师	8级
000025	贾×娜	女	1889885882×	1978年12月	1996年12月	工程师	7级
000026	万×莹	女	1889885882×	1984年3月	2005年7月	技术员	3级
000027	吴×玉	女	1889885882×	1988年7月	2010年7月	技工	3级

图 11.38 员工信息表效果图

项目 12　WPS 表格编辑学生成绩信息表

12.1　项　目　背　景

学期结束了，辅导员请万同学帮忙统计班级同学上学期的考试成绩情况。万同学需要应用 WPS 表格中的函数分析学生信息、计算考试成绩，分析每科成绩的最高分、最低分和平均分，计算每个学生的总分以及排名情况，并统计分析不同寝室的同学的学习情况等。

本项目效果图如图 12.1 所示，万同学需要完成的操作主要包括：

（1）计算每个同学的总分和排名。

（2）计算每个寝室的平均分。

（3）计算每门课程的平均分、最高分、最低分、优秀人数、不及格人数和缺考人数。

（4）利用统计函数或者数据库函数统计符合特定条件的学生信息。

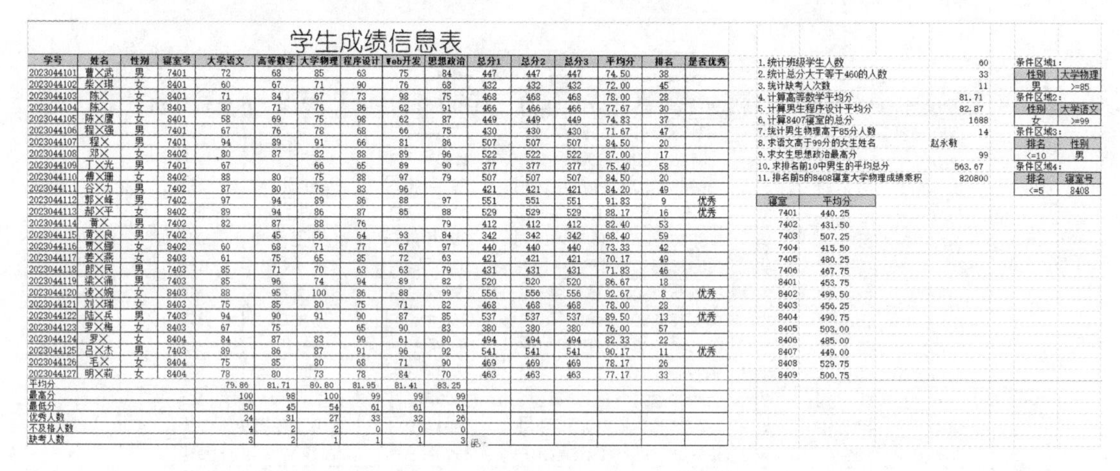

学生成绩信息表

学号	姓名	性别	寝室号	大学语文	高等数学	大学物理	程序设计	Web开发	思想政治	总分1	总分2	总分3	平均分	排名	是否优秀
2023044101	曹×武	男	7401	72	68	85	63	75	84	447	447	447	74.50	38	
2023044102	柴×琪	女	8401	60	67	71	90	76	68	432	432	432	72.00	45	
2023044103	陈×	女	8401	71	84	67	73	98	75	468	468	468	78.00	28	
2023044104	陈×	女	8401	80	71	76	86	62	91	466	466	466	77.67	30	
2023044105	陈×鹰	女	8401	58	69	75	98	62	87	449	449	449	74.83	37	
2023044106	程×强	男	7401	67	76	78	68	66	75	430	430	430	71.67	47	
2023044107	程×	男	7401	94	89	91	66	81	86	507	507	507	84.50	20	
2023044108	邓×	女	8402	80	87	82	88	89	96	522	522	522	87.00	17	
2023044109	丁×光	男	7401	67		66	65	89	90	377	377	377	75.40	58	
2023044110	傅×珊	女	8402	88	80	75	88	97	79	507	507	507	84.50	20	
2023044111	谷×力	男	7402	87	80	75	83	96		421	421	421	84.20	49	
2023044112	郭×峰	男	7402	97	94	89	86	88	97	551	551	551	91.83	9	优秀
2023044113	郝×平	女	8402	89	94	86	87	85	88	529	529	529	88.17	16	优秀
2023044114	黄×	男	7402	82	87	88	76		79	412	412	412	82.40	53	
2023044115	黄×良	男	7402		45	56	64	93	84	342	342	342	68.40	59	
2023044116	贾×娜	女	8402	60	68	71	77	67	97	440	440	440	73.33	42	
2023044117	姜×燕	女	8403	61	75	65	85	72	63	421	421	421	70.17	49	
2023044118	郎×民	男	7403	85	71	70	63	63	79	431	431	431	71.83	46	
2023044119	梁×涌	男	7403	85	96	74	94	89	82	520	520	520	86.67	18	
2023044120	凌×婉	女	8403	88	95	100	86	88	99	556	556	556	92.67	8	优秀
2023044121	刘×瑞	女	8403	75	85	80	75	71	82	468	468	468	78.00	28	
2023044122	陆×兵	男	7403	94	90	91	90	87	85	537	537	537	89.50	13	优秀
2023044123	罗×梅	女	8403	67	75		65	90	83	380	380	380	76.00	57	
2023044124	罗×	女	8404	84	87	83	99	61	80	494	494	494	82.33	22	
2023044125	吕×杰	男	7403	89	86	87	91	96	92	541	541	541	90.17	11	优秀
2023044126	毛×	女	8404	75	85	80	68	71	90	469	469	469	78.17	26	
2023044127	明×莉	女	8404	78	80	73	78	84	70	463	463	463	77.17	33	
平均分				79.86	81.71	80.80	81.95	81.41	83.25						
最高分				100	98	100	99	99	99						
最低分				50	45	54	61	61	61						
优秀人数				24	31	27	33	32	26						
不及格人数				4	2	2	0	0	0						
缺考人数				3	2	1	1	1	3						

1. 统计班级学生人数	60
2. 统计总分大于等于460的人数	33
3. 统计缺考人次数	11
4. 计算高等数学平均分	81.71
5. 计算男生程序设计平均分	82.87
6. 计算8407寝室的总分	1688
7. 统计男生物理高于85分人数	14
8. 求语文高于99分的女生姓名	赵永敏
9. 求女生思想政治最高分	99
10. 求排名前10中男生的平均总分	563.67
11. 排名前5的8408寝室大学物理成绩乘积	820800

寝室	平均分
7401	440.25
7402	431.50
7403	507.25
7404	415.50
7405	480.25
7406	467.75
8401	453.75
8402	499.50
8403	456.25
8404	490.75
8405	503.00
8406	485.00
8407	449.00
8408	529.75
8409	500.75

条件区域1：

性别	大学物理
男	>=85

条件区域2：

性别	大学语文
女	>=99

条件区域3：

排名	性别
<=10	男

条件区域4：

排名	寝室号
<=5	8408

图 12.1　学生成绩信息表效果图

12.2　项　目　分　析

1．计算公式、数组公式、SUM()函数

（1）利用公式计算每个同学的总分。

（2）利用数组公式计算每个同学的总分。

（3）利用 SUM()函数计算每个同学的总分。

2．AVERAGEIF()、SUMIF()函数

（1）利用 AVERAGEIF()计算平均总分、男生程序设计的平均分、各寝室平均总分等。

（2）利用 SUMIF()计算满足某条件的总分、各寝室的总分等。

3．COUNT()、COUNTA()、COUNTIF()、COUNTBLANK()函数

（1）利用 COUNT()、COUNTA()函数统计班级人数。

（2）利用 COUNTIF()函数统计每门课程不及格人数、满足某条件的人数等。

（3）利用 COUNTBLANK()函数统计缺考人次数、每门课缺考人数等。

4. RANK.EQ()函数

利用 RANK.EQ()函数对班级同学的总分进行排名。

5. 数据库函数的应用

利用合适的数据库函完成信息的计算统计。

12.3 项 目 实 现

12.3.1 统计班级每个同学的考试总分

1. 计算要求

利用公式法、数组公式、求和函数三种方法求每位同学的总分。

2. 操作步骤

（1）使用一般公式方法。公式是 WPS 表格中进行数值计算的等式，公式输入以“=”开始，简单的公式有加、减、乘、除等计算。

在 K3 单元格中编辑公式，输入“=E3+F3+G3+H3+I3+J3”，回车后即可，通过拖动填充柄来完成其他同学总分的计算。

（2）数组公式计算总分。WPS 表格中数组公式非常有用，尤其在不能使用工作表函数直接得到结果时，数组公式显得特别重要，它可建立产生多值或对一组值而不是单个值进行操作的公式。

输入数组公式首先必须选择用来存放结果的单元格区域（可以是一个单元格），在编辑栏中输入公式，然后按 Ctrl+Shift+Enter 组合键锁定数组公式，WPS 表格将在公式两边自动加上大括号“{}”。注意不要自己键入大括号，否则 WPS 表格会弹出错误提示信息。

利用数组公式计算 L3:L62 单元格的总分。务必先选中 L3:L62 单元格，然后在编辑栏中输入“=”键编辑加法公式计算总分，因为数组公式是对一组值进行的操作，所以直接用鼠标选择 E3:E62，按下“+”号，再用鼠标选择其余科目成绩依次累加，最后按 Ctrl+Shift+Enter 组合键完成数组公式的编辑，如图 12.2 所示。

```
{=J3:J62+I3:I62+H3:H62+G3:G62+F3:F62+E3:E62}
```

图 12.2 数组公式

在数组公式的编辑过程中，第一步选中 L3:L62 单元格尤为关键。绝不能开始只选中 I3 单元格，在最后用填充柄填充其他单元格，那样其他单元格的左上角将会出现绿色小三角，是错误的方法。

（3）使用 SUM()函数计算总分。SUM()求和函数，可以用来计算总分列。选择 M3 单元格，单击“编辑栏”上 *fx* 图标进行“插入函数”或者打开“开始”选项卡中的“求和”按钮，可选择 SUM()函数，选中求和区域 E3:J3，如图 12.3 所示，按

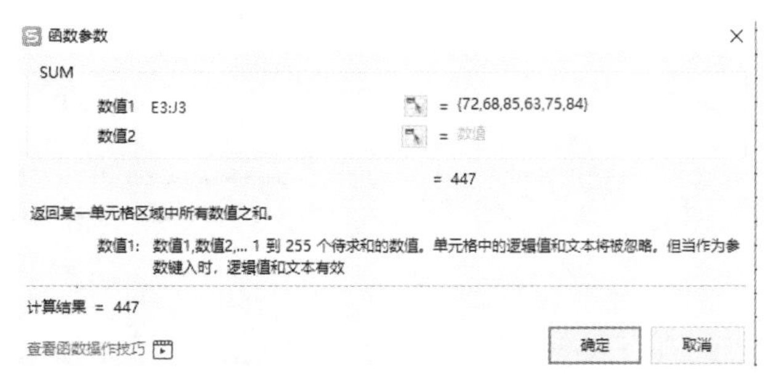

图 12.3 SUM()函数参数对话框

Enter 键，求和结果显示在单元格中。

通过填充操作完成其余各行总分的计算。

12.3.2　统计班级相关人数

1. 操作要求

利用统计函数统计班级人数、缺考人次数、课程优秀人数、不及格人数、缺考人数等。

2. 操作步骤

（1）使用 COUNT()、COUNTA()函数统计班级人数。COUNT()函数用于统计含有数字的单元格个数，统计全班学生人数的时候可以选择统计寝室号或无缺考科目成绩列单元格的个数。

选中 U2 单元格，单击“编辑栏”上的“*fx*”图标打开“插入函数”界面，如图 12.4 所示，在“插入函数”界面的“或选择类别”下拉列表中选择“统计”，在选择函数列表中选择“COUNT”，单击“确定”按钮，如图 12.5 所示；打开“函数参数”对话框，在“值 1”文本框中输入通过选择 D 列的 D3 到 D62 区域或者键盘输入“D3:D62”，表示统计该区域包含数字的单元格个数，如图 12.6 所示，单击“确定”按钮，完成函数的编辑。

学生成绩信息

寝室号	大学语文	高等数学	大学物理	程序设计	Web开发	
7401	72	68	85	63	75	
8401	60	67	71	90	76	
8401	71	84	67	73	98	
8401	80	71	76	86	62	
8401	58	69	75	98	62	
7401	67	76	78	68	66	
7401	94	89	91	66	81	
8402	80	87	82	88	89	
7401	67		66	65	89	
8402	88	80	75	88	97	
7402	87	80	75	83	96	
7402	97	94	89	86	88	
8402	89	94	86	87	85	
7402	82	87	88	76		
7402		45	56	64	93	
8402	60	68	71	77	67	
8403	61	75	65	85	72	
7403	85	71	70	63	63	
7403	85	96	74	94	89	
8403	88	95	100	86	88	
8403	75	85	80	75	71	
7403	94	90	91	90	87	
8403	67	75		65	90	
8404	84	87	83	99	61	
7403	89	86	87	91	96	92
8404	75	85	80	68	71	90
8404	78	80	73	78	84	70

插入函数
全部函数　常用公式
查找函数(S):
或选择类别(C): 统计
常用函数
全部
财务
日期与时间
数学与三角函数
统计
查找与引用
数据库
选择函数(N):
AVEDEV
AVERAGE
AVERAGEA
AVERAGEIF
AVERAGEIFS
BETADIST
BETAINV
BINOM.DIST
AVEDEV(number1, number2, ...)
返回一组数据与其均值的绝对偏差的平均值。ADEDEV 用于评测这组数据的离散度。
确定　取消

图 12.4　打开插入函数

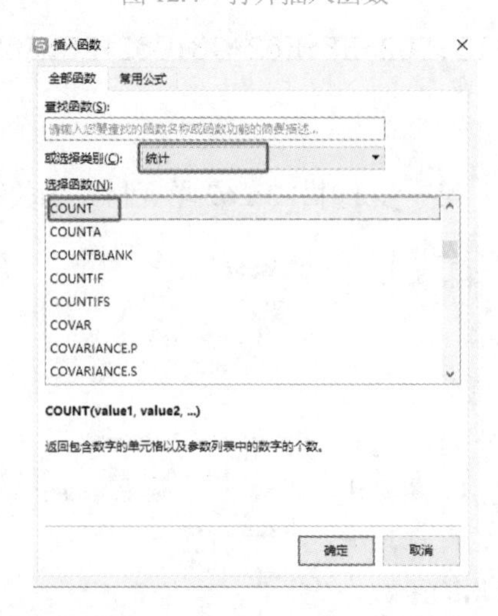

图 12.5　插入 COUNT()函数

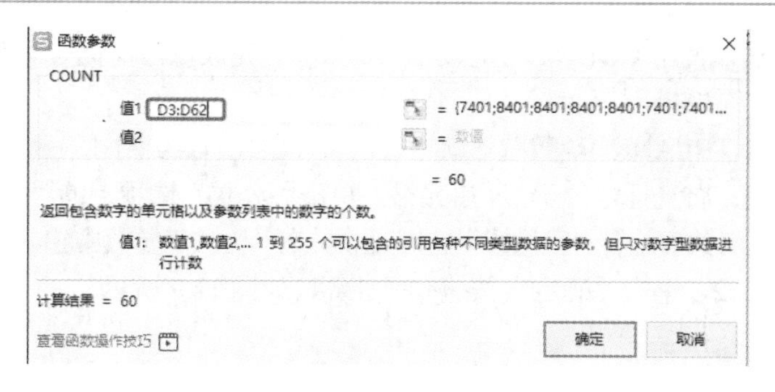

图 12.6 编辑函数参数

COUNTA()函数用于统计区域中不为空的单元格的数目，它不仅对包含数值的单元格进行计数，还对包含非空白值（包括文本、日期和逻辑值）的单元格进行计数。该函数的使用方法与COUNT()函数使用方法一致。

（2）使用 COUNTIF()函数统计总分大于 460 分的学生人数。COUNTIF()函数是对指定区域中符合某一个条件的单元格计数的统计函数。将光标定位于 U3 单元格，单击“公式”选项卡的“插入函数”按钮，找到 COUNTIF()函数单击“确定”打开“函数参数”窗口，如图 12.7 所示；在“函数参数”对话框的“区域”参数中选择或者输入要统计的区域范围“K3:K62”，“条件”参数中输入条件“>=460”，注意在 WPS 表格中输入的符号均为英文格式，单击“确定”按钮完成函数编辑，如图 12.8 所示。

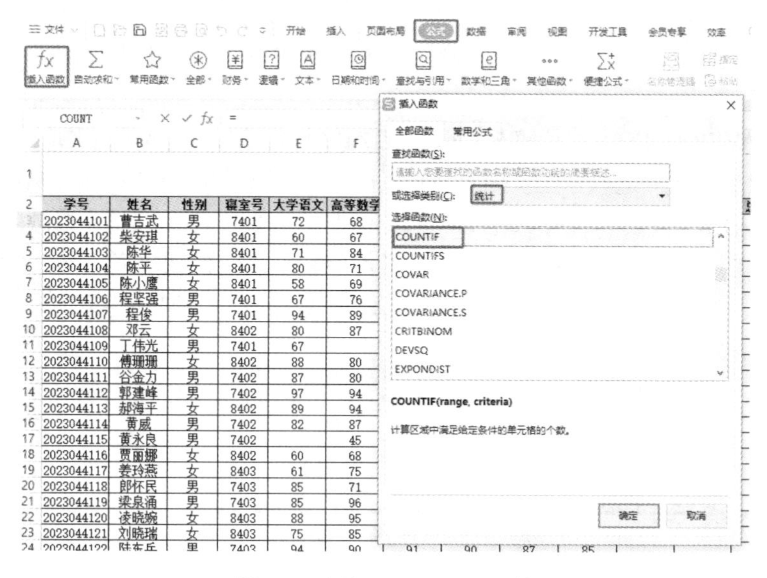

图 12.7 插入 COUNTIF()函数

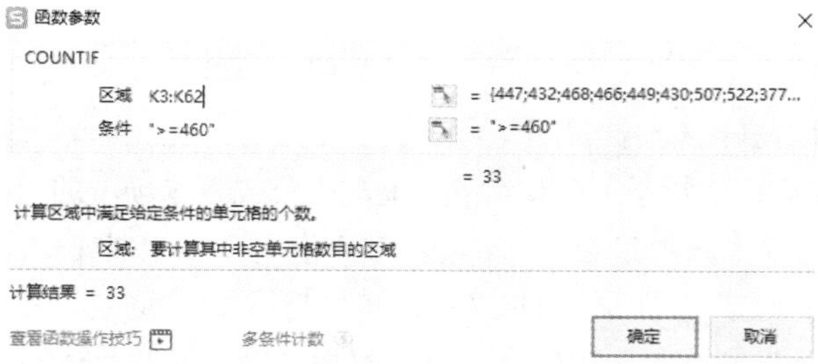

函数参数

COUNTIF

区域 K3:K62 = {447;432;468;466;449;430;507;522;377...

条件 ">=460" = ">=460"

= 33

计算区域中满足给定条件的单元格的个数。

区域：要计算其中非空单元格数目的区域

计算结果 = 33

查看函数操作技巧 多条件计数 确定 取消

图 12.8 编辑 COUNTIF()函数参数

利用同样的方法，使用 COUNTIF()函数在 66、67 行完成每门课优秀人数（成绩>=85），不及格人数（成绩<60）的统计。

（3）使用 COUNTBLANK()函数统计缺考人次数。COUNTBLANK()函数用来计算指定区域中空白单元格的个数。将光标定位于 U4 单元格，单击“公式”选项卡的“插入函数”按钮，找到 COUNTBLANK()函数后打开“函数参数”对话框，在“区域”参数中输入要统计的区域范围，课程成绩区域为 E3:J62，单击“确定”按钮完成计算，如图 12.9 所示。

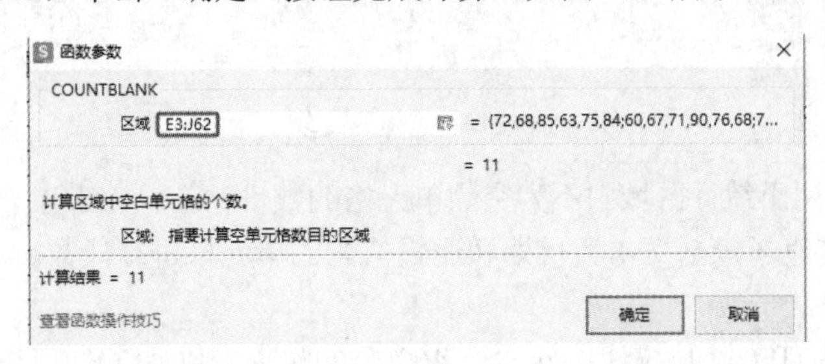

图 12.9 COUNTBLANK()函数参数

利用相同的方法，使用 COUNTBLANK()在第 68 行完成每门课缺考人数的统计。

12.3.3 统计平均分、总分

1. 操作要求

利用相关函数计算平均分、高等数学的平均分、男生程序设计平均分、8407 寝室的总分等。

2. 操作步骤

（1）使用 AVERAGE()函数计算平均分。在 N 列中计算每位同学的平均分。将光标定位于 N3 单元格，单击“公式”选项卡的“插入函数”按钮，找到 AVERAGE()函数后打开“函数参数”对话框，在“数值 1”参数中输入要统计的区域范围，N3 单元格对应学生成绩区域为 E3:J3，如图 12.10 所示，单击“确定”按钮求得平均成绩,然后利用填充柄完成每位同学平均分的计算。

使用同样的方法，在第 63 行利用 AVERAGE()函数计算每门课程的平均分。

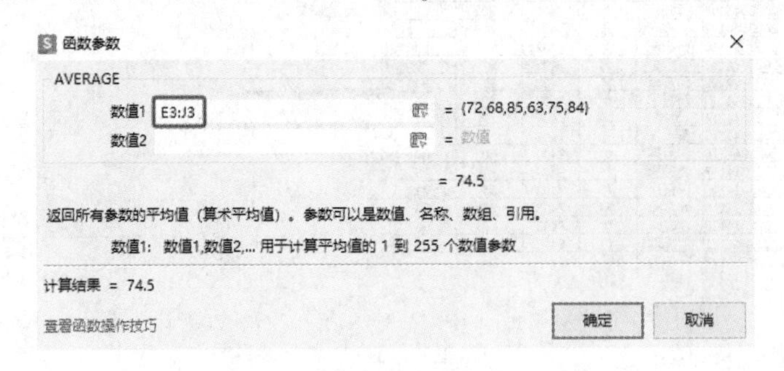

图 12.10 AVERAGE()函数参数设置

（2）使用 AVERAGEIF()函数计算男生程序设计平均分。在 U6 单元格中计算班级所有男生程序设计的平均分。将光标定位于 U6 单元格，单击“公式”选项卡的“插入函数”按钮，找到 AVERAGEIF()函数后打开“函数参数”对话框，在“区域”参数中输入要统计平均值的条件所在的区域，条件为性别“男”即性别列的 C3:C62 单元格区域，“条件”参数中输入条件，可以直接输入“男”，也可以从性别列中引用任意一个内容为“男”的单元格如 C8 单元格，“求平均值区域”参数中输入要计算平均值的实际单元格区域，输入程序设计课程分数区域即 H3:H62 单元格区域，如图 12.11 所示，单击“确定”按钮求得男生程序设计课程的平均成绩。

使用同样的方法，在 S15:S29 区域，利用 AVERAGEIF()函数计算每个寝室的总分。

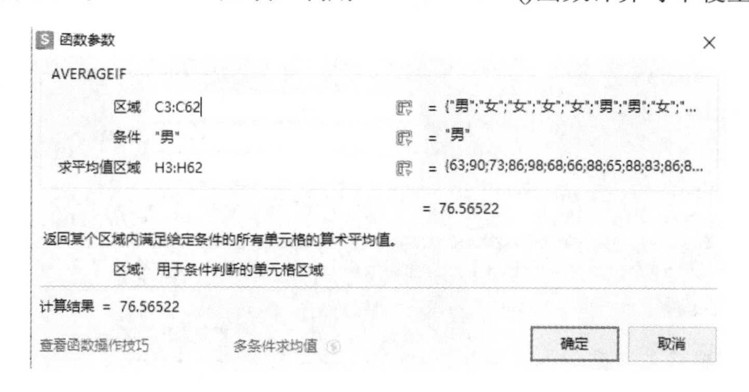

图 12.11 AVERAGEIF()函数参数设置

（3）使用 SUMIF()函数计算 8407 寝室的总分。SUMIF()函数是根据指定条件对若干个单元格、区域或引用进行求和的函数。将光标定位于 U7 单元格，单击“公式”选项卡的“插入函数”按钮，找到 SUMIF()函数后打开“函数参数”对话框，在“区域”参数中输入要统计求和值的条件所在的区域，即“寝室号”列的 D3:D62 单元格区域，“条件”参数中输入条件，此处可以直接输入“8407”，也可以从“寝室号”列中引用内容为 8407 的单元格如 D43，“求和区域”参数中输入要计算求和值的实际单元格区域，即任意一列“总分”列的数据区域如 K3:K62 单元格区域，如图 12.12 所示，单击“确定”按钮求得 8407 寝室学生的总分。

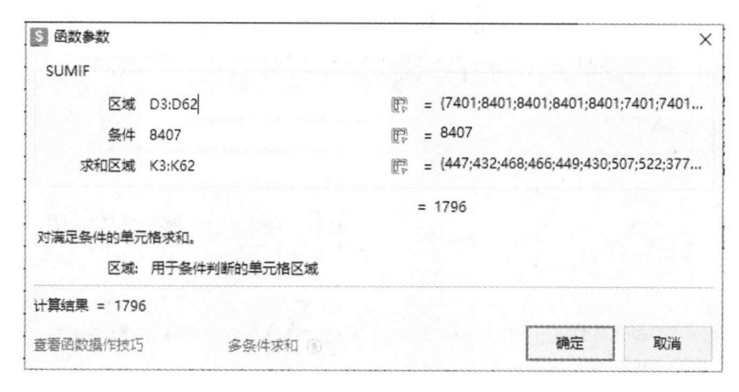

图 12.12 SUMIF()函数参数设置

12.3.4 使用 RANK.EQ()统计班级学生排名

1. 操作要求

按学生的总分从高到低进行排名即降序排序，把排序结果填入“排名”列中。

2. 操作步骤

（1）使用 RANK.EQ()函数排序。使用 RANK.EQ()函数，该函数功能为返回某个数字在数字列表中的排名。将光标定位于 O3 单元格，单击“公式”选项卡的“插入函数”按钮，找到 RANK.EQ()函数后打开“函数参数”对话框，在“数值”参数中输入要计算哪个数值的排名，此处通过单击 K3 单元格选取，也可以直接输入“K3”；在“引用”中输入要进行排名的区域，此处通过单击 K3:K62 单元格区域选取或者直接输入“K3:K62”；前两个参数合并起来的意思就是计算 K3 在 K3:K62 区域中的大小排名；“排位方式”参数为指定排位的方式，如果为 0 或忽略，降序；非零值，升序。如图 12.13 所示，单击“确定”按钮，这时在 O3 单元格中显示结果为 38，表示 K3 单元格的数据在 K3:K62 区域中从高到低降序排列为第 38 名。

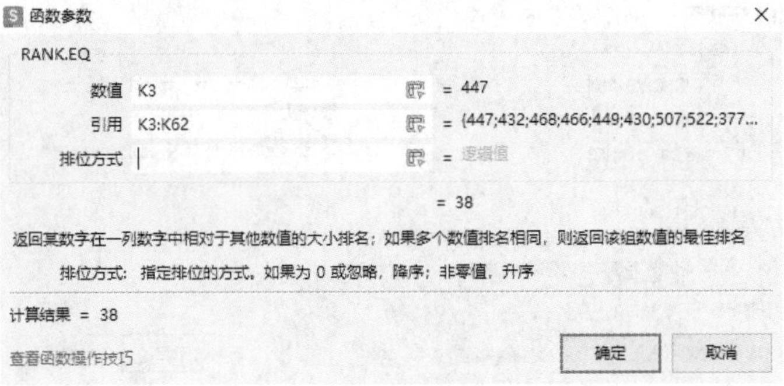

函数参数
RANK.EQ
数值 K3
= 447
引用 K3:K62
= {447;432;468;466;449;430;507;522;377...
排位方式
= 逻辑值
= 38
返回某数字在一列数字中相对于其他数值的大小排名；如果多个数值排名相同，则返回该组数值的最佳排名
排位方式：指定排位的方式。如果为 0 或忽略，降序；非零值，升序
计算结果 = 38
查看函数操作技巧
确定
取消

图 12.13 RANK.EQ()函数参数

（2）单元格绝对引用。对于 O 列其余单元格的排名，如果简单地使用填充柄进行填充，则会发现其结果是错误的，因为函数参数是随着填充位置的改变而发生了改变，因此导致填充结果的错误，其实在使用 RANK.EQ()函数进行排序过程中，第二个参数“引用”这个区域应该是需要固定不变的，这样排序才能保证结果的正确性。要保证“引用”参数的固定不变，需要对“引用”参数值“K3:K62”使用绝对引用，使其在用填充柄填充的时候不发生改变。

选中已经编辑好的 J3 单元格，单击编辑栏上的“插入函数”按钮或者编辑栏左侧的“*fx*”图标，直接弹出编辑好的 RANK.EQ()函数对话框，选中“引用”参数中的“K3:K62”，按下功能键 F4，直接给行列号添加上$绝对地址引用符号，如图 12.14 所示，单击“确定”按钮完成，之后就可以使用填充柄对其余同学的总分进行计算排名。

函数参数
RANK.EQ
数值 K3
= 447
引用 $K$3:$K$62
= {447;432;468;466;449;430;507;522;377...
排位方式
= 逻辑值
= 38
返回某数字在一列数字中相对于其他数值的大小排名；如果多个数值排名相同，则返回该组数值的最佳排名
数值：指定的数字
计算结果 = 38
查看函数操作技巧
确定
取消

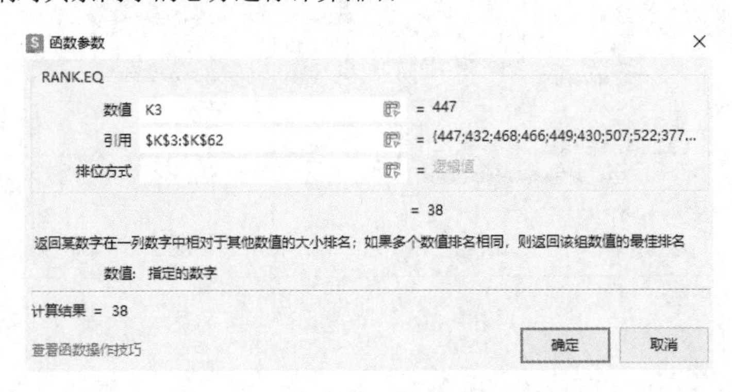

图 12.14 RANK.EQ()函数参数绝对引用

12.3.5 数据库函数的使用

1. 操作要求

选择合适的数据库函数，完成相关内容的统计与计算。

2. 操作步骤

（1）数据库函数简介。WPS 表格中数据库函数共有 12 个，每个数据库函数的首字母都是 D，故数据库函数也称为 D 函数。这 12 个数据库函数是：DAVERAGE()、DCOUNT()、DCOUNTA()、DGET()、DMAX()、DMIN()、DPRODUCT()、DSTDEV()、DSTDEVP()、DSUM()、DVAR()、DVARP()。这些函数去掉前面的 D 就和普通的常用函数一样。对于数据库函数，则可以理解为多

条件求值函数，即将普通函数加了条件进行使用，所以在使用数据库函数前必须先设计好条件区域以供引用。而且这 12 个函数有一个共同的特点就是都具有三个参数，而且这三个参数的名称都是相同的。这三个参数如下所示。

1）第 1 个参数：数据库区域，是构成列表或数据库的单元格区域。数据库是相关数据的列表。

2）第 2 个参数：操作域，或是用双引号括住的列标签，或是表示该列在列表中位置的数字。

3）第 3 个参数：条件，是包含指定条件的单元格区域。区域包括列标签及列标签下满足某个条件的单元格。

（2）使用 DCOUNT()函数统计男生大学物理成绩高于 85 分的学生人数。要统计男生大学物理成绩高于 85 分的学生人数，需要 2 个条件，分别是性别为“男”和大学物理成绩高于 85 分。使用 DCOUNT()函数需要找到其条件区域，条件区域 1 中性别为“男”，大学物理>=85 是符合本函数的条件要求。

首先找到条件区域，如果没有，需要自己创建，如图 12.15 所示，注意：数据清单中能复制的内容尽量复制。选中 U8 单元格，单击“公式”选项卡的“插入函数”按钮，找到 DCOUNT () 函数后打开“函数参数”对话框，在“数据库区域”参数中输入数据清单范围，即 A2:P62，在此注意第 2 行必须选，作为数据清单的首行；“操作域”中引用 D2，表示要计算满足条件的大学物理的个数，因为 DCOUNT()函数只能统计数字单元格的个数，故选择没有空缺的寝室号作为计数对象；“条件”中选择或者输入“W3:X4”，如图 12.16 所示，单击“确定”按钮后完成计算。

性别	大学物理
男	>=85

图 12.15　条件区域

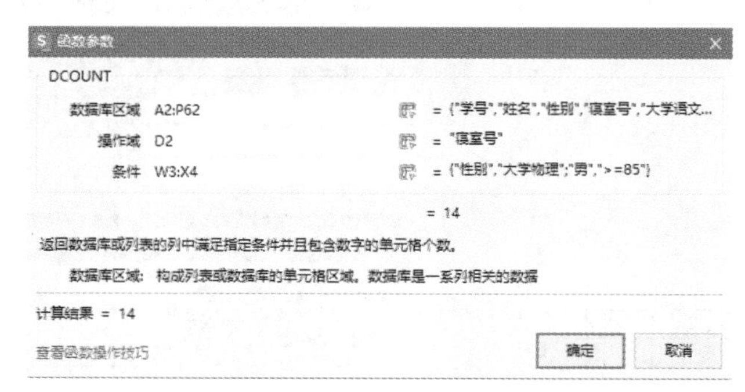

图 12.16　DCOUNT()函数参数设置

（3）使用 DGET()函数求得大学语文高于 99 分的女生姓名。DGET()函数的功能是提取符合条件的唯一记录，如果记录不唯一则返回“#NUM!”。条件区域设置如图 12.17 所示，函数参数设置如图 12.18 所示。

性别	大学语文
女	>=99

图 12.17　条件区域

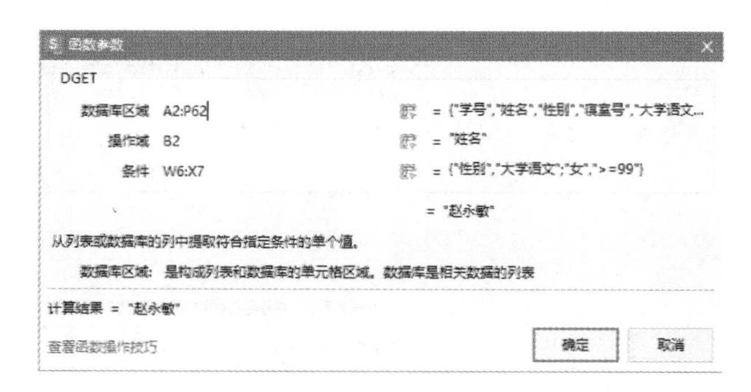

图 12.18　DGET()函数参数设置

（4）使用 DMAX()函数统计女生中思想政治成绩的最高分。DMAX()函数的功能是提取满足条件记录指定列的最大值，本操作的条件区域比较简单，只需要“性别”“女”即可，函数参数设置如图 12.19 所示。

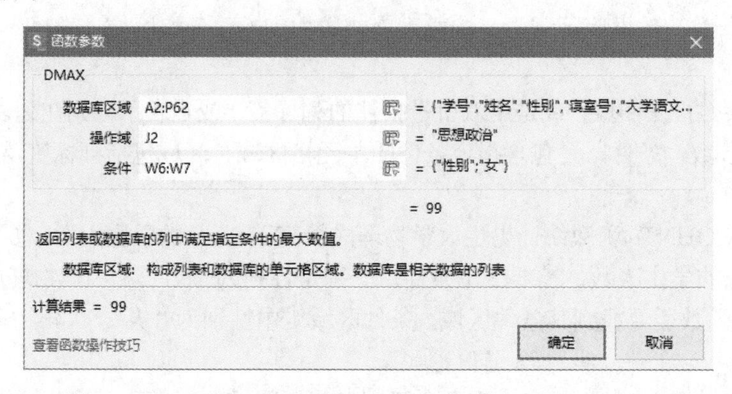

图 12.19　DMAX()函数参数设置

（5）使用 DAVERAGE()函数统计排名前 10 名中男生的平均总分。DAVERAGE()函数的功能是求满足条件记录指定列的平均值，条件区域设置如图 12.20 所示，函数参数设置如图 12.21 所示。

排名	性别
<=10	男

图 12.20　条件区域

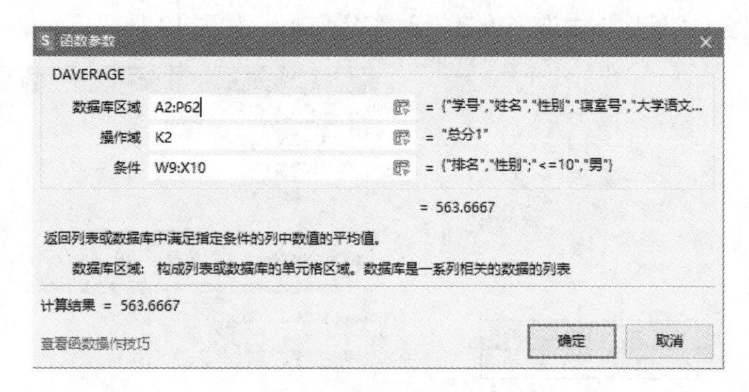

图 12.21　DAVERAGE()函数参数设置

（6）使用 DPRODUCT()函数统计排名前 5 的 8408 寝室大学物理成绩乘积。DPRODUCT()函数的功能是将数据库中符合条件记录的特定字段中的值相乘。条件区域设置如图 12.22 所示，函数参数设置如图 12.23 所示。

排名	寝室号
<=5	8408

图 12.22　条件区域

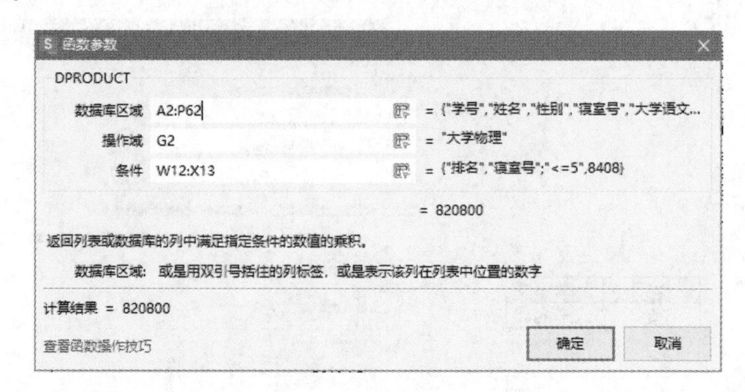

图 12.23　DPRODUCT()函数参数设置

12.3.6 IF()函数的使用

1. 操作要求

在 P 列相应的单元格填入内容，根据每位同学每门课成绩是否都大于等于 85 来判断，如果是，则在 P 列相应的单元格中填入“优秀”，否则单元格显示为空，如果修改成绩后使得条件满足了，则为空的单元格会显示“优秀”。

2. 操作步骤

（1）IF()是函数判断一个条件是否满足：如果满足返回一个值，如果不满足则返回另外一个值；共有三个参数，分别是测试条件、真值、假值。测试条件：计算结果可判断为 TRUE 或 FALSE 的数值或表达式；真值：当测试条件为 TRUE 时的返回值。如果忽略，则返回 TRUE。IF()函数最多可嵌套七层；假值：当测试条件为 FALSE 时的返回值。如果忽略，则返回 FALSE。IF()函数最多可嵌套七层。

（2）选中 P3 单元格，在单元格中输入“=if()”函数，在编辑栏中单击 *fx*，打开 IF()函数的编辑窗口，如图 12.24 所示，因为要求所有功课都要大于等于 85 分，所以，测试条件里面需要输入所有功课同时大于等于 85 分的判断，可以使用括号和相乘来实现，当然也可以使用 AND()函数来实现，本次操作使用 AND()函数来操作。在第一个参数里面输入“AND()”然后在 AND()函数的括号里面单击或者输入功课成绩单元格“功课成绩>=85”完整为“AND(E3>=85,F3>=85,G3>= 85,H3>=85,I3>=85,J3>=85)”；然后在第二个参数中输入“优秀”；第三个参数中输入英文状态的双引号即””参数编辑完成，如图 12.25 所示。单击“确定”按钮，完成 P3 单元格函数的输入，然后利用填充柄完成所有单元格函数的录入。

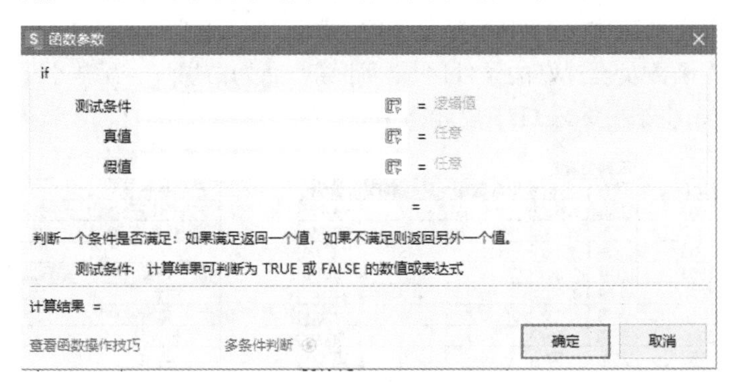

图 12.24 IF()函数

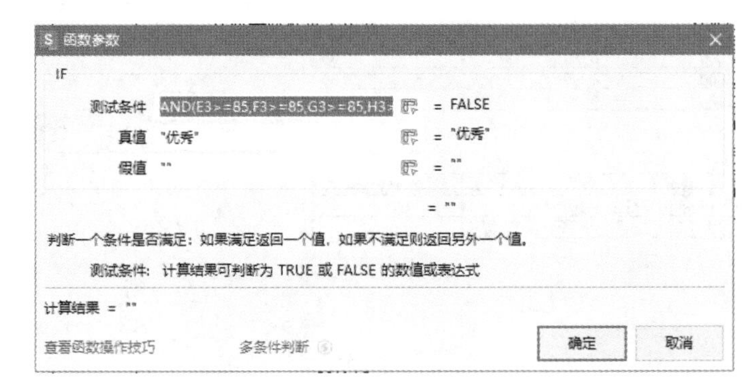

图 12.25 IF()函数参数设置

12.4 项 目 总 结

本项目主要学习了 WPS 表格中数组公式的使用，介绍的函数有基本函数中计数函数COUNT()、COUNTA()、COUNTIF()、COUNTBLANK()，求和函数 SUM()、SUMIF()，平均值函数 AVERAGE()，排序函数 RANK.EQ()以及逻辑函数 IF()函数和 AND()函数，并进一步强化了绝对引用的应用。

项目中也介绍了数据库函数，用于对数据清单中满足条件的记录中指定列的数据进行分析，数据库函数具有相同的参数，求解的结果是由函数自身决定的。

12.5 课 后 练 习

打开“采购情况表.xlsx”，完成如下设置，效果如图 12.26 所示。

（1）使用数组公式，计算采购情况表中每种产品的采购总额，将结果填到“采购总额”列中，采购总额的计算方法为：采购总额=单价×每盒数量×采购盒数。

（2）使用统计函数统计采购情况表中采购产品总记录数，填入 K2 单元格中。

（3）使用统计函数计算未知寿命产品类数，填入 K3 单元格中。

（4）计算不同种类的白炽灯平均单价，填入 K4 单元格中。

（5）使用 SUMIF()统计不同种类产品的总采购盒数和总采购金额。

（6）使用数据库函数及设置好的条件区域，计算商标为上海、寿命小于 100 瓦的白炽灯平均单价，并将结果填入在 G22 单元格中，保留 2 位小数。

（7）使用数据库函数及设置好的条件区域，计算产品为白炽灯、瓦数小于等于 100 瓦且大于等于 80 瓦的品种数，将结果填入 G23 单元格中。

采购情况表

产品	瓦数	寿命/h	商标	单价	每盒数量	采购盒数	价值
白炽灯	200	3000	上海	4.50	4	3	54.00
氖管	100	2000	上海	2.00	15	2	60.00
日光灯	60	3000	上海	2.00	10	5	100.00
其他	10	8000	北京	0.80	25	6	120.00
白炽灯	80	1000	上海	0.20	40	3	24.00
日光灯	100	未知	上海	1.25	10	4	50.00
日光灯	200	3000	上海	2.50	15	0	0.00
其他	25	未知	北京	0.50	10	3	15.00
白炽灯	200	3000	北京	5.00	3	2	30.00
氖管	100	2000	北京	1.80	20	5	180.00
白炽灯	100	未知	北京	0.25	10	5	12.50
白炽灯	10	800	上海	0.20	25	2	10.00
白炽灯	60	1000	北京	0.15	25	0	0.00
白炽灯	80	1000	北京	0.20	30	2	12.00
白炽灯	100	2000	上海	0.80	10	5	40.00
白炽灯	40	1000	上海	0.10	20	5	10.00

产品总记录数	16
未知寿命产品数	3
白炽灯平均单价	1.27

产品	采购盒数	采购金额
白炽灯	27	192.5
氖管	7	240
日光灯	9	150
其他	9	135

条件区域1：

商标	产品	瓦数
上海	白炽灯	<100

条件区域2：

产品	瓦数	瓦数
白炽灯	>=80	<=100

情况	计算结果
商标为上海，瓦数小于100的白炽灯的平均单价：	0.17
产品为白炽灯，其瓦数大于等于80且小于等于100的数量	4

图 12.26 采购情况表完成后效果图

项目 13 空调使用情况信息统计表——查找引用函数

13.1 项 目 背 景

万同学利用暑假时间到某公司进行实习，其主要工作任务就是统计公司上一天各个空调的使用情况，计算各空调的使用时间，并根据不同的要求计算应缴的费用。

统计表格效果图如图 13.1 所示，需要完成的工作包括：

（1）利用函数填充各空调的电功率。

（2）计算各空调的使用时间。

（3）计算各空调的耗电量。

（4）计算各空调的缴费。

（5）统计购置空调的年份是否为闰年。

空调的使用记录及耗电量计算

序号	空调名称	功率	电功率/kW	电功率/kW	开启时间	结束时间	用电时间	耗电量	电费	电费A	电费B	电费C	购置年份	是否闰年
1	空调001	3.5	2.6	2.6	9:10:10	11:45:45	2:35:35	7.80	4.37	4.00	4.30	4.40	2018	否
2	空调002	1.5	1.1	1.1	10:10:04	13:20:30	3:10:26	3.30	1.85	1.00	1.80	1.80	2019	否
3	空调003	2.5	1.8	1.8	14:11:20	15:20:15	1:08:55	1.80	1.01	1.00	1.00	1.00	2020	是
4	空调004	2	1.5	1.5	9:11:55	20:20:00	11:08:05	16.50	9.24	9.00	9.20	9.20	2021	否
5	空调005	3	2.2	2.2	9:12:30	15:59:45	6:47:15	15.40	8.62	8.00	8.60	8.60	2020	是
6	空调006	3	2.2	2.2	10:13:05	15:19:30	5:06:25	11.00	6.16	6.00	6.10	6.20	2022	否
7	空调007	2	1.5	1.5	9:13:40	11:19:15	2:05:35	3.00	1.68	1.00	1.60	1.70	2023	否
8	空调008	1	0.7	0.7	7:14:15	23:19:00	16:04:45	11.20	6.27	6.00	6.20	6.30	2019	否
9	空调009	1	0.7	0.7	9:14:50	22:58:45	13:43:55	9.80	5.49	5.00	5.40	5.50	2021	否
10	空调010	1.5	1.1	1.1	14:15:25	16:18:30	2:03:05	2.20	1.23	1.00	1.20	1.20	2020	是
11	空调011	3.5	2.6	2.6	10:44:18	23:18:37	12:34:19	33.80	18.93	18.00	18.90	18.90	2021	否
12	空调012	3.5	2.6	2.6	8:07:30	21:09:15	13:01:45	33.80	18.93	18.00	18.90	18.90	2020	是
13	空调013	3	2.2	2.2	12:20:16	23:48:52	11:28:36	24.20	13.55	13.00	13.50	13.60	2022	否
14	空调014	3	2.2	2.2	13:52:37	22:32:04	8:39:27	19.80	11.09	11.00	11.00	11.10	2023	否
15	空调015	2.5	1.8	1.8	9:12:44	21:40:56	12:28:12	21.60	12.10	12.00	12.00	12.10	2019	否
16	空调016	3.5	2.6	2.6	8:12:35	23:43:05	15:30:30	39.00	21.84	21.00	21.80	21.80	2020	是
17	空调017	1.5	1.1	1.1	11:42:55	22:45:41	11:02:46	12.10	6.78	6.00	6.70	6.80	2021	否
18	空调018	2.5	1.8	1.8	11:17:07	15:01:00	3:43:53	7.20	4.03	4.00	4.00	4.00	2020	是

图 13.1 空调的使用记录效果图

13.2 项 目 分 析

1. VLOOKUP()函数、HLOOKUP()函数

根据各空调的功率，利用 VLOOKUP()函数或 HLOOKUP()函数，从空调的电功率对照表中查找并返回相应的电功率。

2. 计算用电时间

使用公式，根据各空调的开启时间和结束时间，计算各空调的实际用电时间。

3. IF()函数、MINUTE()、HOUR()函数

根据用电时间，按照要求统计各空调的计费时间，结合空调的输入功率，算出各空调的耗电

量并计算电费。

4. INT()函数、TRUNC()函数

根据不同的要求分别利用INT()函数、TRUNC()函数计算电费A、电费B和电费C。

5. AND()函数、OR()函数、MOD()函数、IF()函数

根据各空调的购置年份，利用各函数计算该年份是否为闰年。

13.3 项 目 实 现

13.3.1 计算各个空调的电功率

1. 计算要求

在空调的使用记录及耗电量计算表中，已知空调的功率，使用函数计算空调的电功率。

2. 操作步骤

（1）通过观察，在Sheet1工作表的B2：H3区域以及Q2：R8，已经明确给出了空调功率与电功率的对应关系，可以利用WPS表格提供的查找函数HLOOKUP()函数和VLOOKUP()函数，根据C8：C25区域给定的值得到各个空调的电功率。

（2）单击D8单元格，单击“公式”选项卡的“插入函数”按钮，搜索到HLOOKUP()函数，然后打开“函数参数”对话框。

（3）HLOOKUP()函数共有4个参数。查找值表示需要在数据表第1行中进行查找的数值，单击或者输入“C8”单元格；数据表表示需要在其中查找数据的数据区域，选择或者输入“$B$2：$H$3”（注意：此处区域需要绝对引用）；行序数表示在查的数据区域中待返回的匹配值的行序号，在此直接输入“2”，表示返回所查找数据区域的第2行；匹配条件表示匹配效果，在此题目中需要精确匹配，输入FALSE或者0。函数参数设置如图13.2所示，单击“确定”按钮后即可得到D8单元格的电功率，其余空调的电功率可通过填充柄拖动完成。

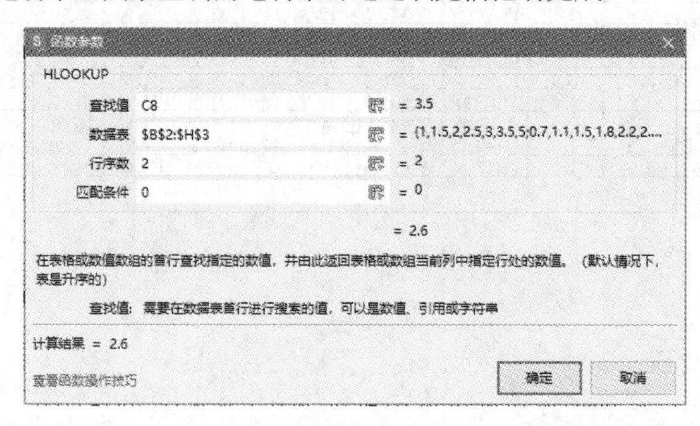

图13.2 HLOOKUP()函数参数设置

（4）单击E8单元格，单击“公式”选项卡的“插入函数”按钮，搜索到VLOOKUP()函数，然后打开“函数参数”对话框。

（5）VLOOKUP()函数共有4个参数。查找值表示需要在数据表第1行中进行查找的数值，单击或者输入“C8”单元格；数据表表示需要在其中查找数据的数据区域，选择或者输入“$Q$2:$R$8”（注意：此处区域需要绝对引用）；行序数表示在查的数据区域中待返回的匹配值的

列序号，在此直接输入“2”，表示返回所查找数据区域的第 2 列；匹配条件表示匹配效果，在此题目中需要精确匹配，输入 FALSE 或者 0。函数参数设置如图 13.3 所示，单击“确定”按钮后即可得到 E8 单元格的电功率，其余空调的电功率可通过填充柄拖动完成。

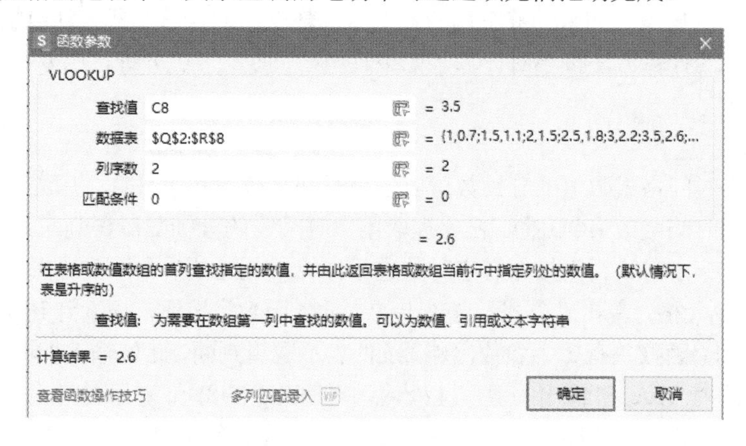

图 13.3　VLOOKUP()函数参数设置

13.3.2　计算用电时间

1. 计算要求

利用空调的开启时间和结束时间计算空调的用电时间。

2. 操作步骤

（1）用电时间为结束时间和开启时间之差，可以利用公式或者数组公式来完成计算。

（2）用数组公式方法时首先要选中 H8：H25 单元格，然后按“=”键，编辑数组公式为 G8:G25－F8:F25，再按组合键 Ctrl+Shift+Enter 完成计算，结果如图 13.4 所示。

{=G8:G25-F8:F25}

空调的使用记录及耗电量计

开启时间	结束时间	用电时间
9:10:10	11:45:45	2:35:35
10:10:04	13:20:30	3:10:26
14:11:20	15:20:15	1:08:55
9:11:55	20:20:00	11:08:05
9:12:30	15:59:45	6:47:15
10:13:05	15:19:30	5:06:25
9:13:40	11:19:15	2:05:35
7:14:15	23:19:00	16:04:45
9:14:50	22:58:45	13:43:55
14:15:25	16:18:30	2:03:05
10:44:18	23:18:37	12:34:19
8:07:30	21:09:15	13:01:45
12:20:16	23:48:52	11:28:36
13:52:37	22:32:04	8:39:27
9:12:44	21:40:56	12:28:12
8:12:35	23:43:05	15:30:30
11:42:55	22:45:41	11:02:46
11:17:07	15:01:00	3:43:53

图 13.4　数组公式计算用电时间

13.3.3 计算耗电量

1. 计算要求

利用前面求出的用电时间来计算空调的耗电量。耗电量的计算公式为耗电量=输入功率×计费时间。计费时间的计算方法按小时计算，如果耗电时间超过 30 分钟，则要在原有小时数的基础上多算 1 个小时。

2. 操作步骤

（1）提取一个时间格式数值的分钟数可以使用时间函数 MINUTE()，提取一个时间格式数值的小时数可以使用时间函数 HOUR()。在此提取用电时间中的分钟数后再判断其是否超过 30，如果超过，则多算 1 个小时，否则按原有小时数进行计算，此时就需要用到逻辑判断函数 IF()。

（2）单击 I8 单元格，单击“公式”选项卡的“插入函数”按钮，搜索到 IF()函数后打开“函数参数”对话框。IF()函数共有 3 个参数，测试条件表示逻辑判断，此处输入“MINUTE(H8)>30”；真值表示逻辑判断为 True 时输出的值，此处输入“HOUR(H8)+1”；假值表示逻辑判断为 False 时输出的值，在此直接输入“HOUR(H8)”。函数参数设置如图 13.5 所示，单击“确定”按钮后即可计算出该空调的计费时间。

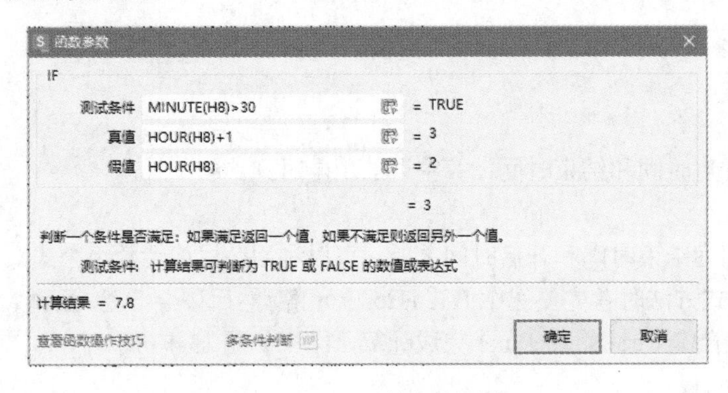

图 13.5 IF()函数参数设置

（3）将光标放入编辑栏中，在原有 IF()函数后面继续编辑，乘以空调的输入功率，回车后即可得到该空调的耗电量，如图 13.6 所示，其余耗电量的计算可通过填充柄完成，并通过单元格设置将结果保留 2 位小数。

```
=IF(MINUTE(H8)>30,HOUR(H8)+1,HOUR(H8))*D8
```

图 13.6 耗电量计算公式

13.3.4 电费的计算

1. 计算要求

规定电费为每度 0.56 元，电费=单价×耗电量。此处可使用公式或者数组公式完成电费的计算。

2. 操作步骤

（1）计算电费。利用数组公式计算电费，电费=单价×耗电量。选定 J8:J25 区域，在编辑栏定位光标，输入“=”选取“I8:I25”在编辑栏输入“*0.56”，再按组合键 Ctrl+Shift+Enter 完成计算，如图 13.7 所示。

（2）计算电费 A：按整元计算。如果计算电费时按照整元计算，不计小数部分，可以使用 INT() 函数，该函数的功能是将数值向下取整为最接近的整数。

单击 K8 单元格，单击“公式”选项卡的“插入函数”按钮，搜索到 INT()函数后，打开“函数参数”对话框，输入参数为“J8”，如图 13.8 所示，单击“确定”按钮后完成计算，其下各单元格可通过填充柄完成。

{=I8:I25*0.56}

I	J
耗电量	电费
7.80	4.37
3.30	1.85
1.80	1.01
16.50	9.24
15.40	8.62
11.00	6.16
3.00	1.68
11.20	6.27
9.80	5.49
2.20	1.23
33.80	18.93
33.80	18.93
24.20	13.55
19.80	11.09
21.60	12.10
39.00	21.84
12.10	6.78
7.20	4.03

图 13.7 计算电费

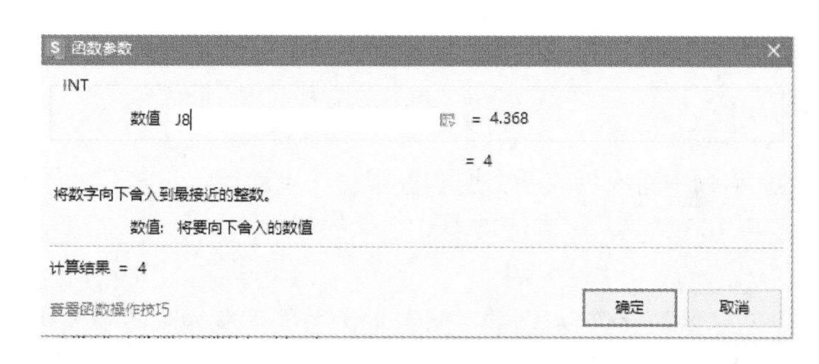

图 13.8 INT()函数参数设置

（3）计算电费 B：按照整角计算。如果在计算电费时仅抹掉分（不管有多少），保留到角部分，则可以使用 TRUNC()函数，该函数的功能为返回以指定要求截去一部分的数值。

单击 L8 单元格，单击“公式”选项卡的“插入函数”按钮，搜索到 TRUNC()函数后，打开“函数参数”对话框，数值表示需要截尾的数值，在此直接输入“J8”；小数位数表示截取精度，此处需要保留角，所以输入“1”，表示截取到小数点后 1 位，如图 13.9 所示。单击“确定”按钮后完成计算，其下各单元格可通过填充柄完成。

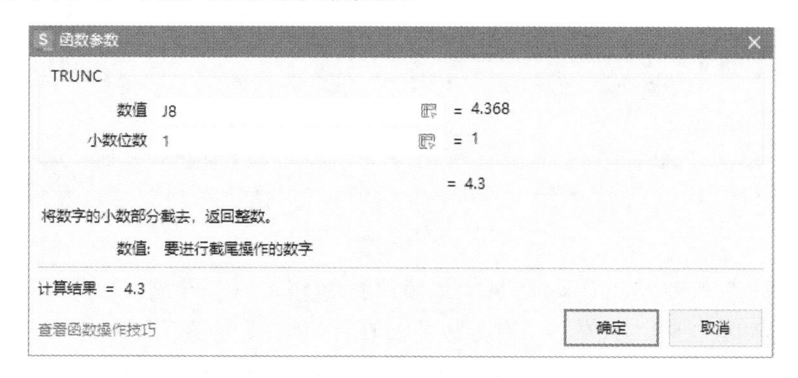

图 13.9 TRUNC()函数参数设置

（4）计算电费 C：四舍五入到角。如果在计算电费时四舍五入到角计算，可以使用 ROUND() 函数，该函数的功能为返回按指定位数进行四舍五入的数值。

函数可以与数组公式结合使用，选中 M8：M25 单元格，在编辑栏定位光标，单击“公式”选项卡的“插入函数”按钮，搜索到 ROUND()函数后，打开“函数参数”对话框，数值表示需要四舍五入的数值，在此选择或者输入“J8:J25”小数位数表示舍取精度，输入“1”表示四舍五入到小数点后 1 位，如图 13.10 所示。再按组合键 Ctrl+Shift+Enter 完成计算，效果如图 13.11 所示。

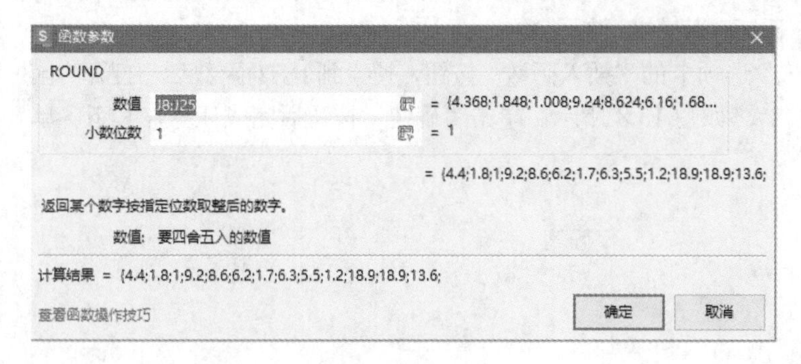

图 13.10 ROUND()函数参数设置

=ROUND(J8:J25,1)

图 13.11 使用数组后的函数

13.3.5 判断是否为闰年

1. 计算要求

根据 N 列中所提供的各空调购置年份，判断该年份是否为闰年。闰年的定义为：能被 4 整除而不能被 100 整除，或者能被 400 整除的年份。

2. 操作步骤

（1）求余函数 MOD()函数。MOD()函数的功能为求两个数相除的余数，其参数“数值”表示被除数，“除数”表示除数。在此处可利用余数是否为 0 来判断是否整除。如“被 4 整除”，可在“函数参数”对话框中分别输入“N8”和“4”，如图 13.12 所示，即可得出 N8 除以 4 的余数。然后判断该余数是否等于 0，表达式为“Mod(N8,4)=0”。其余两个判断是否整除表达式分别为“Mod(N8,100)<>0”“Mod (N8,400)=0”。

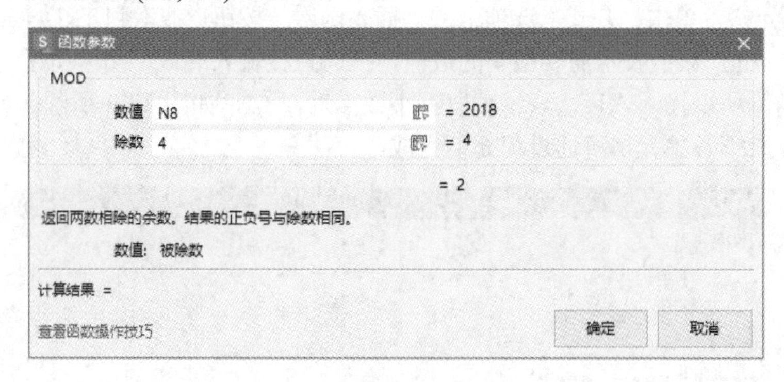

图 13.12 MOD()函数参数设置

（2）逻辑“与”函数 AND()函数。AND()函数的功能为：在参数组中，任何一个参数逻辑值为 FALSE，即返回 FALSE；只有当所有参数逻辑值为 TRUE，才返回 TRUE。在此要判断“被 4 整除而不能被 100 整除”，两个条件需要同时满足时，可使用该函数，函数参数设置如图 13.13 所示。

（3）逻辑“或”函数 OR()函数。OR()函数的功能为：在参数组中，任何一个参数逻辑值为 TRUE，即返回 TRUE；只有当所有参数逻辑值为 FALSE，才返回 FALSE。在此要判断“能被 4 整除而不能被 100 整除，或者能被 400 整除”，两个条件只需要满足一个时，可使用该函数，函数参数如图 13.14 所示，表达式为“OR(AND(MOD(N8,4)=0,MOD(N8,100)<>0),MOD(N8,400)=0)”。

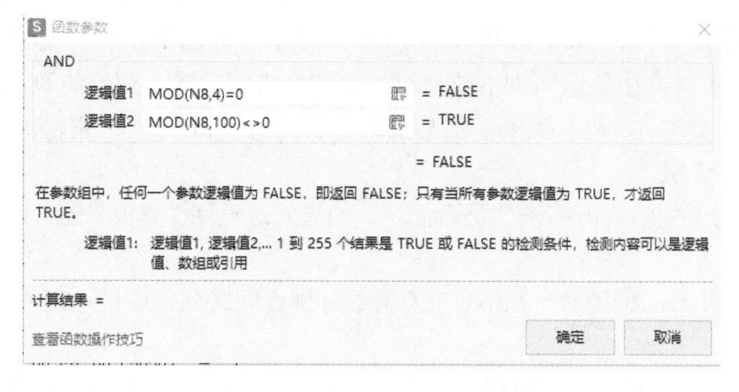

图 13.13　AND()函数参数设置

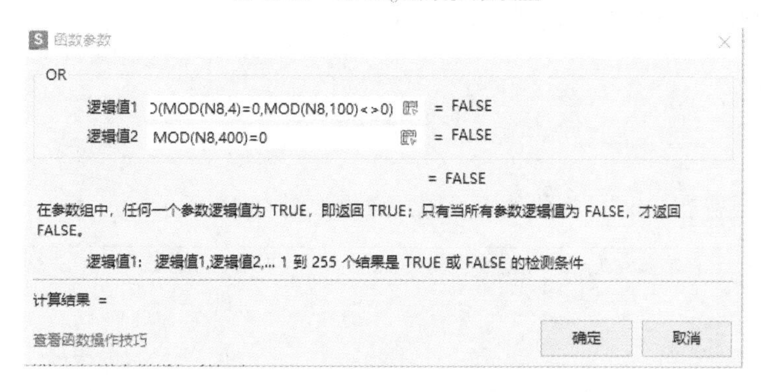

图 13.14　OR()函数参数设置

（4）将逻辑值转化为中文。逻辑函数输出的值均为逻辑值“TRUE”或者“FALSE”，在此需将该值转化为“是”或者“否”，操作时可以在 OR()函数外嵌套 IF()函数进行转化。将 OR()函数的输出结果作为 IF()函数的逻辑判断，如果成立则输出“是”，否则为“否”，如图 13.15 所示，最终判断是否闰年的表达式为：“=IF(OR(AND(MOD(N8,4)=0,MOD(N8,100)<>0),MOD(N8,400)=0),"是","否")”。

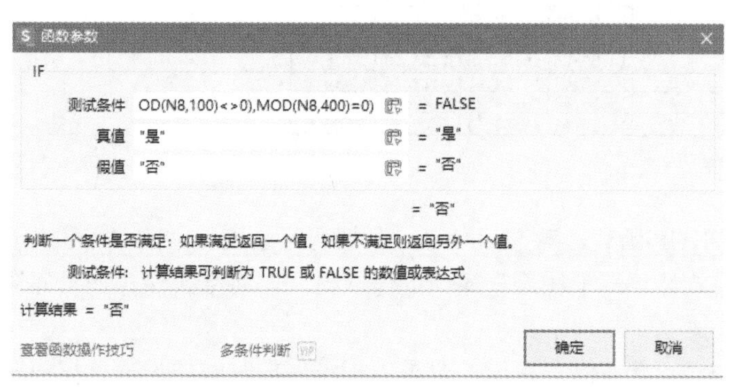

图 13.15　判断闰年 IF()函数参数设置

13.4　项　目　总　结

本项目主要介绍了查找引用函数 HLOOKUP()函数、VLOOKUP()函数，逻辑函数 IF()函数、AND()函数、OR()函数，时间函数 HOUR()函数、MINUTE()函数，数学函数 INT()函数、TRUNC()函数、ROUND()函数、MOD()函数。

（1）查找引用 HLOOKUP()函数和 VLOOKUP()函数主要用于在表格或数值数组的首行或者首列查找指定的数值，并由此返回表格或数组当前列中指定行或者列处的数值。

（2）逻辑函数 AND()函数、OR()函数分别为逻辑“与”和“或”，它们的输出结果都是逻辑值“TRUE”或“FALSE”。

（3）IF()函数用于判断给出的条件是否满足，如果满足返回“真值”的参数值，否则返回“假值”的参数值。

（4）时间函数 HOUR()函数、MINUTE()函数分别返回时间值中的小时和分钟，得到的结果应该为数值。

（5）数学函数 INT()函数、TRUNC()函数、ROUND()函数分别对数值进行处理。

（6）MOD()函数用于返回两数相除的余数。

13.5 课后练习

打开“停车收费表.xlsx”，完成如下设置，效果如图 13.16 所示。

	A	B	C	D	E	F	G	H	I	J
1	停车价目表									
2	小汽车	5								
3	中客车	8								
4	大客车	10								
5										
6										
7	停车情况记录表								统计情况	统计结果
8	车牌号	车型	单价	入库时间	出库时间	停放时间	应付金额		停车费用大于等于40元的停车记录条数：	4
9	浙A12345	小汽车	5	8:12:25	11:15:35	3:03:10	15		最高的停车费用：	50
10	浙A32581	大客车	10	8:34:12	9:32:45	0:58:33	10			
11	浙A21584	中客车	8	9:00:36	15:06:14	6:05:38	48			
12	浙A66871	小汽车	5	9:30:49	15:13:48	5:42:59	30			
13	浙A51271	中客车	8	9:49:23	10:16:25	0:27:02	8			
14	浙A54844	大客车	10	10:32:58	12:45:23	2:12:25	20			
15	浙A56894	小汽车	5	10:56:23	11:05:11	0:08:48	5			
16	浙A33221	中客车	8	11:03:00	13:25:45	2:22:45	24			
17	浙A68721	小汽车	5	11:37:26	14:19:20	2:41:54	15			
18	浙A33547	大客车	10	12:25:39	14:54:33	2:28:54	30			
19	浙A87412	中客车	8	13:15:06	17:03:00	3:47:54	32			
20	浙A52485	小汽车	5	13:48:35	15:29:37	1:41:02	10			
21	浙A45742	大客车	10	14:54:33	17:58:48	3:04:15	30			
22	浙A55711	中客车	8	14:59:25	16:25:25	1:26:00	16			
23	浙A78546	小汽车	5	15:05:03	16:24:41	1:19:38	10			
24	浙A33551	中客车	8	15:13:48	20:54:28	5:40:40	48			
25	浙A56587	小汽车	5	15:35:42	21:36:14	6:00:32	30			

图 13.16　停车收费表效果图

1．使用 HLOOKUP 函数，对 Sheet1“停车情况记录表”中的“单价”列进行自动填充。

2．使用数组公式计算汽车在停车库中的停放时间，将结果保存在“停车情况记录表”中的“停放时间”列中。

3．使用函数公式，计算停车费用，要求：根据停放时间的长短计算停车费用，将计算结果填入到“应付金额”列中。注意：

（1）停车按小时收费，对于不满 1 个小时的按照 1 个小时收费。

（2）对于满整点小时数 15 分钟的多累计 1 个小时。

（例如，1 小时 23 分，将以 2 小时计费）

4．使用统计函数，对 Sheet1 中的“停车情况记录表”根据下列条件进行统计，要求：

（1）统计停车费用大于等于 40 元的停车记录条数。

（2）统计最高的停车费用。

项目 14　招聘报名统计表和财务函数

14.1　项　目　背　景

万同学实习所在公司人事经理，找到万同学，要求帮忙解决一下各部门需要招聘新员工的各类信息的统计工作，并帮忙处理一些财务方面的表格。

本例效果图如图 14.1 和图 14.2 所示，需要完成如下工作：

公司员工人事信息表

编号	新编号A	新编号B	姓名	性别	民族	籍贯	身份证号码	出生年月日	年龄	生肖	学历	毕业院校	应聘职位
pa101	pa0101	pa10B	茹　×	男	汉族	湖北	440923XXXXXXXX4038	1985年04月01日	39	牛	本科	华中师范大学	职员
pa102	pa0102	pa102	蒲×娟	女	汉族	河北	360723XXXXXXXX2027	1988年09月07日	36	龙	本科	安徽大学	职员
pa103	pa0103	pa103	宋×徽	男	汉族	安徽	320481XXXXXXXX6212	1985年04月25日	39	牛	硕士	四川大学	总经理
pa104	pa0104	pa104	赵×军	女	回族	广东	320223XXXXXXXX3561	1979年01月20日	45	羊	本科	中国人民大学	职员
pa105	pa0105	pa105	杨　×	女	汉族	湖北	320106XXXXXXXX0465	1979年10月19日	45	羊	本科	中国人名大学	经理助理
pa106	pa0106	pa106	王×芹	女	汉族	河南	321323XXXXXXXX0024	1985年06月03日	39	牛	硕士	清华大学	副总经理
pa107	pa0107	pa107	杨×韡	男	汉族	河南	321302XXXXXXXX8810	1985年02月05日	39	牛	本科	首都师范大学	职员
pa108	pa0108	pa108	王×东	女	汉族	河北	321324XXXXXXXX0107	1986年01月18日	38	虎	本科	北方交通大学	职员
pa109	pa0109	pa109	王×华	女	蒙族	辽宁	321323XXXXXXXX5003	1988年09月10日	36	龙	本科	苏州大学	职员
pa110	pa0110	pa1B0	冯　×	女	汉族	辽西	420117XXXXXXXX0022	1986年08月09日	38	虎	本科	西安电子科技大学	经理助理
pa111	pa0111	pa1B1	旦×丽	女	汉族	广东	321324XXXXXXXX0041	1984年01月13日	40	鼠	硕士	河北大学	职员
pa112	pa0112	pa1B2	苏×强	男	汉族	安徽	320402XXXXXXXX3732	1985年02月07日	39	牛	本科	中国人民大学	职员
pa113	pa0113	pa1B3	王　×	女	汉族	山东	320402XXXXXXXX3429	1983年04月30日	41	猪	本科	武汉大学	职员
pa114	pa0114	pa1B4	李×艳	女	汉族	福建	320401XXXXXXXX2529	1986年07月15日	38	虎	本科	山东大学	职员
pa115	pa0115	pa1B5	吴　×	女	汉族	山西	320723XXXXXXXX1422	1982年04月02日	42	狗	本科	安徽大学	经理助理
pa116	pa0116	pa1B6	张×安	男	回族	安徽	320404XXXXXXXX4458	1980年12月08日	44	猴	本科	南昌大学	职员
pa117	pa0117	pa1B7	陈　×	男	汉族	江苏	360121XXXXXXXX6417	1972年07月21日	52	鼠	硕士	北京电子科技大学	经理助理
pa118	pa0118	pa1B8	石×平	女	汉族	天津	360103XXXXXXXX4121	1972年03月07日	52	鼠	硕士	扬州大学	职员
pa119	pa0119	pa1B9	武×淇	男	汉族	湖南	441900XXXXXXXX0034	1983年01月11日	41	猪	本科	中国人名大学	职员
pa120	pa0120	pa120	吴×娟	男	汉族	江西	440524XXXXXXXX0617	1965年04月15日	59	蛇	本科	北京大学	职员
pa121	pa0121	pa12B	赵×寅	男	汉族	山东	321322XXXXXXXX0238	1982年10月26日	42	狗	本科	南京师范大学	经理助理

文本1	文本2	返回结果
keep every	keep every	FALSE

字符串1	字符串2	起始位置
totally ha	lo	26
		26

图 14.1　公司员工人事信息表效果图

A	B	C	D	F	G
贷款金额：	500000			按年偿还贷款金额（年初）	¥-111,979.43
贷款年限：	5			按年偿还贷款金额（年末）	¥-118,698.20
年利息：	6%			按月偿还贷款金额（月初）	¥-9,618.31
				按月偿还贷款金额（月末）	¥-9,666.40
				第一个月贷款利息金额：	¥-2,500.00
				第二个月贷款利息金额：	¥-2,464.17
				第三个月贷款利息金额：	¥-2,428.16
				第四个月贷款利息金额：	¥-2,391.97
				第五个月贷款利息金额：	¥-2,355.59
				第六个月贷款利息金额：	¥-2,319.04
先投资金额	年利率	每年追加	追加年数	5年后得到的金额：	¥697,298.25
-500000	6%	-5000	5		
每年投资金额	年利率	年限		预计投资金额：	¥75,281.53
-15000	15%	10			
贷款总额	年限	每月还款额		月利率：	0.13%
1000000	10	-9000		年利率：	1.42%
设备金额	资产残值	使用年限		每日折旧费：	¥11.51
50000	8000	10		每月折旧费：	¥350.00
				每年折旧费：	¥4,200.00

图 14.2　财务表格效果图

（1）对原有编号进行升级。

（2）统计应聘人员的出生年月日。

（3）计算应聘人员的年龄和生肖属性。

（4）对文本进行处理。

（5）对财务表格数据进行处理。

14.2 项 目 分 析

1. REPLACE()函数、SUBSTITUTE()函数

根据不同的要求，对原有编号进行升级。

2. CONCATENATE()函数、MID()函数

按照“2013 年 03 月 10 日”格式统计应聘人员的出生年月日。

3. YEAR()函数、CHOOSE()函数、MOD()函数、TODAY()函数

计算每个应聘人员的年龄和生肖。

4. EXACT()函数、SEARCH()函数

判断两个文本是否一致和字符串查找。

5. PMT()函数、IPMT()函数、FV()函数、PV()函数、RATE()函数、SLN()函数

根据相应的要求，分别计算贷款偿还金额、利息金额、投资未来收益值、所需投资金额、年金利率、折旧费。

14.3 项 目 实 现

14.3.1 员工编号升级

1. 计算要求

原有员工编号如公司员工人事信息表 A 列所示，现需要对这些编号按照不同的要求进行升级处理。

（1）第 3 位添加“0”。

（2）第 2 个“1”替换为“B”。

2. 操作步骤

（1）第 3 位添加“0”。要在原有编号的第 3 位上添加数字“0”，可以通过使用 REPLACE()函数来实现。该函数的功能为：将一个字符串中的部分字符用另一字符串替换。

在 B3 单元格中输入“=REPLACE()”，再单击编辑栏左边的“*fx*”按钮，打开 REPLACE()函数参数对话框。该函数有 4 个参数，“原字符串”表示要进行字符串替换的文本，此处选择或者输入“A3”单元格；“开始位置”表示要在原字符串中开始替换的位置，此处输入“3”；“字符个数”表示要从原字符串中替换的字符个数，由于本例中是插入一个数字，无替换原有内容，所以输入“0”；“新字符串”表示用来对源字符串中指定字符串进行替换的字符串，在此直接输入“0”，如图 14.3 所示，单击“确定”按钮，可在单元格 B3 中完成对 A3 单元格的替换，其余单元格可使用填充柄完成。

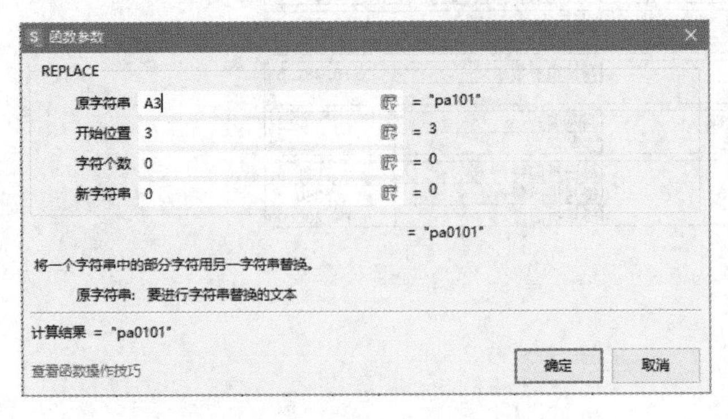

图 14.3 REPLACE()函数参数设置

（2）第 2 个“1”替换为“B”。要将原有编号的第 2 个“1”使用字母“B”来代替，可以通过使用 SUBSTITUTE()函数来实现。该函

数的功能为：将字符串中的部分字符替换成新字符串。

在 C3 单元格中输入“=SUBSTITUTE()”，再单击编辑栏左边的 *fx* 按钮，打开 SUBSTITUTE() 函数参数对话框。该函数有 4 个参数，“字符串”表示包含有要替换字符的字符串或文本单元引用，此处选择或者输入“A3”；“原字符串”表示要被替换的字符串。如果原有字符串的大小写与新字符串的大小写不匹配的话，将不进行替换，此处输入“1”；“新字符串”表示用于替换原字符串的文本，此处输入“B”；“替换序号”为一数值，若指定的字符串在父字符串中出现多次，可以用该参数指定第几个，如果省略则全部替换。如果指定了“替换序号”，则只有满足要求的“原字符串”中相应的字符被替换；否则将用“新字符串”替换“字符串”中出现的所有“原字符串”，此处输入“ ”，如图 14.4 所示，单击“确定”按钮，可在单元格 C3 中完成对 A3 单元格的替换，其余单元格可使用填充柄完成。

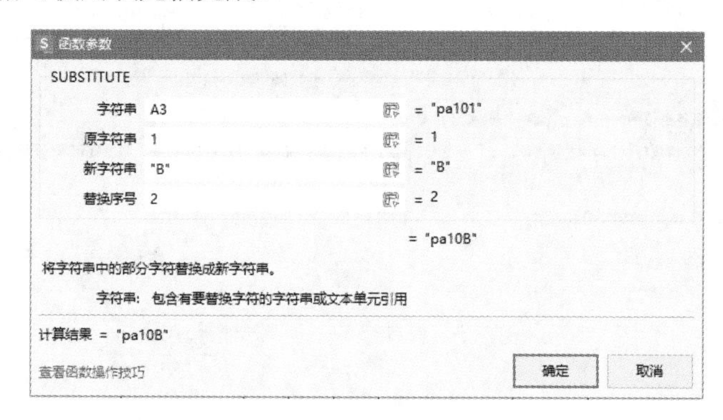

图 14.4 SUBSTITUTE()函数参数设置

14.3.2 提取组合员工的出生年月日

1. 计算要求

已知各员工的身份证号码，在身份证号码的第 7 位至第 14 位中的数字分别代表了每个人的出生年月日，现需要对年月日分别提取并按照“2024 年 05 月 10 日”格式填入出生年月日字段中。

2. 操作步骤

（1）文本提取函数 MID()函数。MID()函数的功能为：从文本字符串中指定的位置开始，返回指定长度的字符串。该函数有 3 个参数，“字符串”表示准备从中提取字符串的文本字符串；“开始位置”表示准备提取的第一个字符的位置。“字符串”中第一个字符为 1；“字符个数”表示指定所要提取的字符串长度。操作过程中需要先提取出生年份，即从身份证号码的第 7 位开始共提取 4 位，函数参数设置如图 14.5 所示，表达式为“=MID(G3,7,4)”。提取月和日与之相类似，“MID(H3,11,2)”提取月份，“MID(H3,13,2)”提取日。

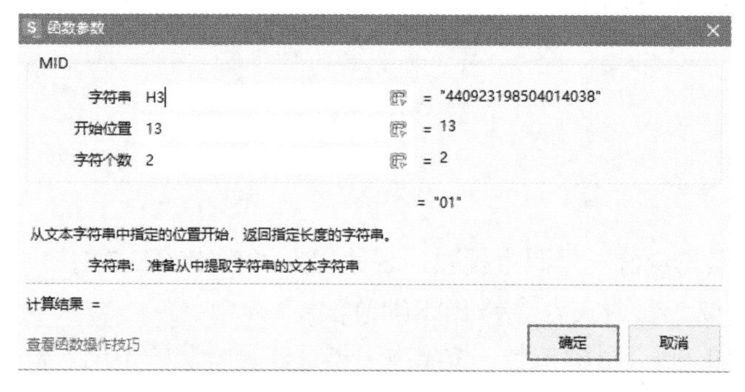

图 14.5 MID()函数参数设置

（2）文本合并函数 CONCATENATE()。CONCATENATE()函数可将最多 255 个文本字符串合并为一个文本字符串。在此操作中，根据要求，需要将“2024 年 05 月 10 日”格式分为 6 个部分，分别为提取的数字年、月、日及中文“年”“月”“日”。

在 H3 单元格中输入“=CONCATENATE()”，再单击编辑栏左边的 *fx* 按钮，打开 CONCATENATE()函数参数对话框。按序输入提取年、月、日和中文“年”“月”“日”，如图 14.6 所示，单击“确定”按钮完成，其余单元格可使用填充柄完成。

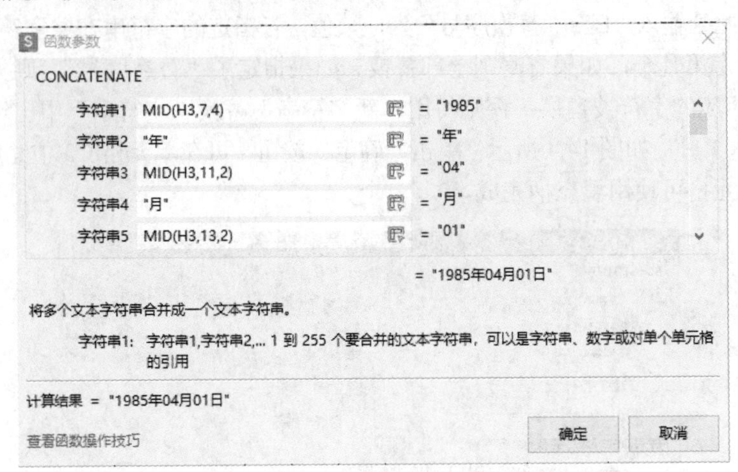

图 14.6　CONCATENATE()函数参数设置

14.3.3　统计应聘人员的年龄

1. 计算要求

利用当前日期的年份与出生年份的差值来计算年龄。

2. 操作步骤

函数 TODAY()无参数，返回当前日期，再使用 YEAR()函数提取当前日期的年份，如图 14.7 所示，表达式为“=YEAR(TODAY())”。

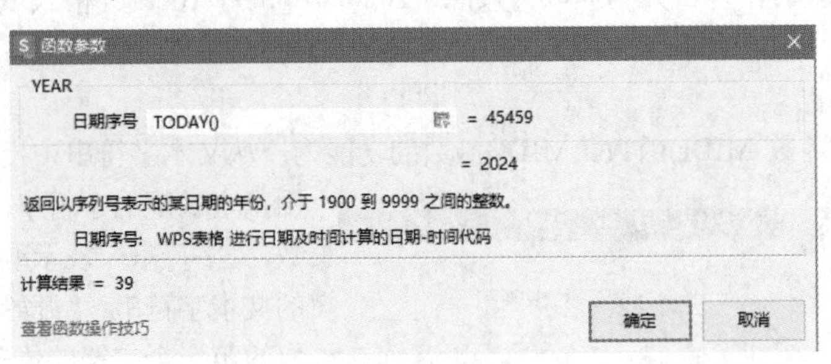

图 14.7　计算当前年份

应聘人员的出生年份可使用 MID()函数在身份证号码中提取，表达式为“=MID(G3,7,4)”，也可以使用 YEAR()函数在出生年月日中提取，表达式为“=YEAR(H3)”。

然后将当年年份与出生年份相减，即为应聘人员的年龄。按照出生年月计算方法的不同，表达式为“=YEAR(TODAY())-MID(G3,7,4)”或者“=YEAR(TODAY())-YEAR(I3)”。完成以上编辑后按 Enter 键，单元格内容将以日期或者文本格式显示，然后右击单元格，在弹出的快捷菜单中选择“设置单元格格式”，在打开的对话框的“数字”选项卡中将单元格格式设置为“常规”即可，如图 14.8 所示。

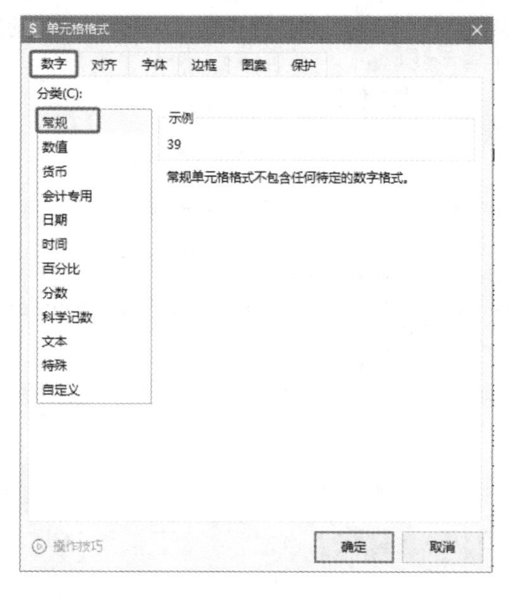

图 14.8　设置单元格格式

14.3.4　统计应聘人员的生肖

1．计算要求

假设公历年份和农历年份无交错月份，如 2024 年即按照“龙”年计算。已知公元元年生肖为“鸡”年，计算各应聘人员的生肖。

2．操作步骤

（1）要计算生肖，需要提取各应聘人员的出生年份，此处可以使用提取年份函数 YEAR()函数，该函数的功能为提取一个日期数值中的年份。如要提取第一位应聘人员的出生年份，只需在 YEAR()函数的参数中输入该人员的出生年月日所在单元格地址，如图 14.9 所示。

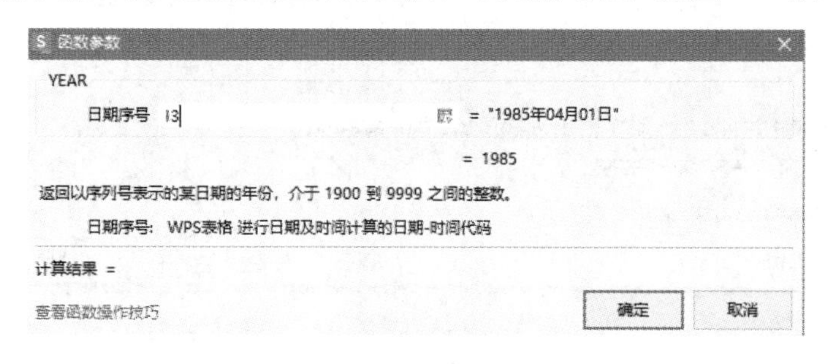

图 14.9　YEAR()函数参数设置

（2）WPS 表格中 CHOOSE()函数的功能为从参数列表中选择并返回一个值。该函数中“序号”为必要参数，可以是数值表达式或字段，它的运算结果是一个数值，且是一个界于 1 和 254 之间的数字。“值 1”，“值 2”，…中“值 1”是必需的，后续值是可选的。

（3）此处，需要将“序号”参数使用年份与 12 的余数来表示，由于该值不能为 0，所以在取余后加 1，因此在“值 1”中设定值也要提前一年为“猴”，“值 2”～“值 12”值以此类推分别为“鸡”～“羊”，函数参数设置如图 14.10 所示，表达式为：“=CHOOSE(MOD(YEAR(H3),12)+1,"猴","鸡","狗","猪","鼠","牛","虎","兔","龙","蛇","马","羊")”。

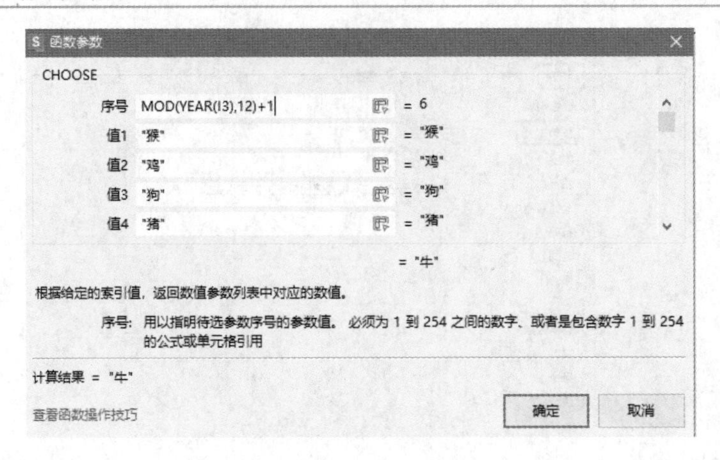

图 14.10 CHOOSE()函数参数设置

14.3.5 比较 P3 和 Q3 单元格内容是否一致

1．计算要求

利用函数比较 P3 和 Q3 单元格内容是否完全一致。

2．操作步骤

（1）要比较两个文本字符串是否完全一致，可以使用文本比较函数 EXACT()函数。选中 R3 单元格，选择或者输入“=EXACT()”函数。

（2）EXACT()函数的参数“字符串”和“字符串”分别表示需要比较的文本字符串，也可以是引用单元格中的文本字符串，如果两个参数完全相同，返回“TRUE”值，否则返回“FALSE”值，如图 14.11 所示。

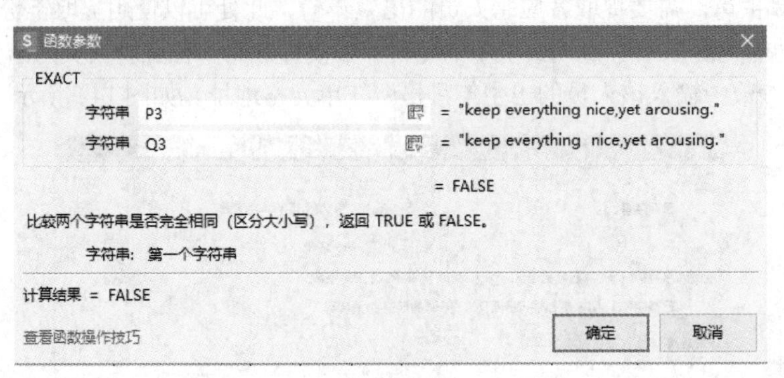

图 14.11 EXACT()函数参数设置

14.3.6 在 P6 字符串中查找 Q6

1．计算要求

利用函数在 P6 单元格中查找 Q3 单元格内容在 P6 中出现的起始位置。

2．操作步骤

（1）要在 P6 单元格中查找 Q3 单元格内容在 P6 中出现的起始位置，可以使用文本查找函数 SEARCH()函数或者 FIND()函数。

（2）在 R6 单元格中输入“=FIND()”函数，FIND()函数参数“要查找的字符串”表示要查找的字符串。用双引号(表示空串)可匹配“被查找字符串”中的第一个字符，不能使用通配符，此处输入“Q6”；“被查找字符串”表示要在其中进行搜索的字符串，此处输入“P6”；“开始位置”表示查找的起始位置，如果忽略，则表示从左边第一位开始查找，此处可以忽略，如图 14.12 所示。

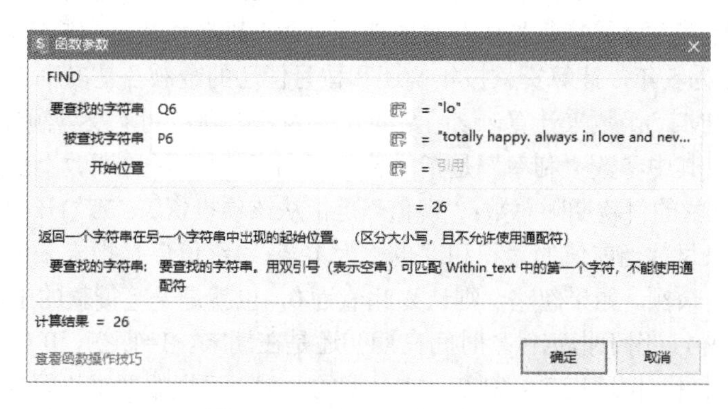

图 14.12 FIND()函数参数设置

（3）选定 R7 单元格，插入或者输入“=SEARCH()”函数，SEARCH()函数包含三个参数，“要查找的字符串”是指要查找的字符串。可以使用?和*作为通配符;如果要查找?和*字符，可使用~?和~*，此处输入“Q6”；“被查找字符串”是指用来搜索要查找的字符串的父字符串，此处输入“P6”；“开始位置”是指数字值，用以指定从被搜索字符串左侧第几个字符开始查找。如果忽略，则为 1，此处设置为忽略，如图 14.13 所示。

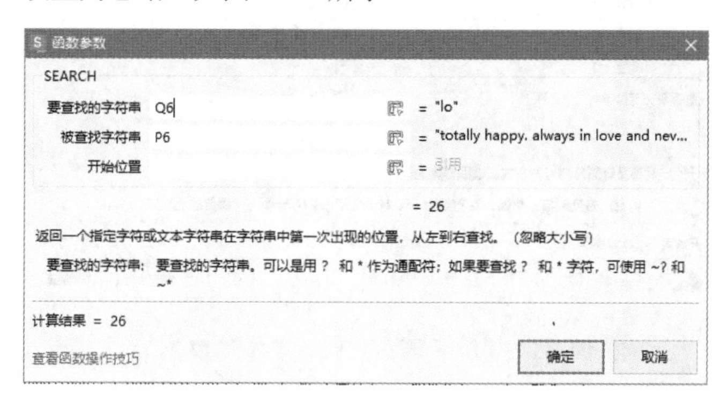

图 14.13 SEARCH()函数参数设置

FIND()函数和 SEARCH()函数的区别在于：SEARCH()函数查找时不区分大小写，要查找的字符串中可包含通配符；FIND()函数要区分大小写并且不允许使用通配符。

14.3.7 各类财务函数的使用

1. 计算要求

（1）使用 PMT()函数计算贷款按年、月的偿还金额。

（2）使用 IPMT()函数计算贷款指定期数应付的利息额。

（3）使用 FV()函数计算投资未来收益值。

（4）使用 PV()函数计算某项投资所需要的金额。

（5）使用 RATE()函数计算年金利率。

（6）使用 SLN()函数计算设备每日、每月、每年的折旧费。

2．操作步骤

财务函数是财务计算和财务分析的专业工具，有了这些函数，在应用中可以快捷方便地解决复杂的财务运算，在提高财务工作效率的同时，更有效地保障了财务数据计算的准确性。

（1）使用 PMT()函数计算贷款按年、月的偿还金额。现公司决定向银行贷款 50 万元，年利息为 6%，贷款年限为 5 年，计算贷款按年偿还和按月偿还的金额各是多少。

此处可以使用 PMT()函数来计算，该函数的功能为基于固定利率及等额分期付款方式，返回贷款的每期付款额。其中参数“利率”是指贷款各期利率；“支付总期数”是指总投资期或贷款期，即该项投资或贷款的付款期限总数；“现值”是指从该项投资(或贷款)开始计算时已经入账的款项，或一系列未来付款当前值的累积和，也称为本金；“终值”是指未来值，或在最后一次付款后可以获得的现金余额。如果忽略，则认为此值为 0，也就是一笔贷款的未来值为 0；“是否期初支付”逻辑值 0 或 1，用于指定付款时间在期初还是在期末。1=期初，0 或忽略=期末。

在此计算按年（月）偿还贷款金额初（末）期的金额，可根据要求设置参数。按年偿还贷款金额（年初）的参数设置如图 14.14 所示，按年偿还贷款金额（年末）的参数设置如图 14.15 所示，按月偿还贷款金额（月初）的参数设置如图 14.16 所示，按月偿还贷款金额（月末）的参数设置如图 14.17 所示。

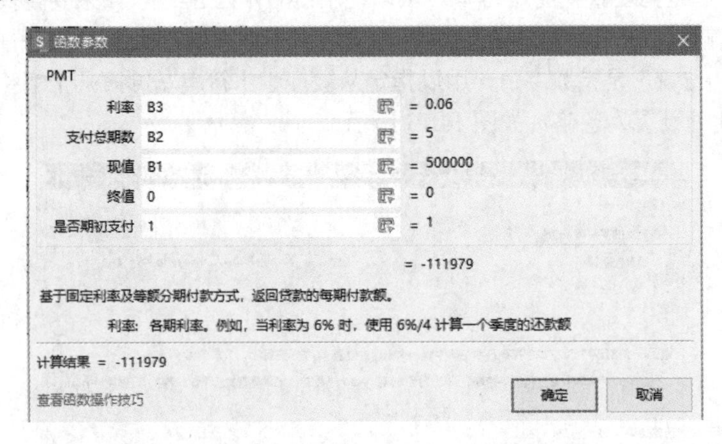

图 14.14　按年偿还贷款金额（年初）函数参数设置

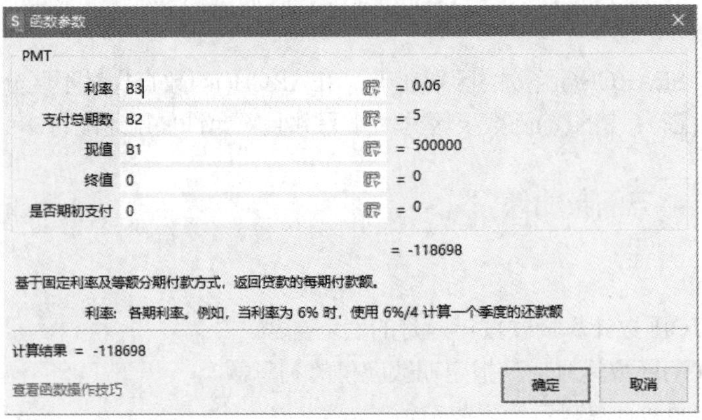

图 14.15　按年偿还贷款金额（年末）函数参数设置

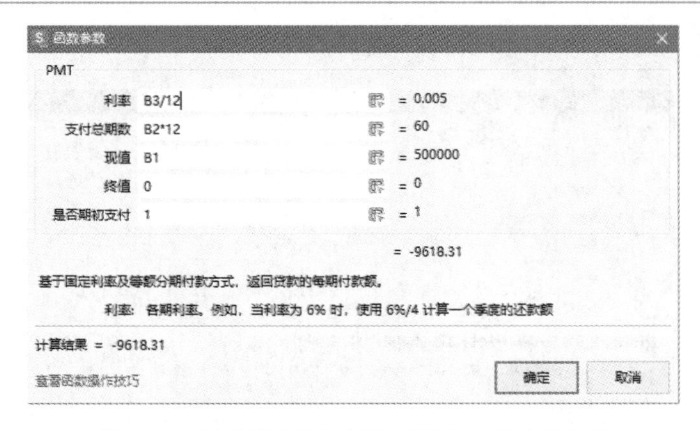

图 14.16　按月偿还贷款金额（月初）函数参数设置

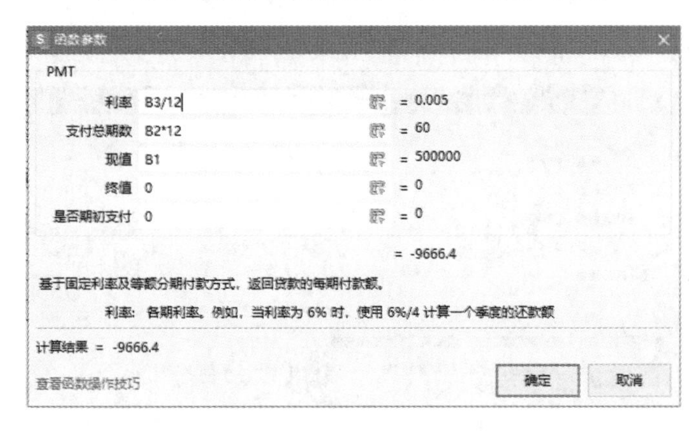

图 14.17　按月偿还贷款金额（月末）函数参数设置

PMT()函数也可以用来计算年金计划。例如要计算在固定利率 4%下，连续 3 年每个月存多少钱，才能最终得到 10 万元。输入表达式为“=PMT(4%/12,3*12,0,100000)”，则返回值“￥-2,619.07”，表示每个月需存款 2,619.07 元。

（2）使用 IPMT()函数计算贷款指定期数应付的利息额。在上例中要计算前 6 个月每个月应付的利息金额为多少元，可以使用 IPMT()函数，该函数为基于固定利率及等额分期付款方式，返回给定期数内对投资的利息偿还额。共有 5 个参数，参数“利率”是指各期利率；参数“期数”是指用于计算利息的期次，它必须介于 1 和付息总次数之间；参数“支付总期数”是指总投资(或贷款)期，目即该项目投资(或贷款)的付款期总数；参数“现值”是指从该项投资(或贷款)开始计算时已经入账的款项，或一系列未来付款当前值的累积和；参数“终值”是指未来值，或在最后一次付款后获得的现金余额，如果忽略，终值为 0。如要计算第一个月贷款利息金额，其函数参数设置如图 14.18 所示，其他月份只要修改“期数”参数中的期数即可。

（3）使用 FV()函数计算投资未来收益值。现公司为某项工程进行投资，先投资 50 万元，年利率 6%，并在接下来的 5 年中每年追加投资 5000 元，那么 5 年后应得到的金额是多少？

在此可利用 FV()函数，该函数的功能为：基于固定利率及等额分期付款方式，返回某项投资的未来值。函数共有 5 个参数，参数“利率”是指各期利率；参数“支付总期数”是指总投资期数，即该项投资总的付款期数；参数“定期支付额”是指各期支出金额，在整个投资期内不变；参数“现值”是指从该项投资开始计算已经入账的款项，或一系列未来付款当前值的累积和，如果忽略，现值(PV)=0，且此时必须包含定期支付额(PMT)；参数“是否期初支付”是指逻辑值 0 或 1，用于指定付款时间在期初还是在期末。1=期初，0 或忽略=期末。函数参数设置如图 14.19

所示，返回“￥697,298.3”，表示最终得到金额。

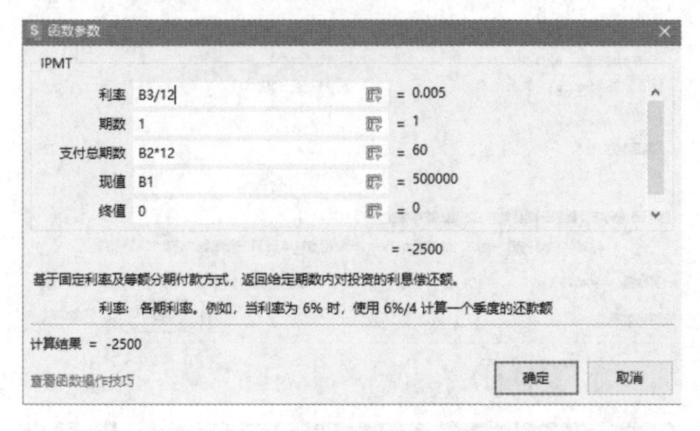

图 14.18 IPMT()函数函数参数设置

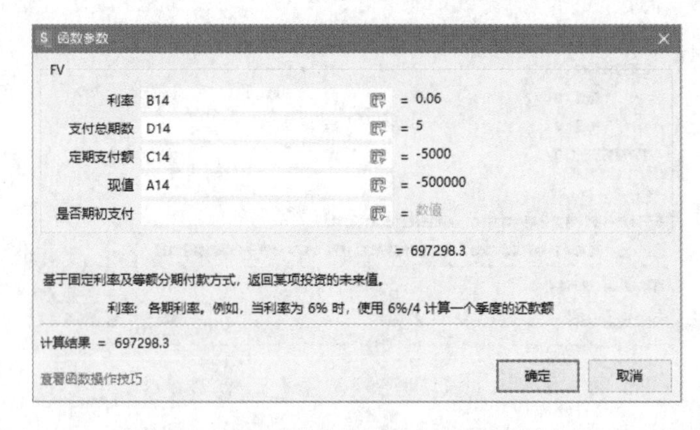

图 14.19 FV()函数计算投资 5 年后得到的金额

（4）使用 PV()函数计算某项投资所需要的金额。公司现对某项目进行投资，预计每年投资 1.5 万元，共投资 10 年，年利率为 15%，那么预计共投资多少金额？

该计算可以使用 PV()函数，该函数功能为返回投资的现值，现值为一系列未来付款的当前值的累积和，PV()函数共包含 5 个参数，参数“利率”是指各期利率；参数“支付总期数”是指总投资期，即该项投资的偿还期总数；参数“定期支付额”是指各期所获得的金额，在整个投资期内不变；参数“终值”是指未来值，或是最后一次付款期后获得的一次性偿还额；参数“是否期初支付”是指逻辑值 0 或 1，用于指定付款时间在期初还是在期末。1=期初，0 或忽略=期末。根据要求对参数设置，如图 14.20 所示，返回“￥75,281.53”，表示投资金额。

（5）使用 RATE()函数计算年金利率。现公司扩建厂房，申请了 10 年期贷款 100 万元，每月还款 1 万元，那么贷款的月利率和年利率各是多少？

计算利率可以使用 RATE()函数来实现，该函数的功能为返回年金的各期利率。RATE()函数共包含 5 个参数，参数“支付总期数”是指总投资期或贷款期，即该项投资或贷款的付款期限总数；参数“定期支付额”是指各期所应收取(或支出)的金额，在整个投资期或付款期不能改变；参数“现值”是指一系列未来付款的现值总额；参数“终值”是指未来值，或在最后一次付款后获得的现金余额，如果忽略，终值等于 0；参数“是否期初支付”是指数值 0 或 1，用于指定付款时间在期初还是期末。如果为 1，付款在期初;如果为 0 或忽略，付款在期末。根据要求对参数进行设置，如图 14.21 所示，返回月利率约为“0.31%”，类似的方法可以计算出年利率如图 14.22 所示。

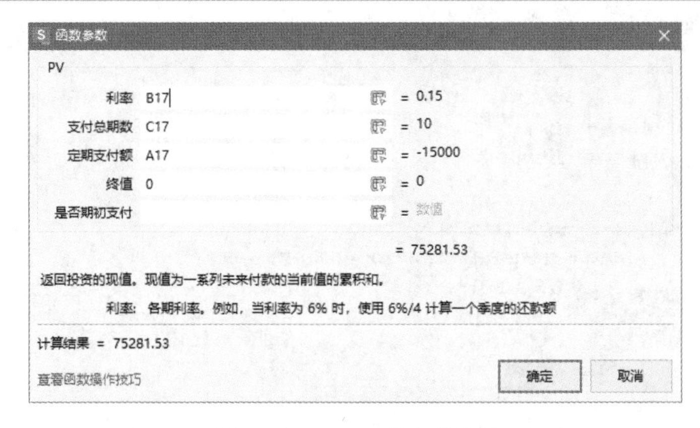

图 14.20 PV()函数参数设置

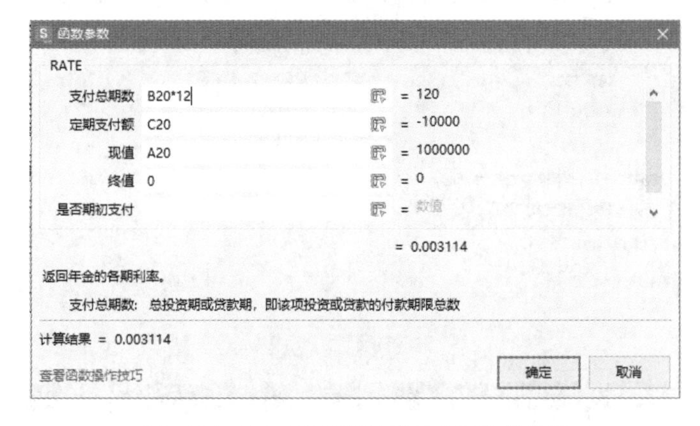

图 14.21 RATE()函数计算月利率参数设置

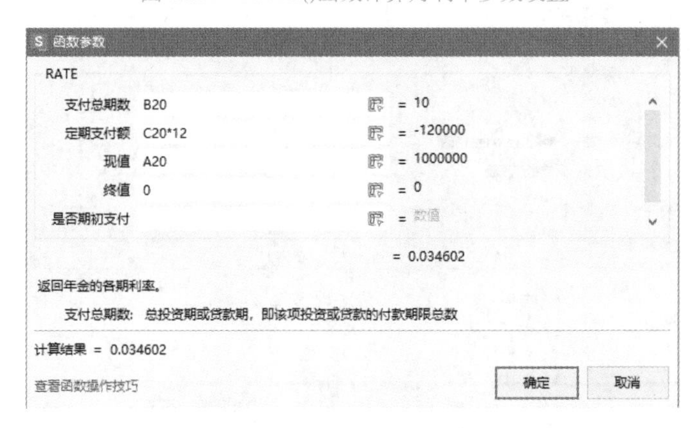

图 14.22 RATE()函数计算年利率参数设置

（6）使用 SLN()函数计算设备每日、每月、每年的折旧费。公司现有一台设备价值 50 万元，使用 10 年后估计资产残值为 8000 元，那么每天、每月、每年该设备的折旧费为多少？

计算折旧可以使用 SLN()函数来实现，该函数的功能为返回某资产在一个期间中的线性折旧值。参数“原值”是指固定资产原值；参数“残值”是指固定资产使用年限终了时的估计残值；参数“折旧期限”是指固定资产进行折旧计算的周期总数，也称固定资产的生命周期。计算每天的折旧费，在资产原值和残值中分别输入 500000、8000，在折旧周期总数中输入 C23*365，如图 14.23 所示，返回每天折旧费约为 134.80 元。计算每月、每年的折旧费只要通过修改折旧周期总数即可分别如图 14.24 和图 14.25 所示。

函数参数
SLN
原值 A23 = 500000
残值 B23 = 8000
折旧期限 C23*365 = 3650
= 134.7945
返回某项资产在一个期间中的线性折旧值。
折旧期限：固定资产进行折旧计算的周期总数，也称固定资产的生命周期
计算结果 = 134.7945
查看函数操作技巧
确定
取消

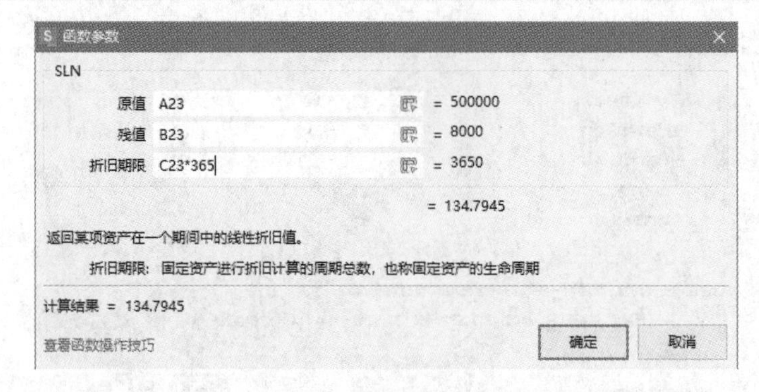

图 14.23 SLN()函数计算每天折旧费

函数参数
SLN
原值 A23 = 500000
残值 B23 = 8000
折旧期限 C23*12 = 120
= 4100
返回某项资产在一个期间中的线性折旧值。
原值：固定资产原值
计算结果 = 4100
查看函数操作技巧
确定
取消

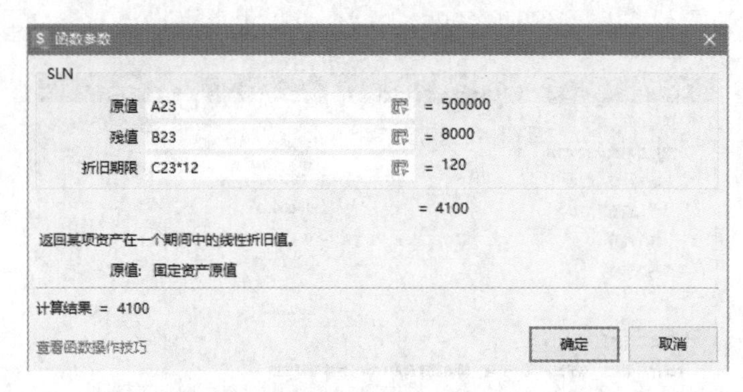

图 14.24 SLN()函数计算每月折旧费

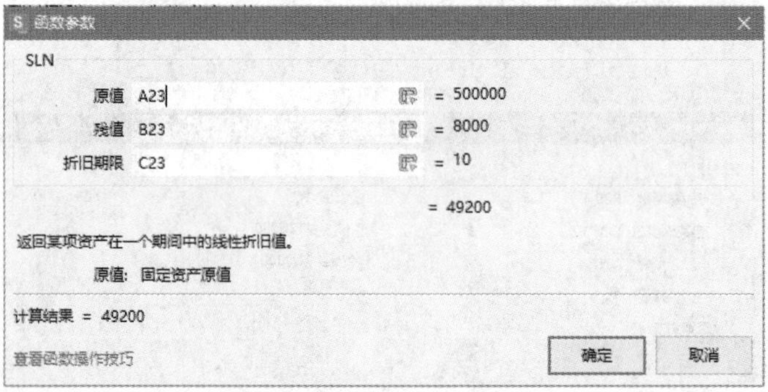

函数参数
SLN
原值 A23 = 500000
残值 B23 = 8000
折旧期限 C23 = 10
= 49200
返回某项资产在一个期间中的线性折旧值。
原值：固定资产原值
计算结果 = 49200
查看函数操作技巧
确定
取消

图 14.25 SLN()函数计算每年折旧费

14.4 项 目 总 结

本项目主要介绍了文本函数REPLACE()函数、SUBSTITUTE()函数、CONCATENATE()函数、MID()函数、SEARCH()函数、EXACT()函数；时间函数YEAR()函数、TODAY()函数；查找引用函数 CHOOSE()函数；数学函数 MOD()函数；财务函数 PMT()函数、IPMT()函数、FV()函数、PV()、RATE()函数、SLN()函数。

（1）如果需要在某一文本字符串中替换指定的文本，可以通过使用函数SUBSTITUTE()函数来实现；如果需要在某一文本字符串中替换指定位置处的任意文本，可以通过使用函数REPLACE()函数来实现。

（2）TODAY()函数是没有参数的，在使用过程中不要漏掉了括号。

（3）CHOOSE()函数中注意“序号”参数不能为0，所以在本项目中取余后加1。

（4）各财务函数的使用中要注意对利率、周期根据不同的要求进行换算。

14.5 课 后 练 习

1．使用REPLACE()函数，在Sheet1中将原学号的前4位改为“2021”。

2．使用文本函数，统计每个学生的姓氏。

3．使用时间函数，对Sheet1中学生的“年龄”列进行计算。

4．利用财务函数，根据以下要求对Sheet2中的数据进行计算：

（1）根据“投资情况表1”中的数据，计算10年以后得到的金额，并将结果填入到B7单元格中。

（2）根据“投资情况表2”中的数据，计算预计投资金额，并将结果填入到E7单元格中。

项目 15　房产销售分析表

15.1　项　目　背　景

万同学实习所在公司的房产销售部有一些销售的数据表格需要处理，人事经理需要万同学使用良好的方法，有效率地统计每位销售人员对不同户型房屋的销售情况。

需要完成的工作包括：

（1）根据不同要求，对房产销售表进行筛选。

（2）统计每种户型和每个销售人员的销售情况。

（3）生成数据透视表和数据透视图，对每位销售人员销售的每种户型进行分析。

15.2　项　目　分　析

1．表格的创建与记录单的使用

将工作表中的数据创建为表格，并使用记录单对表格的记录进行添加和删除。

2．筛选

分别利用自动筛选、高级筛选按照要求对房产销售表进行统计。

3．分类汇总

利用分类汇总分别统计每种户型和每位销售人员的销售情况。

4．数据透视表和数据透视图

利用数据透视图分析每位销售人员销售不同户型房产的情况，并使用切片器和迷你图进行统计。

15.3　项　目　实　现

15.3.1　表格创建与记录单的使用

1．工作表中表格的创建

（1）表格是工作表中包含相关数据的一系列数据行，它可以像数据库一样接受浏览与编辑等相关操作。

（2）在“房产销售分析表”中，首先选中“A1:K25”单元格，单击“插入”选项卡的“表格”按钮，在选中的区域中第 1 行要显示为表格标题，所以选中“表包含标题”复选框，确定后创建好表格，同时自动激活“表格工具”选项卡，如图 15.1 和图 15.2 所示。注意仅当选定表格中的某个单元格时才显示“表格工具”选项卡。

（3）如需要将表格还原回数据区域，只需要打开“表格工具”选项卡，选择“转换为区域”命令即可将表格转化为普通区域，如图 15.3 所示。

（4）创建立好的表格如图 15.4 所示。

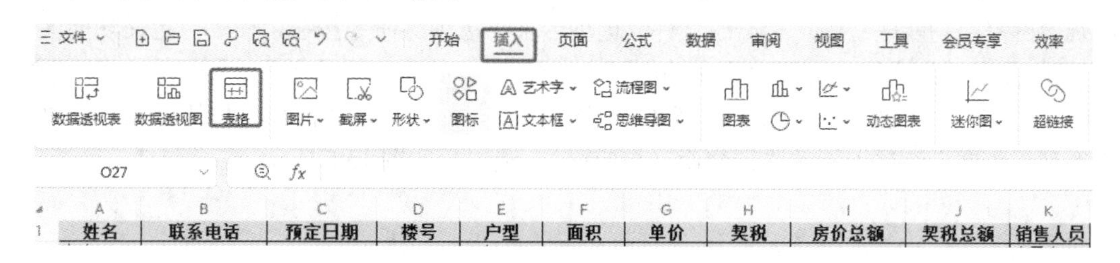

图 15.1　插入表格

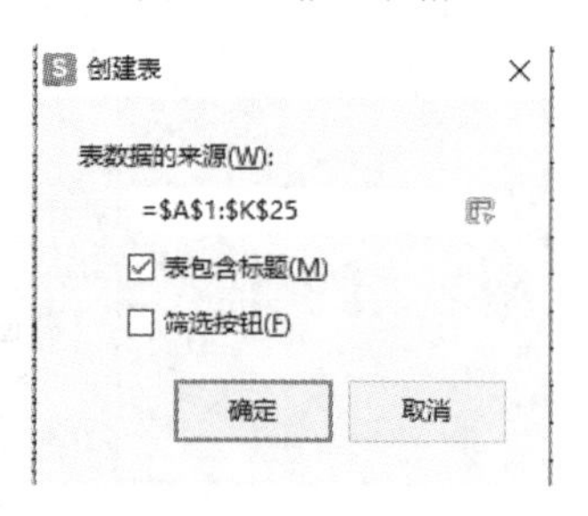

图 15.2　创建表格

图 15.3　将表格还原回数据区域

姓名	联系电话	预定日期	楼号	户型	面积	单价	契税	房价总额	契税总额	销售人员
客户1	13557112358	2008-5-12	5-101	两室一厅	125.12	16800	1.50%	2102016.00	31530.24	张X木
客户2	13557112359	2008-4-15	5-102	三室两厅	158.23	17000	3%	2689910.00	80697.30	李X焱
客户3	13557112360	2008-2-25	5-201	两室一厅	125.12	17100	1.50%	2139552.00	32093.28	张X木
客户4	13557112361	2008-1-12	5-202	三室两厅	158.23	17300	3%	2737379.00	82121.37	周X兰
客户5	13557112362	2008-4-30	5-301	两室一厅	125.12	17500	1.50%	2189600.00	32844.00	李X焱
客户6	13557112363	2008-10-23	5-302	三室两厅	158.23	17600	3%	2784848.00	83545.44	李X焱
客户7	13557112364	2008-5-6	5-401	两室一厅	125.12	28000	1.50%	3503360.00	52550.40	楚X壕
客户8	13557112365	2008-6-17	5-402	三室两厅	158.23	28100	3%	4446263.00	133387.89	楚X壕
客户9	13557112366	2008-4-19	5-501	两室一厅	125.12	28600	1.50%	3578432.00	53676.48	周X兰
客户10	13557112367	2008-4-27	5-502	三室两厅	158.23	28700	3%	4541201.00	136236.03	张X木
客户11	13557112368	2008-2-26	5-601	两室一厅	125.12	18900	1.50%	2364768.00	35471.52	李X焱
客户12	13557112369	2008-7-8	5-602	三室两厅	158.23	19200	3%	3038016.00	91140.48	张X木
客户13	13557112370	2008-9-25	5-701	两室一厅	125.12	19400	1.50%	2427328.00	36409.92	周X兰
客户14	13557112371	2008-5-4	5-702	三室两厅	158.23	19500	3%	3085485.00	92564.55	张X木
客户15	13557112372	2008-9-16	5-801	两室一厅	125.12	19600	1.50%	2452352.00	36785.28	周X兰
客户16	13557112373	2008-4-23	5-802	三室两厅	158.23	19800	3%	3132954.00	93988.62	李X焱
客户17	13557112374	2008-5-6	5-901	两室一厅	125.12	20000	1.50%	2502400.00	37536.00	张X木
客户18	13557112375	2008-10-5	5-902	三室两厅	158.23	10300	3%	1629769.00	48893.07	张X木
客户19	13557112376	2008-7-26	5-1001	两室一厅	125.12	11200	1.50%	1401344.00	21020.16	楚X壕
客户20	13557112377	2008-9-18	5-1002	三室两厅	158.23	12500	3%	1977875.00	59336.25	胡X瑶
客户21	13557112378	2008-7-23	5-1101	两室一厅	125.12	13700	1.50%	1714144.00	25712.16	李X焱
客户22	13557112379	2008-1-5	5-1102	三室两厅	158.23	13600	3%	2151928.00	64557.84	张X木
客户23	13557112380	2008-4-6	5-1201	两室一厅	125.12	14500	1.50%	1814240.00	27213.60	李X焱
客户24	13557112381	2008-5-26	5-1202	三室两厅	158.23	15400	3%	2436742.00	73102.26	楚X壕

图 15.4　创建房产销售分析表

2. 使用记录单

在 WPS 表格中输入大量数据时，如果逐行逐列地进行输入比较容易出错，而且查看、修改某条记录也比较麻烦，所以针对这种情况可以通过使用“记录单”的功能来实现数据的快速输入。

在 WPS 表格中，默认情况下“记录单”命令属于“不在功能区中的命令”，因此需要先将它添加到“自定义功能区”中。单击“文件”选项卡下“选项”命令按钮，在“自定义功能区”的“从下列位置选择命令”中选择“不在功能区中的命令”，找到“记录单”命令，在右侧“数据”选项卡中新建一个“新建组（自定义）”组并选择该组，然后单击“添加”按钮将“记录单”命令添加到“数据”选项卡下的“新建组（自定义）”组中，如图 15.5 所示。

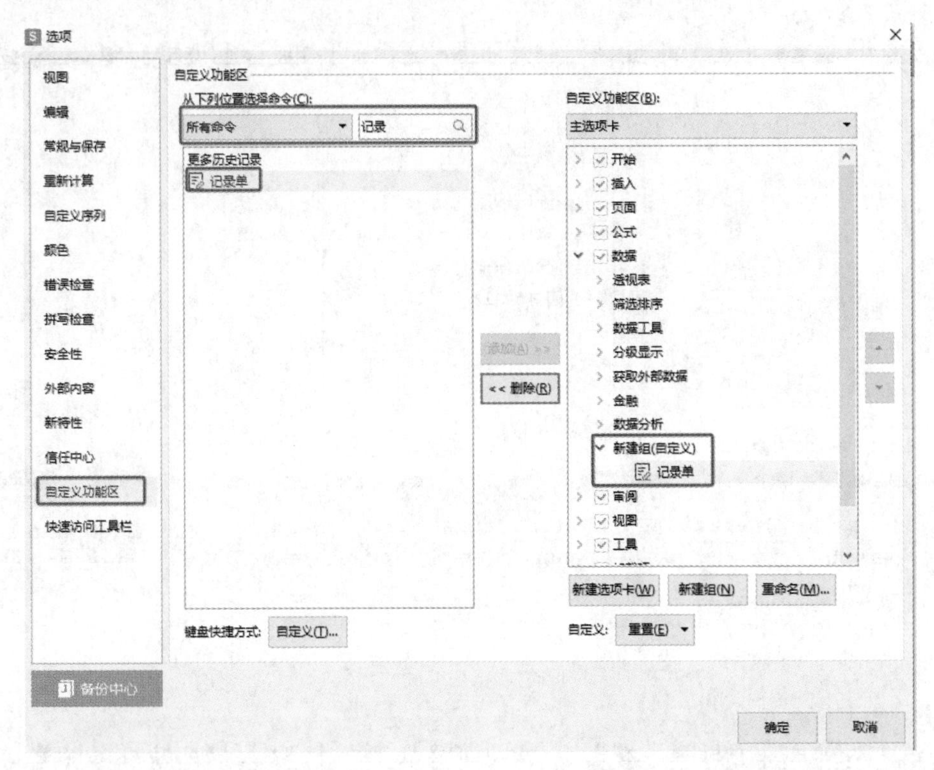

图 15.5 自定义功能区

单击“确定”按钮，可以在“数据”选项卡中看到“记录单”命令按钮，如图 15.6 所示。

只有每列数据都有标题的表格才能使用记录单功能。选定“房产销售分析表”中的任一单元格，单击“记录单”命令按钮，进入如图 15.7 所示的数据记录单。在记录单中默认显示了第 1 行记录，这时可以直接修改各字段的数据，也可使用右侧各按钮对记录单进行添加、删除及查看各条记录等操作。

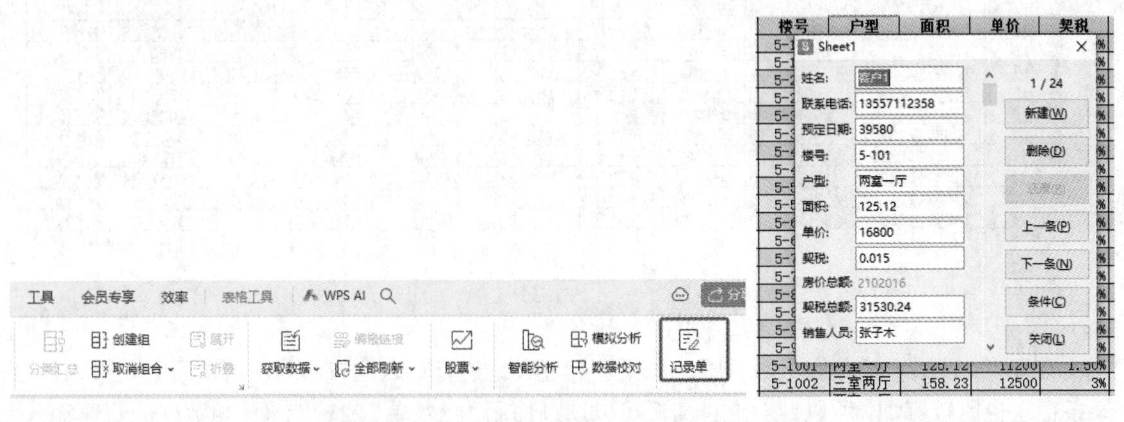

图 15.6 添加的记录单　　图 15.7 房产销售分析表记录单

15.3.2 数据筛选

数据筛选是一种用于查找数据的快速方法，筛选将表格中所有不满足条件的记录暂时隐藏，只显示满足条件的数据行。WPS 表格中提供了“自动筛选”和“高级筛选”两种筛选的方式。

1．利用自动筛选查看户型是三室两厅的房屋销售信息

在完成了记录单任务后，则表格已经处于自动筛选状态；如果没有通过记录单来实现表格数据的输入，则单击“数据”选项卡的“筛选”按钮，如图 15.8 所示。此时在表格首行的标题右侧出现下三角按钮。单击“户型”右侧的下三角按钮，弹出“自动筛选”对话框，在下面的复选框中，去掉“全选”，仅选择“三室两厅”，如图 15.9 所示，单击“确定”按钮，即可筛选出仅是三室两厅的房屋销售信息，同时“户型”右侧的下三角按钮变为，表示该字段已做筛选。

图 15.8 打开自动筛选　　图 15.9 设置自动筛选选项

当然也可以在“自动筛选”对话框中对某一字段进行升序或者降序，或者按照颜色进行排序。同时，筛选时也可以按照颜色、文本条件进行筛选。WPS 表格还具有搜索筛选器功能，利用它可智能地搜索筛选数据。在搜索框中输入“两厅”，即可筛选出“三室两厅”的记录。

取消某一条件的筛选可以单击“全部显示”复选框，也可以单击“从‘户型’中清除筛选”；取消自动筛选可以再次单击“数据”选项卡的“筛选”命令按钮，如图 15.10 所示。

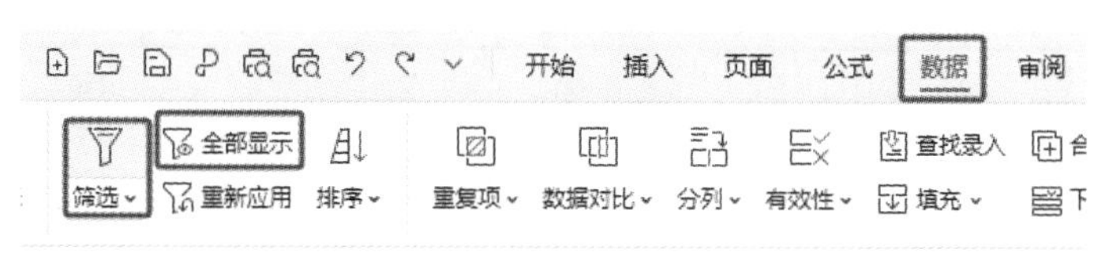

图 15.10 取消筛选

2．利用高级筛选查看户型为“三室两厅”，房价“高于 180 万元”，销售人员为“张子木”的销售记录信息

（1）自定义筛选只能完成条件简单的数据筛选，如果筛选的条件较为复杂，就需要使用高级筛选。

（2）使用高级筛选功能，首先需要创建相应的条件区域，用来表示筛选的条件，条件区域和数据清单之间至少隔开一行或一列。条件区域的第 1 行为筛选条件的字段名，必须和表格中的字

段名完全一致，所以在创建的时候建议复制表格中的字段名。条件区域的其他行输入筛选条件，同一行中的条件为逻辑“与”关系，不同行则表示逻辑“或”关系。

（3）此处选择在“B31：D32”单元格中输入条件格式如图 15.11 所示的内容作为条件区域，然后将活动单元格放入数据表格中的任一单元格中，单击“数据”选项卡“排序和筛选”组中的“筛选”命令下拉菜单中选择“高级筛选”命令按钮，如图 15.12 所示，在弹出的“高级筛选”对话框中进行设置，如图 15.13 所示，单击“确定”按钮后即可筛选出结果，如图 15.14 所示。

户型	房价总额	销售人员
三室两厅	>=1800000	张子木

图 15.11　创建高级筛选条件区域

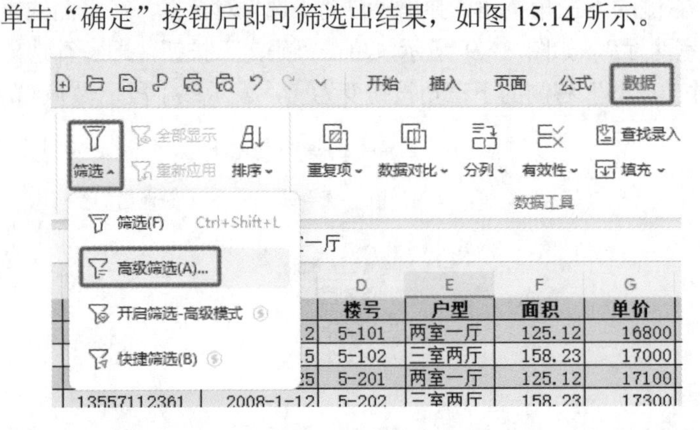

图 15.12　打开高级筛选

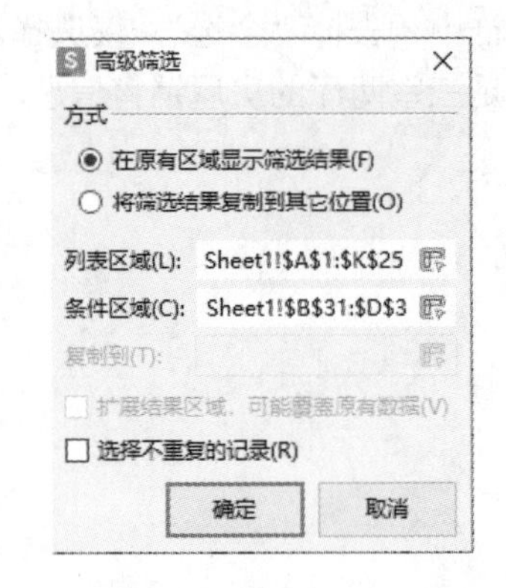

图 15.13　高级筛选参数设置

	A	B	C	D	E	F	G	H	I	J	K
1	姓名	联系电话	预定日期	楼号	户型	面积	单价	契税	房价总额	契税总额	销售人员
11	客户10	13557112367	2008-4-27	5-502	三室两厅	158.23	28700	3%	4541201.00	136236.03	张子木
13	客户12	13557112369	2008-7-8	5-602	三室两厅	158.23	19200	3%	3038016.00	91140.48	张子木
15	客户14	13557112371	2008-5-4	5-702	三室两厅	158.23	19500	3%	3085485.00	92564.55	张子木
23	客户22	13557112379	2008-1-5	5-1102	三室两厅	158.23	13600	3%	2151928.00	64557.84	张子木

图 15.14　高级筛选结果

如果要取消高级筛选，可以通过单击“数据”选项卡“排序和筛选”组中的“全部显示”命令按钮即可显示全部数据，从而清除高级筛选，如图 15.15 所示。如果在高级筛选中将筛选数据复制到了其他位置，则只需要删除筛选数据即可完成高级筛选的清除。

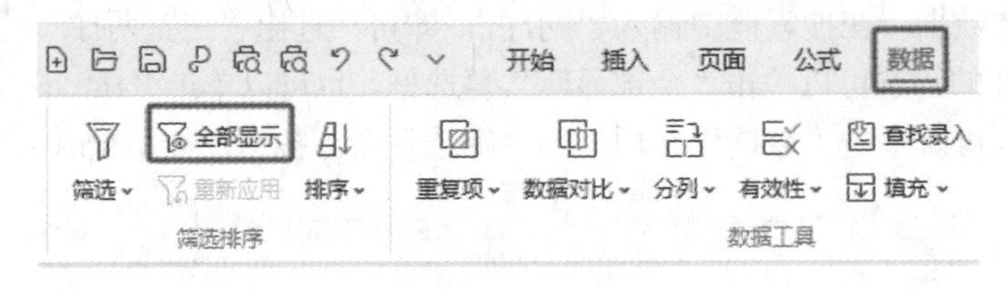

图 15.15　清除高级筛选

15.3.3　分类汇总

分类汇总是对数据区域指定的行或列中的数据进行汇总统计，统计的内容可以由用户指定，通过折叠或展开行、列数据和汇总结果，从汇总和明细 2 种角度显示数据，可以快捷地创建各种汇总报告。

WPS 表格分类汇总的数据折叠层次最多可达 8 层。若要插入分类汇总，首先必须对数据区域按照分类要求进行排序，将要进行分类汇总的行组合在一起，然后为包含数字的数据列计算分类汇总。

1. 使用分类汇总，统计每种户型共销售多少面积

单击“户型”字段一列的任一单元格，再单击“数据”选项卡“排序和筛选”组中的“排序”下拉列表中的“降序”命令，将数据清单按照户型降序排列，如图 15.16 所示；单击“数据”选项卡“分级显示”组中的“分类汇总”按钮，弹出“分类汇总”对话框。在“分类字段”中选择“户型”，在“汇总方式”中选择“求和”，在“选定汇总项”中选择“面积”，如图 15.17 所示，单击“确定”按钮后即可得出每种户型的销售总面积。

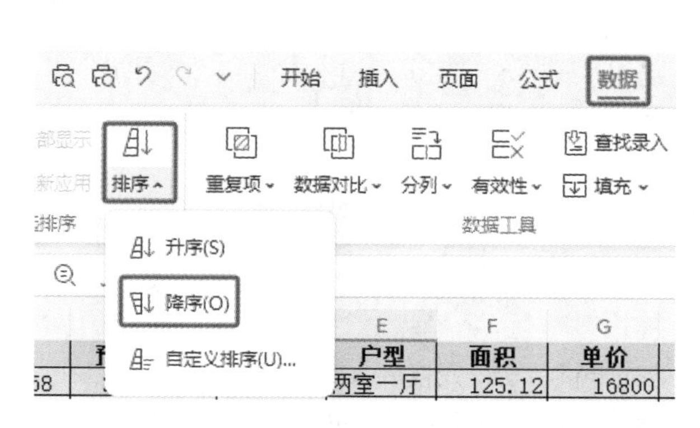

图 15.16 对分类字段进行排序

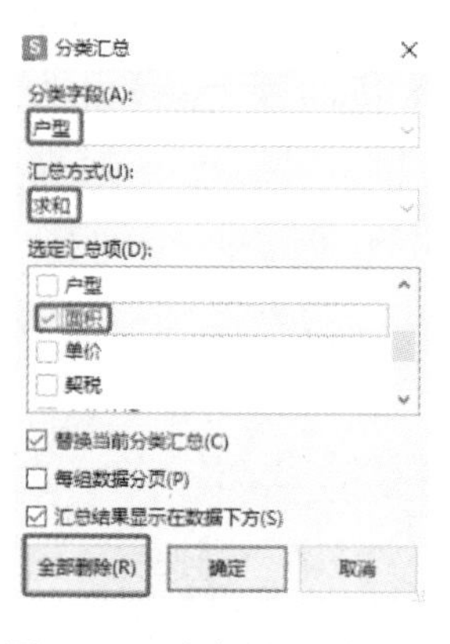

图 15.17 分类汇总参数设置

此时可以发现，在表格窗口左侧有行分级按钮 1 2 3 和折叠 - 、展开 + 按钮，如图 15.18 所示。单击行分级按钮可指定显示明细数据的级别，如单击“1”只显示所有销售房屋的总面积，单击“3”则显示汇总表的所有数据。单击折叠、展开按钮可对本级别的明细数据进行折叠和展开。

如果要取消分类汇总，可在图 15.17 所示“分类汇总”对话框中单击“全部删除”按钮，即可取消分类汇总，此按钮不会删除数据内容。

	A	B	C	D	E	F
1	姓名	联系电话	预定日期	楼号	户型	面积
14					三室两厅	1898.76
27					两室一厅	1501.44
28					总计	3400.2

图 15.18 分类汇总分级按钮

2. 使用分类汇总统计每个销售人员的销售总额

单击“销售人员”字段一列的任一单元格，再单击“数据”选项卡“排序和筛选”组中的“排序”下拉列表中的“降序”按钮，将数据清单按照销售人员降序排列；单击“数据”选项卡“分级显示”组中的“分类汇总”按钮，弹出“分类汇总”对话框。在“分类字段”中选择“销售人员”，在“汇总方式”中选择“求和”，在“选定汇总项”中选择“房价总额”，单击“确定”按钮后即可得出每位销售人员所销售的总金额。单击行分级按钮 2，可查看每位销售人员的销售总额与总销售额，如图 15.19 所示。

	A	B	C	D	E	F	G	H	I	J	K
1	姓名	联系电话	预定日期	楼号	户型	面积	单价	契税	房价总额	契税总额	销售人员
6									11195491.00		周X兰 汇总
15									21190367.00		张X木 汇总
23									16690464.00		李X焱 汇总
25									1977875.00		胡X瑶 汇总
30									11787709.00		楚X壕 汇总
31									62841906.00		总计

图 15.19 分类汇总统计每位销售人员业绩

15.3.4 数据透视表和数据透视图

数据透视表是一种交互式的表，通过对源数据表的行、列进行重新排列，提供多角度的数据汇总信息。用户可旋转行和列以查看数据源的不同汇总，还可以根据需要显示感兴趣区域的明细数据。数据透视图是一个动态的图表，它可以将创建的数据透视表以图表的形式显示出来。

1. 创建显示每个销售人员不同户型的销售业绩的数据透视图

（1）单击数据源中任一单元格，再单击“插入”选项卡“表格”组中的“数据透视图”按钮，如图15.20所示，弹出“创建数据透视图”对话框。

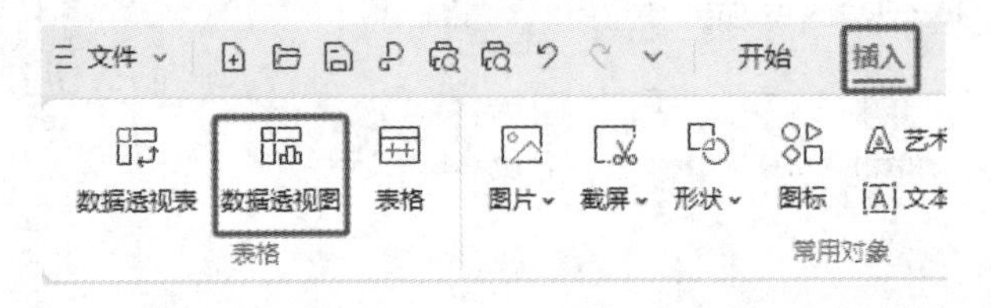

图15.20 插入数据透视图

（2）在“请选择单元格区域”处由于此处提早将活动单元格放入到了表格区域，所以在此的“表/区域”已经自动选择好为“房产销售分析表”；如果未选定区域，也可以手动选择“A1：K25”区域，注意在选择的时候，标题行必须选中而且作为数据区域的首行，如图15.21所示。

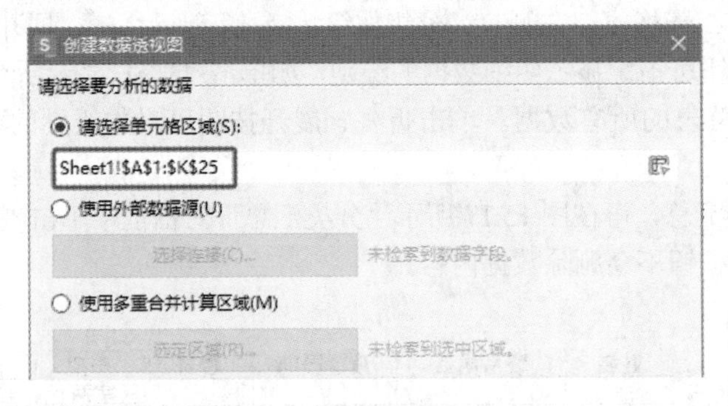

图15.21 数据透视图参数设置1

（3）在“选择放置数据透视表的位置”区域，主要设置图表的所在位置，本项目中选择放入“Sheet2”中并从“A1”单元格开始（注意选择好位置工作表后，必须设置一个单元格，默认选择起始单元格），如图15.22所示。单击“确定”按钮完成。此处创建的是数据透视图，完成之后会伴随出现数据透视表，如果操作中只创建数据透视表，那么是没有数据透视图出现的。

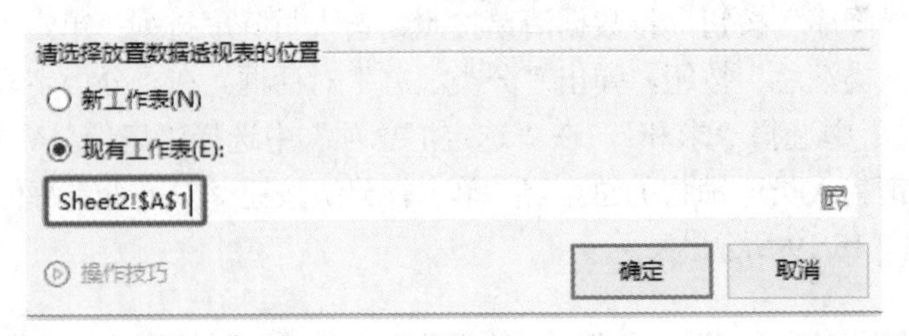

图15.22 数据透视图参数设置2

（4）按照步骤创建后建立数据透视图，内容为空。在“数据透视表字段”列表中选中“户型”“房价总额”“销售人员”复选框，系统自动将“户型”和“销售人员”字段放入“轴”字段（数据透视表对应为“行”字段）中，将“房价总额”字段放入“Σ值”中，完成后生成数据透视表和数据透视图，如图 15.23 所示。

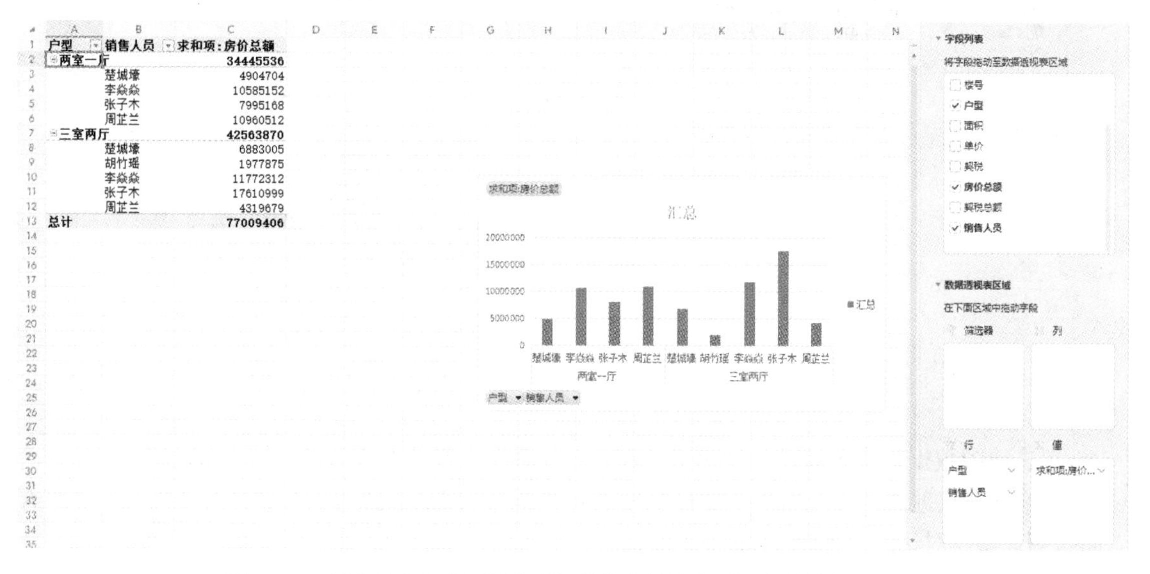

图 15.23　每个销售人员不同户型的销售业绩数据透视表和数据透视图

2. 数据透视图的修改

（1）如果需要在数据透视图中添加或删除字段，可以通过在“数据透视表字段”列表中来实现，对相应字段前面的复选框进行勾选或者取消；如果要调整“户型”和“销售人员”的顺序，可以通过在“行”字段中拖动字段块来调整位置；同时也可以将“户型”字段拖至“图例”字段（数据透视表对应为“列”字段）中，这样能更加直观地查看不同销售人员销售的不同户型信息。

（2）如果要更改“房价总额”的统计类别，同时可以单击“求和项：...”右侧的﹀下拉三角，选择“值字段设置”来调整汇总方式，如图 15.24 所示。

（3）在数据透视图中，我们可通过单击图例右侧的▼下拉三角，来隐藏或显示行、列中的数据项。如果要隐藏“张×木”的销售情况，我们单击“销售人员 ▼”右侧的▼下拉三角，在弹出的对话框中，去掉“张×木”选项前的复选框后单击“确定”按钮即可，如图 15.25 所示。通过上述对数据透视图的修改，由此可得到每位销售人员对 2 种房产的销售情况，如图 15.26 所示。

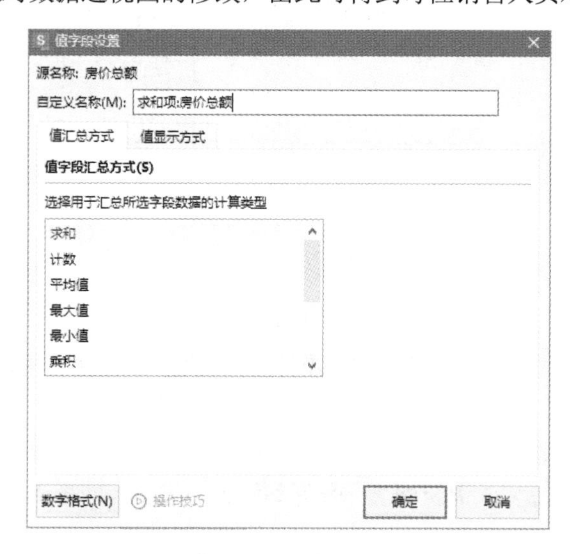

图 15.24　值字段设置

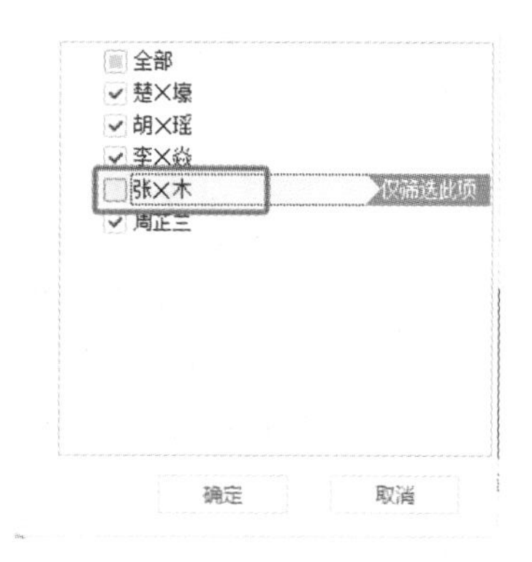

图 15.25　修改销售人员

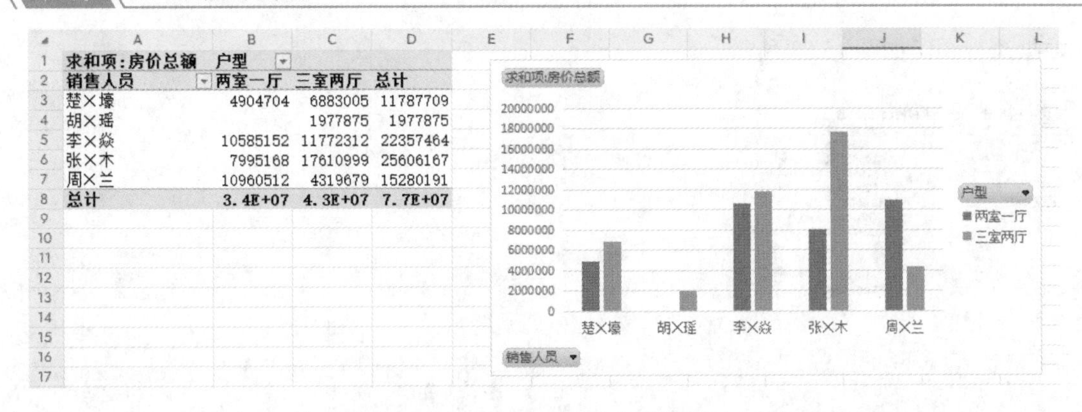

求和项:房价总额	户型		
销售人员	两室一厅	三室两厅	总计
楚×壕	4904704	6883005	11787709
胡×瑶		1977875	1977875
李×焱	10585152	11772312	22357464
张×木	7995168	17610999	25606167
周×兰	10960512	4319679	15280191
总计	3.4E+07	4.3E+07	7.7E+07

图 15.26 每位销售人员不同户型的销售业绩数据透视表和数据透视图

3. 切片器的使用

单击选中数据透视表的任一单元格，选择“分析”选项卡“筛选”组的“插入切片器”命令按钮；或选中数据透视图，选择“分析”选项卡“筛选”组的“插入切片器”命令按钮，可打开“插入切片器”对话框，如图 15.27 所示。

在“插入切片器”对话框中选中要查看字段前面的复选框，在此可以通过选中“户型”和“销售人员”，单击“确定”按钮后，生成 2 个切片器，如图 15.28 所示。

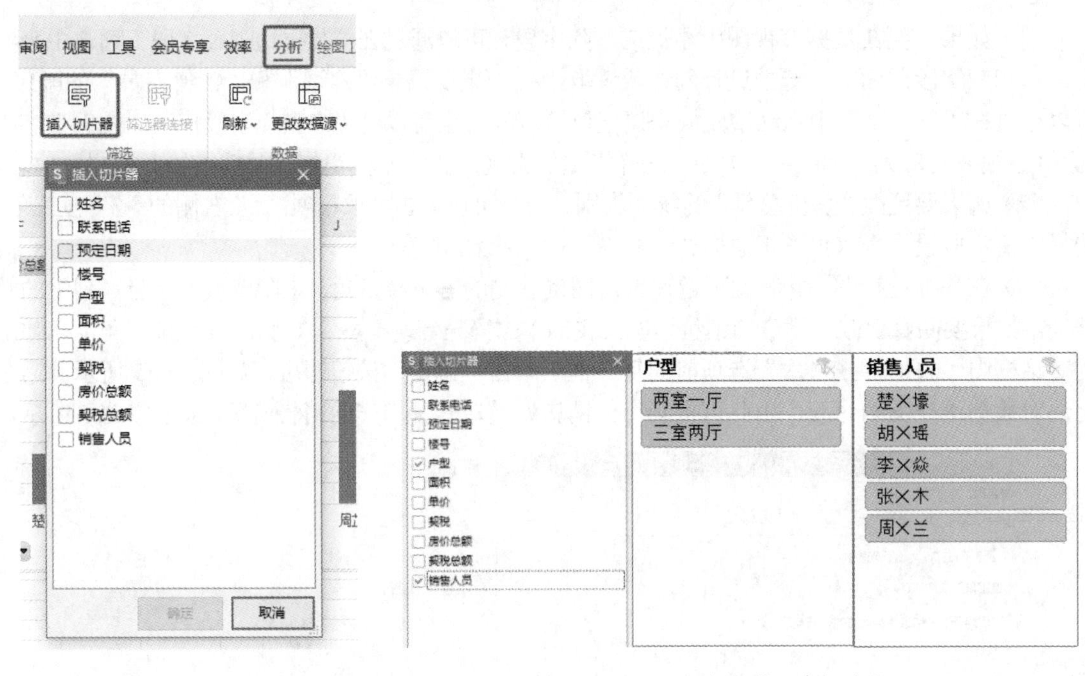

图 15.27 插入切片器

图 15.28 插入的 2 个切片器

在切片器中可根据需求选择要查看的对象，如“销售人员”切片器中选择“楚城壕”和“周芷兰”，在“户型”切片器中选择“三室两厅”，即可查看这两名销售人员销售三室两厅房屋的销售情况，如图 15.29 所示。

如果要恢复筛选前的初始状态，则需要单击切片器右上角的 按钮，即可清除切片器。如果要关闭切片器，可右击切片器，然后选择“ 从"户型"中清除筛选器(A) ”命令，即可关闭该切片器功能。

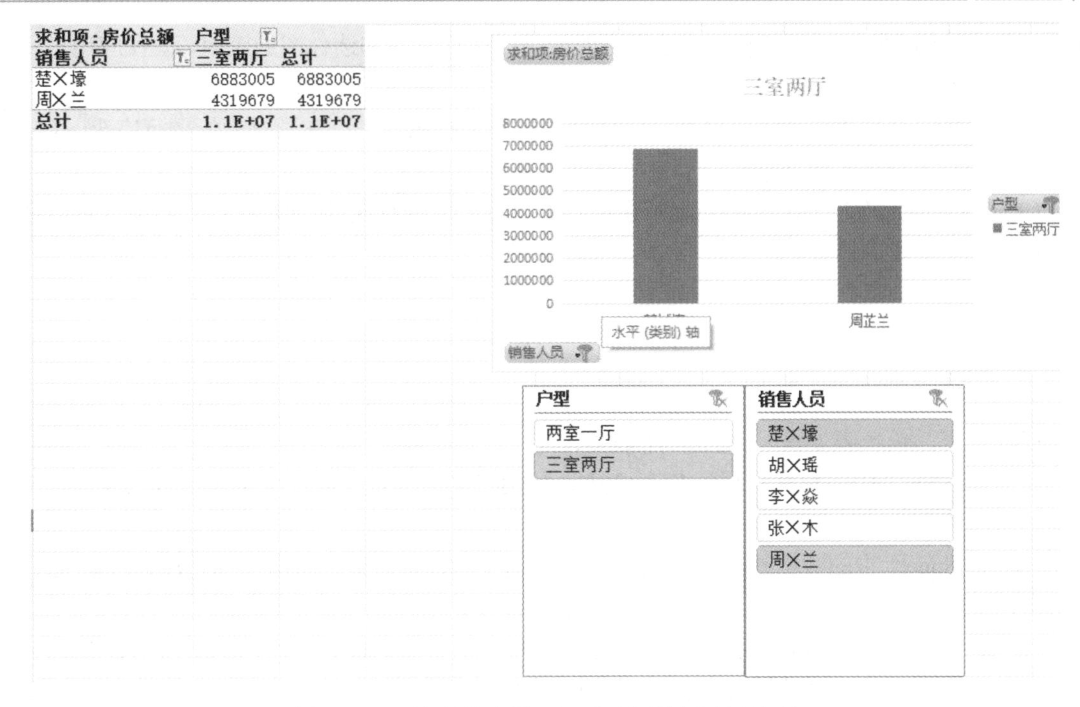

求和项:房价总额	户型	
销售人员	三室两厅	总计
楚×壕	6883005	6883005
周×兰	4319679	4319679
总计	1.1E+07	1.1E+07

图 15.29　两名销售人员三室两厅房屋销售情况切片

4. 迷你图的使用

（1）迷你图是 WPS 表格中的一种图表制作工具。它以单元格为绘图区域，简单便捷快速地绘制出简明的数据小图表，方便地把数据以小图的形式呈现在使用者的面前，是一种存在于单元格中的小图表。

（2）单击 E3 单元格，再单击“插入”选项卡“迷你图”组中的“迷你图”下拉列表中选择“柱形”按钮，打开“创建迷你图”对话框。在“数据范围”中输入或选择“B3:D3”单元格区域，即源数据区域，在“位置范围”中已经默认输入“$E$3”，即生成迷你图的单元格区域，如图 15.30 所示，单击“确定”按钮后生成销售员“楚×壕”对各种户型房屋的销售情况。

如果需要对其他销售人员的各种房屋销售情况制作一个迷你图，在此可以通过填充柄拖动迷你图所在的“E3”单元格，将其填充到其他单元格中，如图 15.31 所示。

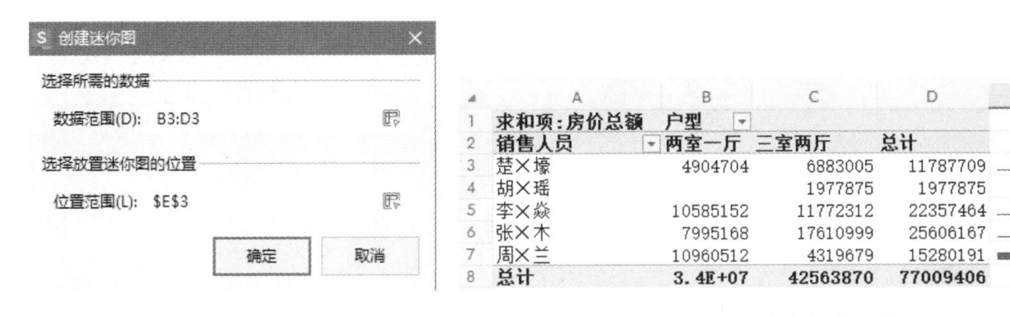

	A	B	C	D	E
1	求和项:房价总额	户型			
2	销售人员	两室一厅	三室两厅	总计	
3	楚×壕	4904704	6883005	11787709	
4	胡×瑶		1977875	1977875	
5	李×焱	10585152	11772312	22357464	
6	张×木	7995168	17610999	25606167	
7	周×兰	10960512	4319679	15280191	
8	总计	3.4E+07	42563870	77009406	

图 15.30　创建迷你图　　　　图 15.31　生成的迷你图

15.4　项　目　总　结

本项目主要学习了 WPS 表格中工作表的创建、记录单的使用；自动筛选、高级筛选的应用；

分类汇总的使用；数据透视表和数据透视图的应用以及切片器和迷你图的应用等。在应用过程中应该注意以下几点：

（1）高级筛选需先创建条件区域，条件区域的第 1 行内容必须和数据源标题行完全一致。

（2）分类汇总前首先必须对分类字段进行排序。

（3）数据透视表的使用与数据透视图相类似，需要注意数据区域的选择以及数据透视表和数据透视图放置位置的选择。

15.5 课 后 练 习

打开“产品销售表.xlsx”，完成如下设置：

（1）将 Sheet1 中的数据复制到 Sheet2 中，使用自动筛选，查看市场 1 部卡特扫描枪的销售情况。

（2）将 Sheet1 中的数据复制到 Sheet3 中，使用高级筛选，查看市场 1 部，销售数量大于 3，销售金额大于 1000 的销售情况，结果保存在 Sheet3 中。

（3）将 Sheet1 中的数据复制到 Sheet4 中，使用分类汇总，统计中产品的销售总金额。

（4）在 Sheet5 中，创建每位销售人员的销售情况的数据透视图，横坐标为销售人员，数据项汇总为销售金额的和。

第4篇 WPS演示高级应用案例

项目16 汽车购买行为特征研究演示操作

16.1 项 目 背 景

万同学暑假所在实习公司的宣传部，来请万同学帮忙解决一些WPS演示应用中的问题，万同学对WPS有一定的了解，看到了问题后，觉得这些都是应用中经常遇到的常规问题。

本项目中万同学需要进行解决的工作包括：

（1）幻灯片的大小设置为确保适合的宽屏16∶9，并将图片“背景.png”设置为所有幻灯片的背景。

（2）给幻灯片插入日期（自动更新，格式为×年×月×日，标题页幻灯片不显示）。

（3）设置幻灯片的动画。

（4）按下面要求设置幻灯片的切换效果。

（5）单击鼠标，矩形不断放大，放大到尺寸3倍，重复显示3次。

（6）单击标，依次显示文字ABCD。

（7）单击标，文字从底部，垂直向上显示，默认设置。

16.2 项 目 分 析

本项目主要涉及如下操作：

（1）设置幻灯片的大小。

（2）设置幻灯片的背景。

（3）给幻灯片插入日期。

（4）添加动画。

（5）设置幻灯片切换效果。

（6）新增幻灯片。

（7）设置幻灯片动画效果。

16.3 项 目 实 现

16.3.1 设置幻灯片大小及背景

1. 操作要求

将幻灯片的大小设置为确保适合的宽屏16∶9，并将图片“背景.png”设置为所有幻灯片的背景。

2. 操作步骤

（1）设置幻灯片大小主要通过“设计”选项卡“自定义”组中的“幻灯片大小”命令来实现。

（2）单击“设计”选项卡“自定义”组中的“幻灯片大小”命令按钮在下拉列表中选择“宽屏（16∶9）”如图 16.1 所示。

图 16.1　打开幻灯片大小

（3）在弹出的“页面缩放选项”窗口中选择“确保适合”或者单击“确保适合”按钮，完成幻灯片大小设置，如图 16.2 所示。

（4）打开“设计”选项卡“背景格式”组中的“背景”命令按钮，在下拉列表中选择“背景填充”命令按钮，如图 16.3 所示；或者在任意一张幻灯片上面单击鼠标右键，在弹出的窗口中

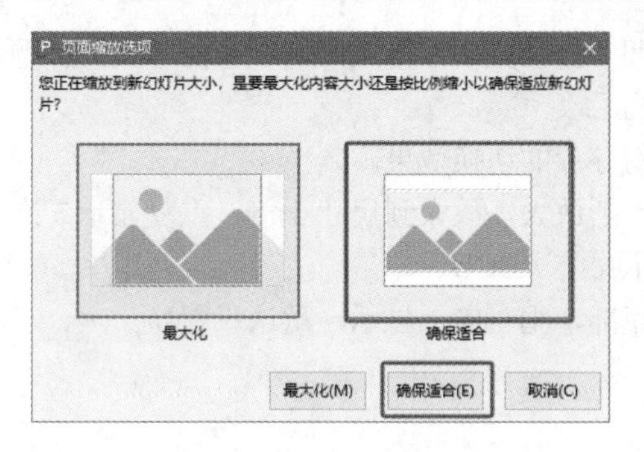

图 16.2　页面缩放选项

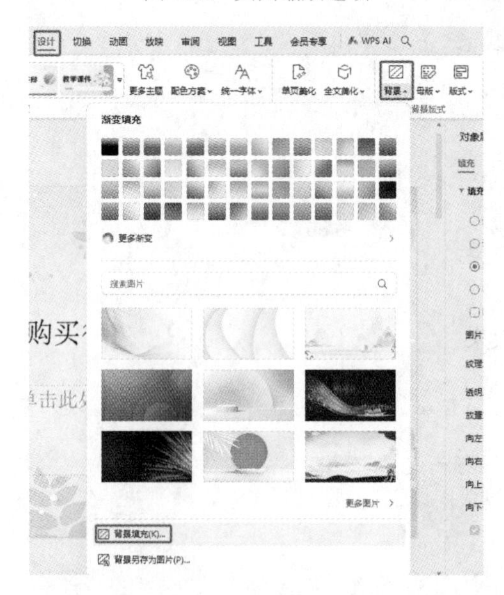

图 16.3　打开背景填充

选择“设置背景格式”命令按钮，如图 16.4 所示。

（5）在打开的“对象属性”窗格中，“填充”处选择“图片或纹理填充”然后在“图片填充”处单击“选择图片”在下拉列表中选择“本地文件”，如图 16.5 所示。

（6）在打开的“选择纹理”窗口中选择需要设置的图片“背景.png”并单击“打开”，如图 16.6 所示。

（7）在“对象属性”窗格中选择“全部应用”完成全部幻灯片背景图片的设置，如图 16.7 所示。

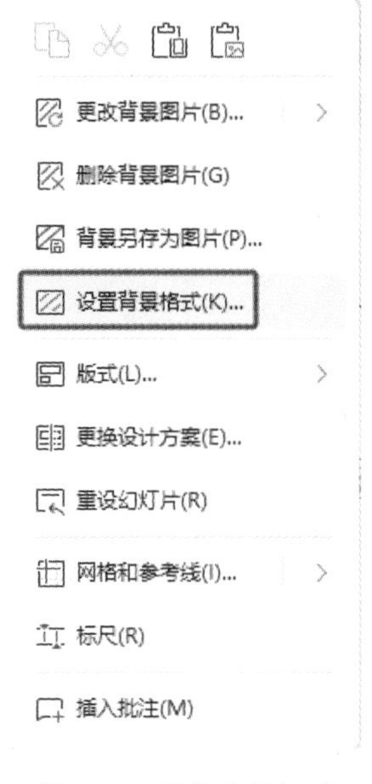

图 16.4 设置背景格式

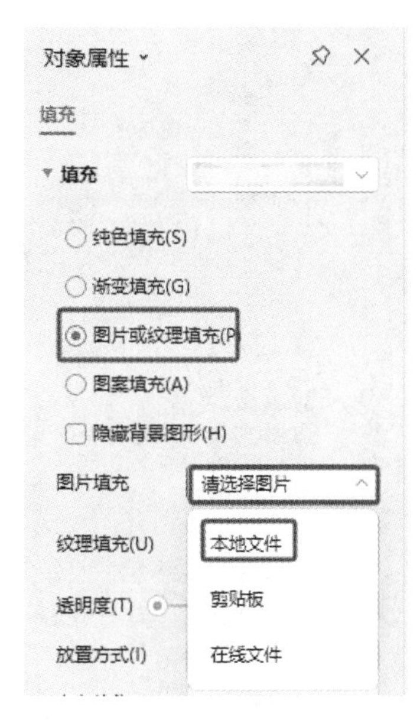

图 16.5 设置对象属性

图 16.6 选择图片

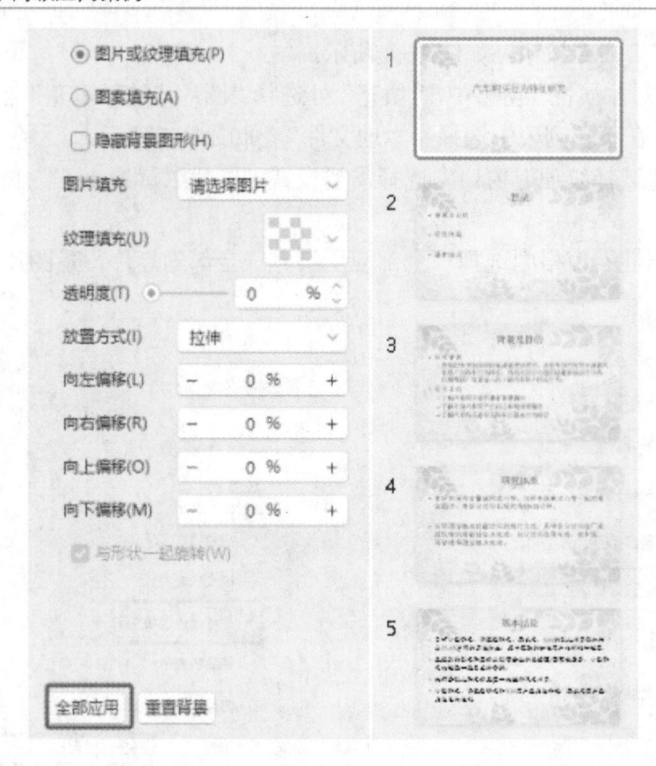

图 16.7 完成幻灯片背景图片设置

16.3.2 给幻灯片插入幻灯片编号以及日期和时间

1. 操作要求

给幻灯片插入幻灯片编号并插入日期（自动更新，格式为×年×月×日，标题页幻灯片不显示）。

2. 操作步骤

（1）给幻灯片插入幻灯片编号，主要是通过“插入”选项卡的相关命令来实现。

（2）打开“插入”选项卡“页眉页脚”组中的“页眉页脚”命令按钮，在下拉列表中选择“幻灯片编号”，如图 16.8 所示。

图 16.8 插入幻灯片编号

（3）在打开的“页眉页脚”窗口中选择“幻灯片编号”前面的复选框，单击“全部应用”按钮，完成幻灯片编号的插入，如图 16.9 所示。

（4）打开“插入”选项卡“页眉页脚”组中的“页眉页脚”命令按钮，在下拉列表中选择“日期和时间”，如图 16.10 所示。

图 16.9　设置选项

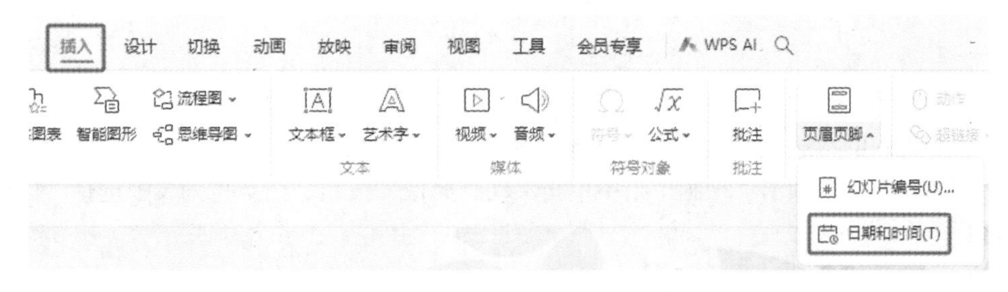

图 16.10　插入日期和时间

（5）在打开的“页眉页脚”窗口中选择“日期和时间”前面的复选框，选择“自动更新”前面的单选框，在日期下拉列表中选择“2024 年 6 月 19 日”格式，勾选“标题幻灯片不显示”，然后单击“全部应用”按钮，完成幻灯片日期的插入，如图 16.11 所示。

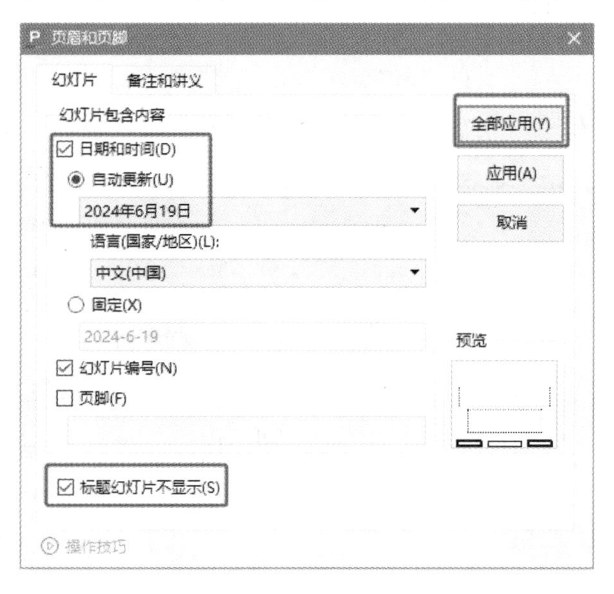

图 16.11　设置选项

16.3.3 设置幻灯片动画

1. 操作要求

针对第二页幻灯片，按顺序设置以下自定义动画设置：

（1）将文本内容“背景及目的”的进入效果设置成“自顶部飞入”。

（2）将文本内容“研究体系”的强调效果设置成“波浪型”。

（3）将文本内容“基本结论”的退出效果设置成“渐出”。

（4）在页面中添加“前进”（前进或下一项）与“后退”（后退或前一项）的动作按钮。

2. 操作步骤

（1）单击“动画”选项卡“动画工具”组中的“动画窗格”命令打开动画窗格，如图 16.12 所示。

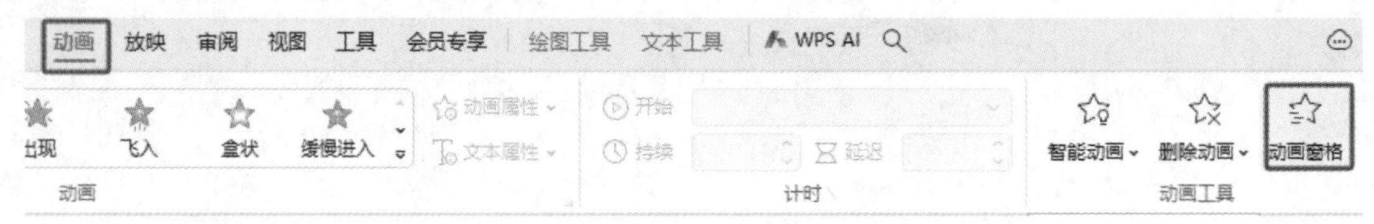

图 16.12 打开动画窗格

（2）在第二页幻灯片中选择文字“背景及目的”单击“动画窗格”中的“添加效果”命令按钮，在下拉列表中的“进入”组选择“飞入”选项，如图 16.13 所示。

（3）在“动画”选项卡“动画”组中单击“动画属性”按钮，在下拉列表中选择“自顶部”，如图 16.14 所示。

图 16.13 添加飞入动画

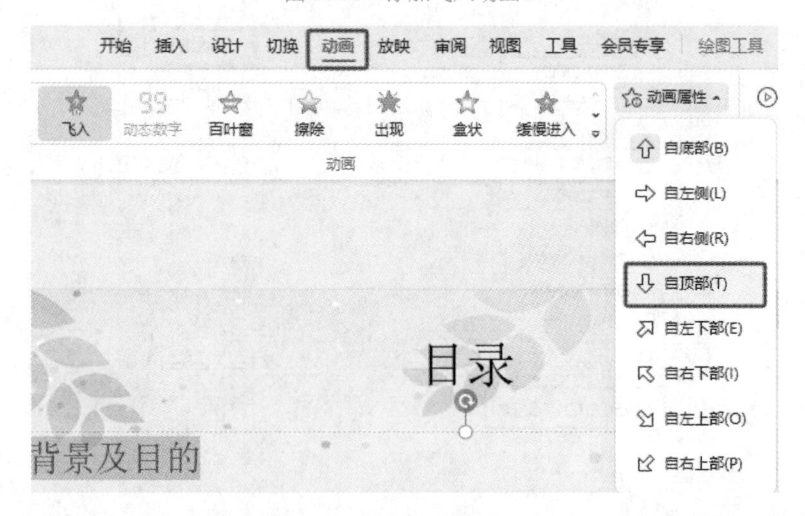

图 16.14 设置动画属性

（4）在第二页幻灯片中选择文字“研究体系”单击“动画窗格”中的“添加效果”命令按钮，在下拉列表中的“强调”组选择“华丽型”类的“波浪型”选项，如图 16.15 所示。

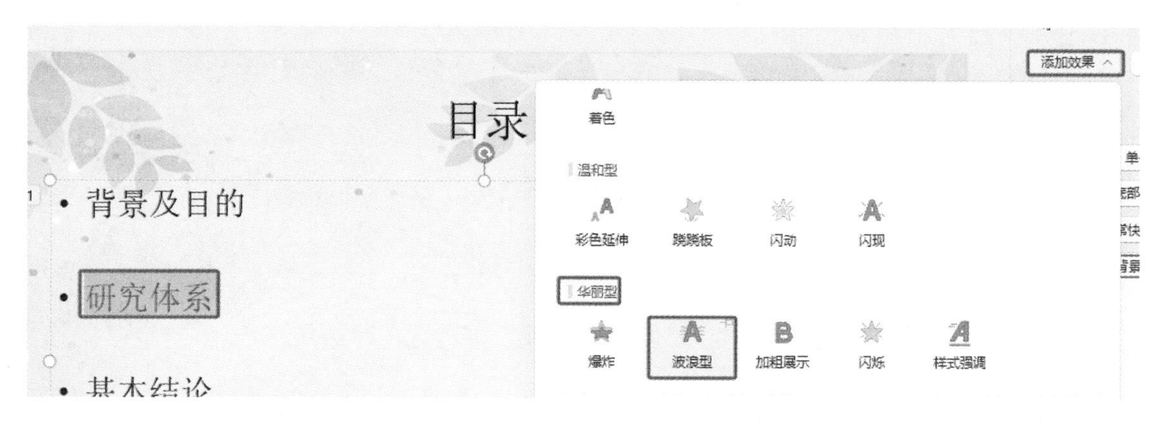

图 16.15　添加强调动画

（5）在第二页幻灯片中选择文字“基本理论”单击“动画窗格”中的“添加效果”命令按钮，在下拉列表中的“退出”组选择“温和型”类的“波浪型”选项，如图 16.16 所示。

图 16.16　添加退出动画

（6）打开“插入”选项卡“图形和图像”组中的“形状”命令按钮，在下拉列表中选择相应的动作按钮，如图 16.17 所示。

（7）在插入“动作按钮”界面分别选择“前进”与“后退”按钮，插入到第二页幻灯片中合适的位置，如图 16.18 所示。

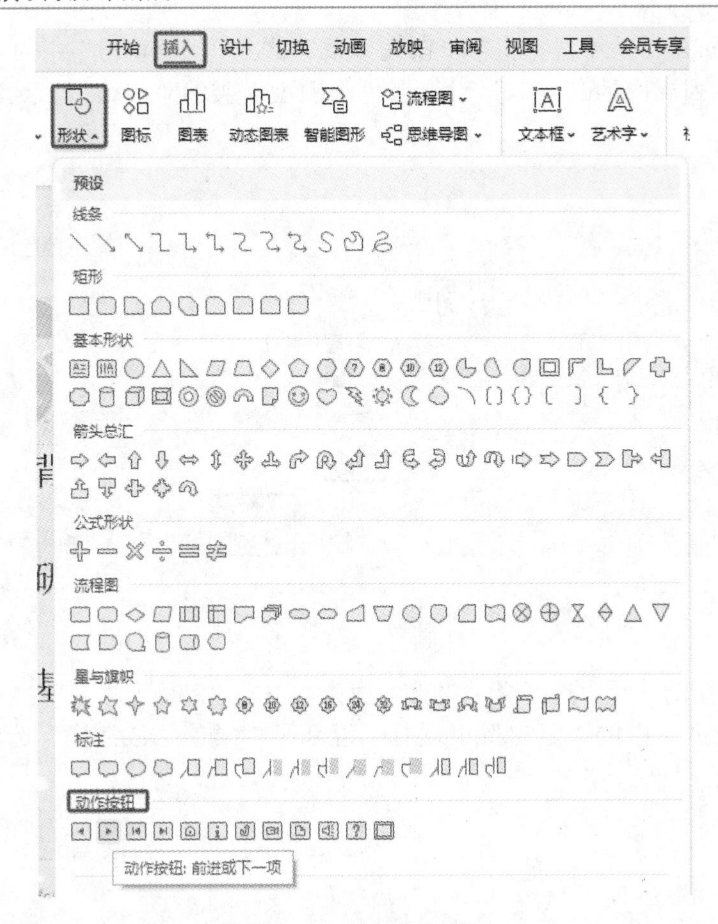

图 16.17 插入动作按钮

图 16.18 完成效果

16.3.4 幻灯片切换

1. 操作要求

设置幻灯片的切换效果，要求：

（1）设置所有幻灯片的切换效果为“垂直百叶窗”。

（2）实现每隔 3 秒自动切换，也可以单击鼠标进行手动切换。

2. 操作步骤

幻灯片切换是指幻灯片播放时在两张幻灯片进行切换的时候表现出来的动画效果，幻灯片切换让幻灯片播放时更加生动，增加幻灯片播放的动画效果。

（1）打开“切换”选项卡“切换”组中的“百叶窗”选项，如图 16.19 所示。

（2）打开“效果选项”按钮，在下拉列表中选择“垂直”，如图 16.20 所示。

（3）在“切换”选项卡“换片方式”组中选择“单击鼠标时换片”并在“自动换片”处输入“3”，或者单击 3 次上箭头，并单击“应用到全部”完成设置，如图 16.21 所示。

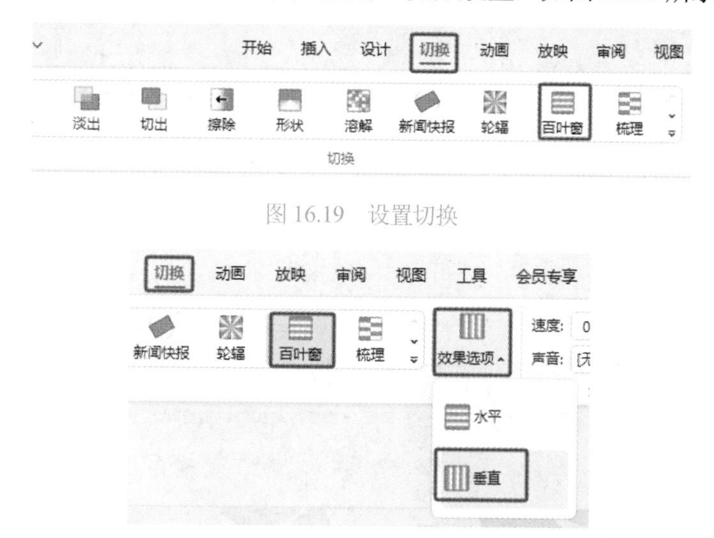

图 16.19 设置切换

图 16.20 设置效果选项

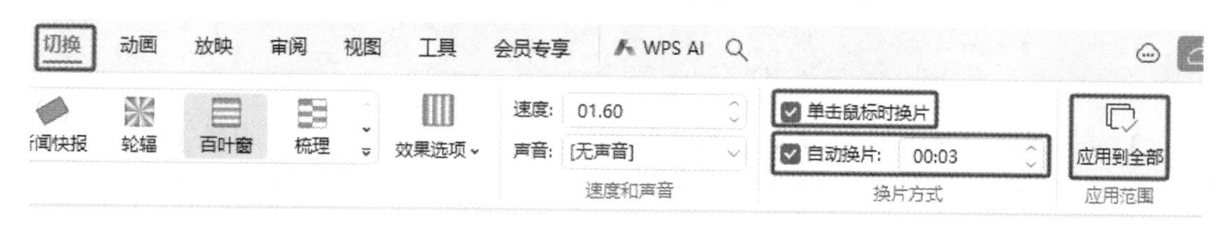

图 16.21 设置换片方式

16.3.5 设置矩形放大

1. 操作要求

在幻灯片最后一页后，新增加一页，设计出如下效果：单击鼠标，矩形不断放大，放大到尺寸 3 倍，自动翻转，重复显示 3 次，其他设置默认。注意：矩形初始大小不做要求。

2. 操作步骤

（1）在幻灯片左侧窗格最后一张幻灯片后单击鼠标，打开“开始”选项卡“幻灯片”组中的“新建幻灯片”按钮，在下拉列表中选择“版式”“Office 主题”中的“空白”选项，如图 16.22 所示。

（2）在新添加的空白幻灯片中，打开“插入”选项卡“图形和图像”组的“形状”按钮，在下拉列表中选择“矩形”，如图 16.23 所示。

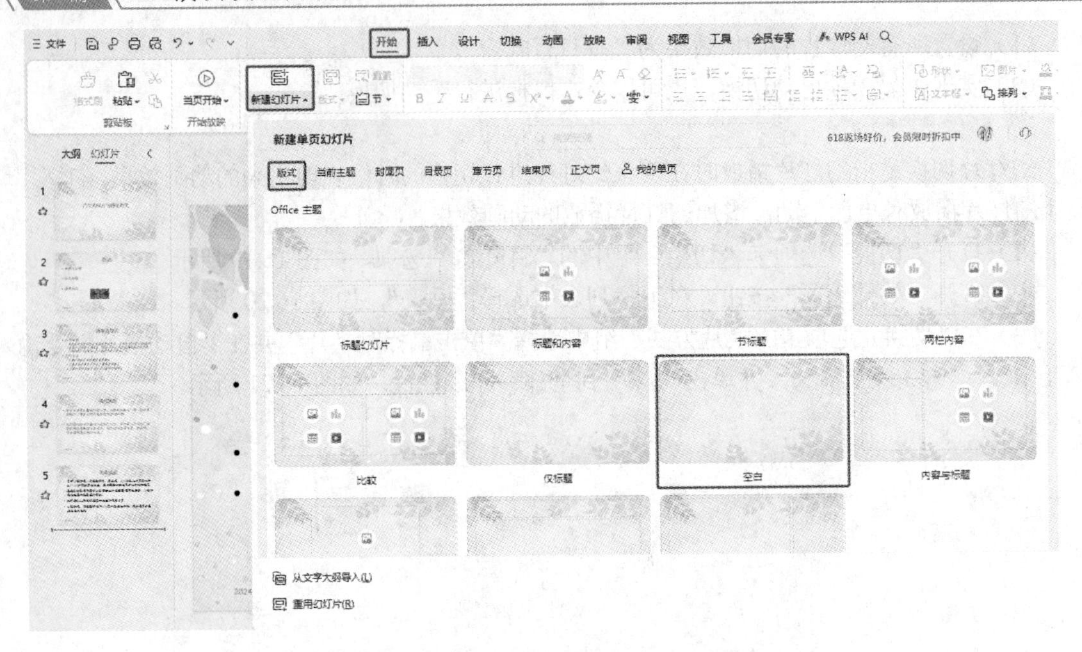

图 16.22 新建幻灯片

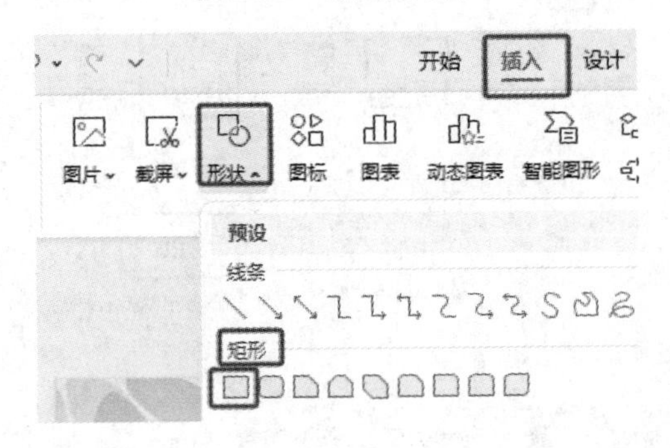

图 16.23 插入矩形

（3）在空白幻灯片中单击鼠标，得到一个矩形，选中矩形，打开“动画窗格”，在“动画窗格”中单击“添加效果”在下拉列表中选择“强调”组的“放大/缩小”选项，如图 16.24 所示。

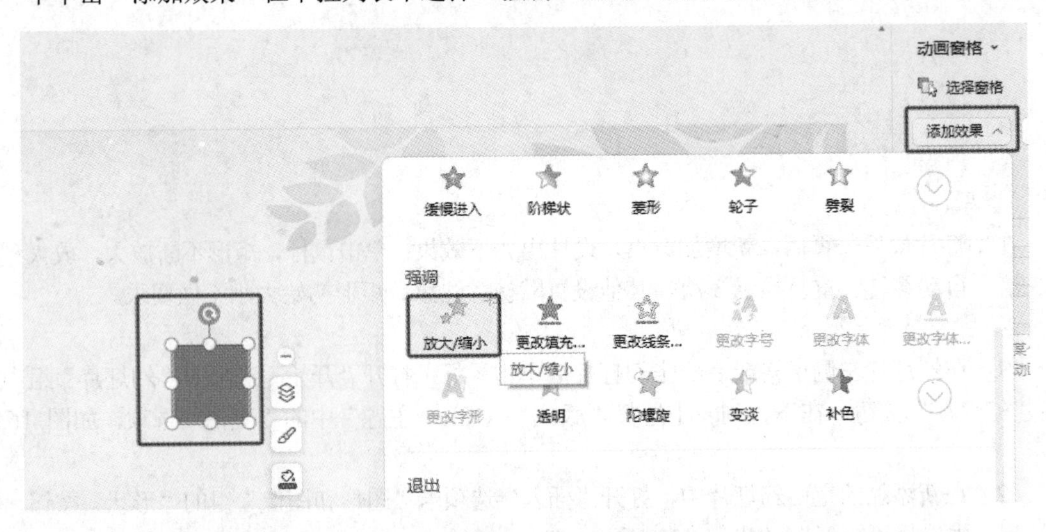

图 16.24 添加动画

（4）在“动画窗格”单击“尺寸”处“150%”右侧的下拉箭头，在下拉列表中选择“自定义”选项，在弹出的“自定义”窗口中输入“300%”然后单击“确定”完成自定义尺寸的设置，如图 16.25 所示。

（5）单击“动画窗格”中“矩形 3”右侧的下拉箭头，在下拉列表中选择“效果选项”，如图 16.26 所示。

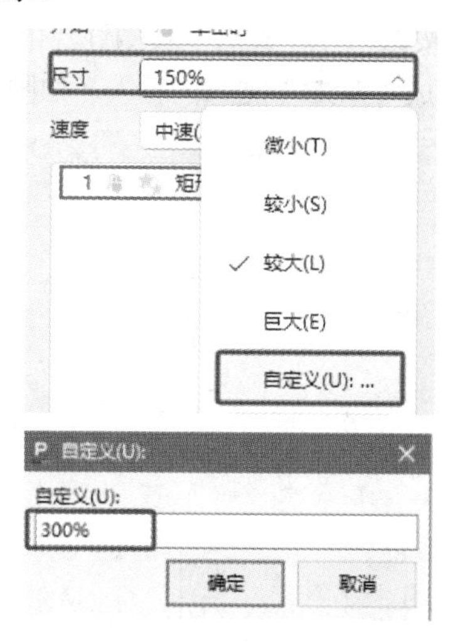

图 16.25 自定义放大尺寸

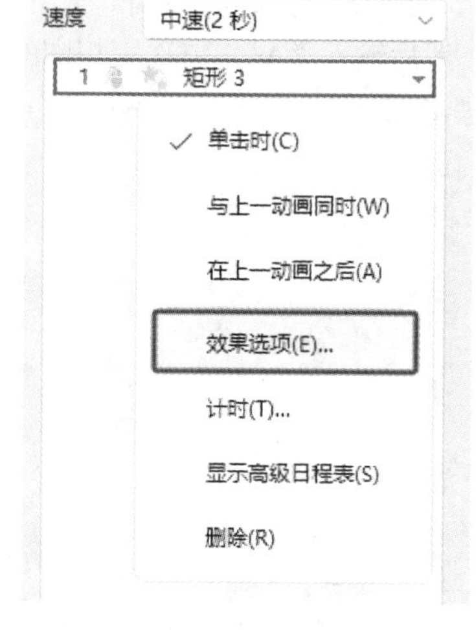

图 16.26 打开效果选项

（6）在打开的“放大/缩小”窗口中，打开“效果”选项卡，放大尺寸的“300%”页可以在此设置，选择“自动翻转”，如图 16.27 所示。

（7）打开“计时”选项卡，单击“重复”处的下拉箭头，在下拉列表中选择“3”，然后“确定”完成设置，如图 16.28 所示。

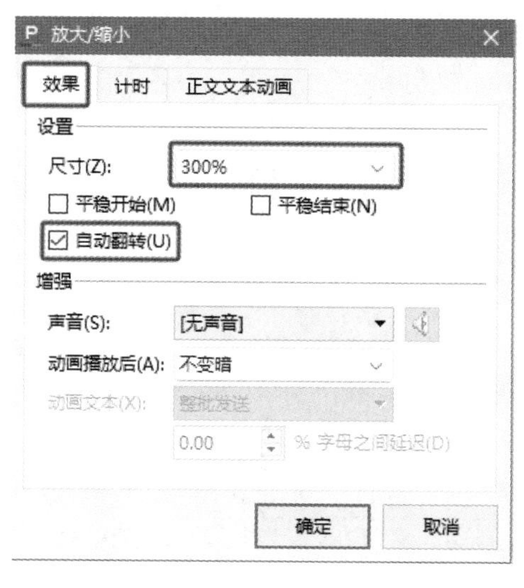

图 16.27 设置自动翻转

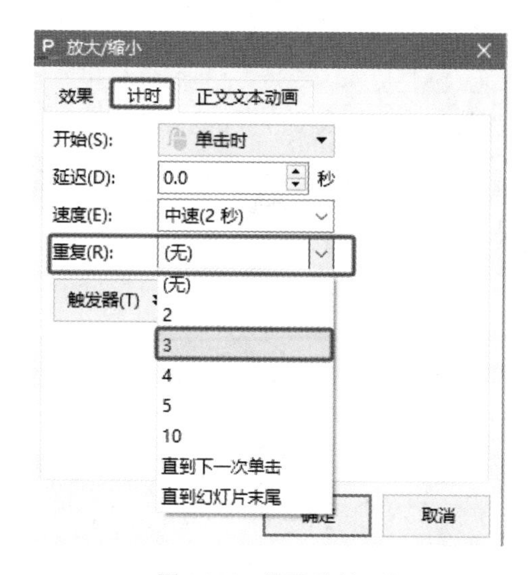

图 16.28 设置重复 3 次

16.3.6 设置依次显示文字

1. 操作要求

在幻灯片最后一页后，新增加一页，设计出如下效果：单击鼠标，依次显示文字 ABCD。注意：字体、大小等不做要求。

2. 操作步骤

（1）在幻灯片左侧窗格最后一张幻灯片后单击鼠标，打开“开始”选项卡“幻灯片”组中的“新建幻灯片”按钮，在下拉列表中选择“版式”“Office 主题”中的“空白”选项，如图 16.29 所示。

（2）单击“插入”选项卡“文本”组的“文本框”按钮，并在最后一页幻灯片中绘制大小合适的文本框，然后输入“A”，依次用相同的操作方法完成“BCD”文本的输入，如图 16.30 所示

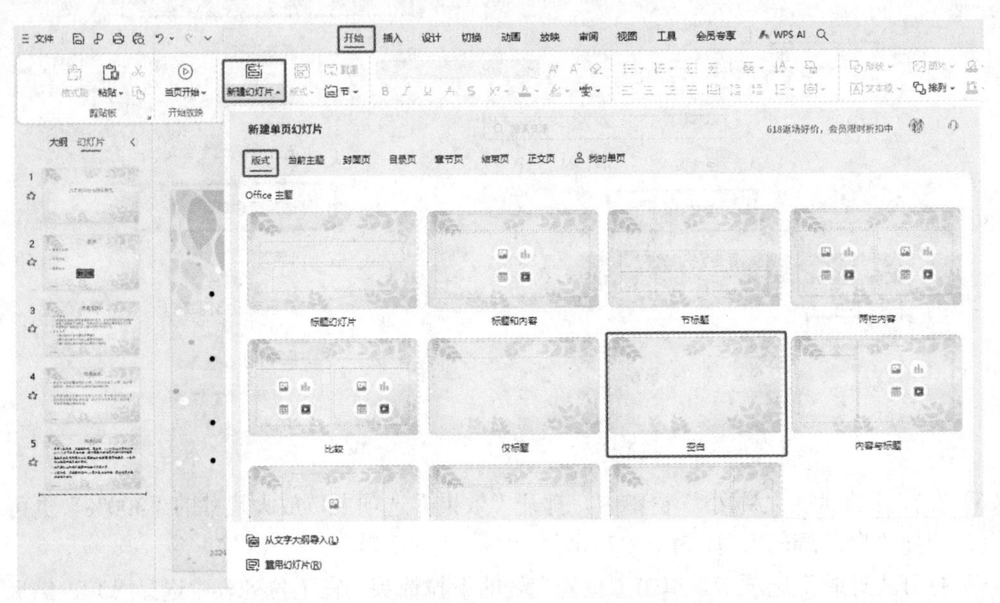

图 16.29 新建幻灯片

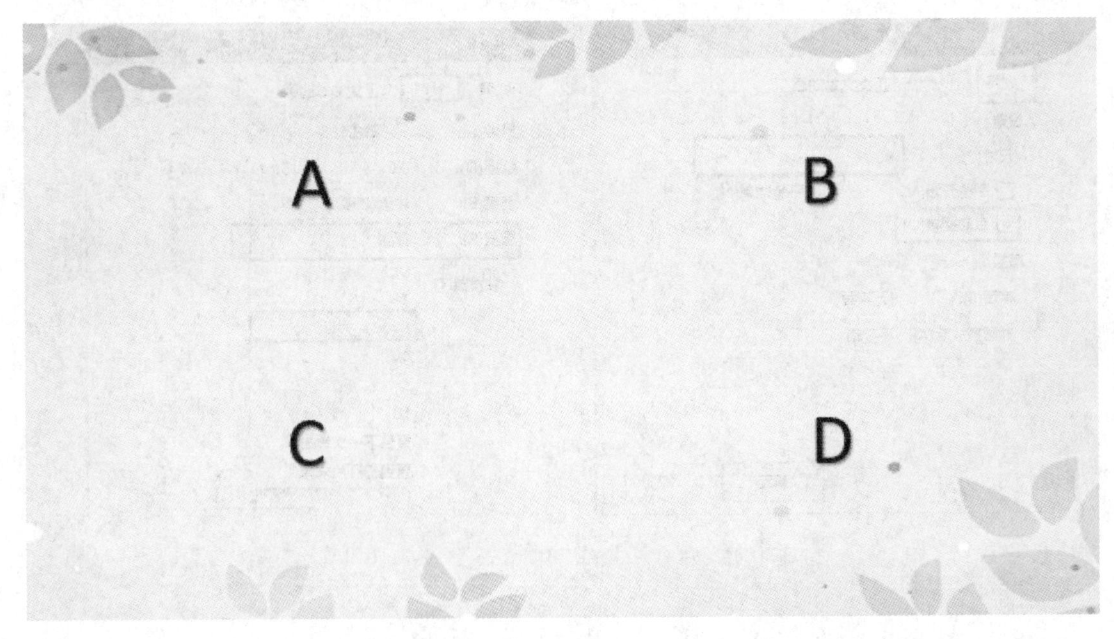

图 16.30 输入 ABCD

（3）选中“A”，打开“动画”选项卡，在“动画窗格”“添加效果”“进入”组中选择“出现”动画，如图 16.31 所示，使用相同的方法，依次设置“BCD”的动画，完成后如图 16.32 所示。

图 16.31　添加动画

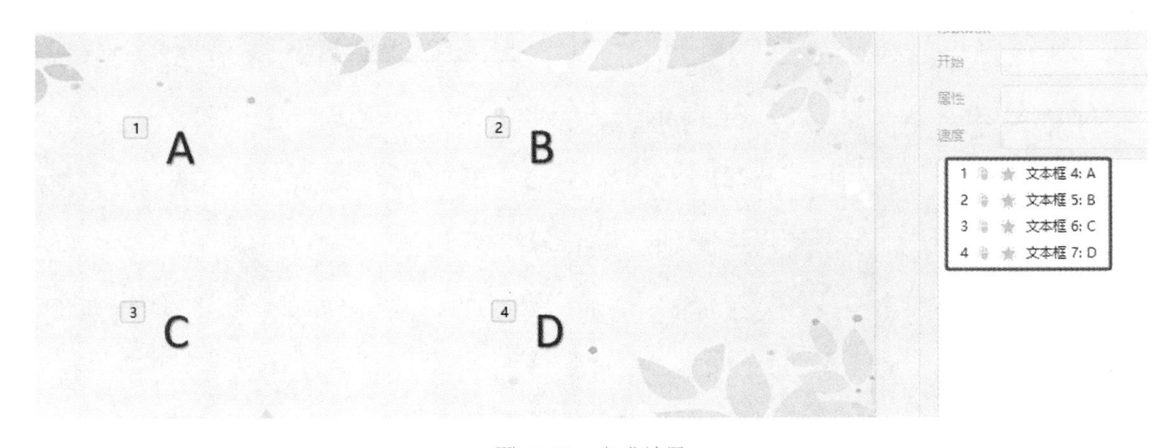

图 16.32　完成效果

16.3.7　设置文字垂直向上显示

1. 操作要求

在幻灯片最后一页后，新增加一页，设计出如下效果：单击标，文字从底部，垂直向上显示，默认设置。注意：字体、大小等不做要求。

2. 操作步骤

（1）在幻灯片左侧窗格选中最后一张幻灯片，打开“插入”选项卡“幻灯片”组中的“新建幻灯片”按钮，在下拉列表中选择“版式”“Office 主题”中的“空白”选项，如图 16.33 所示。

（2）选择“插入”选项卡“文本”组中的“文本框”按钮，在幻灯片页面单击鼠标，插入文本框，在文本框内输入文字“国家：中华人民共和国；省份：浙江省：城市：宁波市”，然后将文本框移出幻灯片页面的最底部，如图 16.34 所示。

（3）选中文本框，打开“动画”选项卡，在“动画窗格”中单击“添加效果”按钮，在下拉列表中选择“动作路径”组“直线和曲线”类中的“向上”选项，如图 16.35 所示。

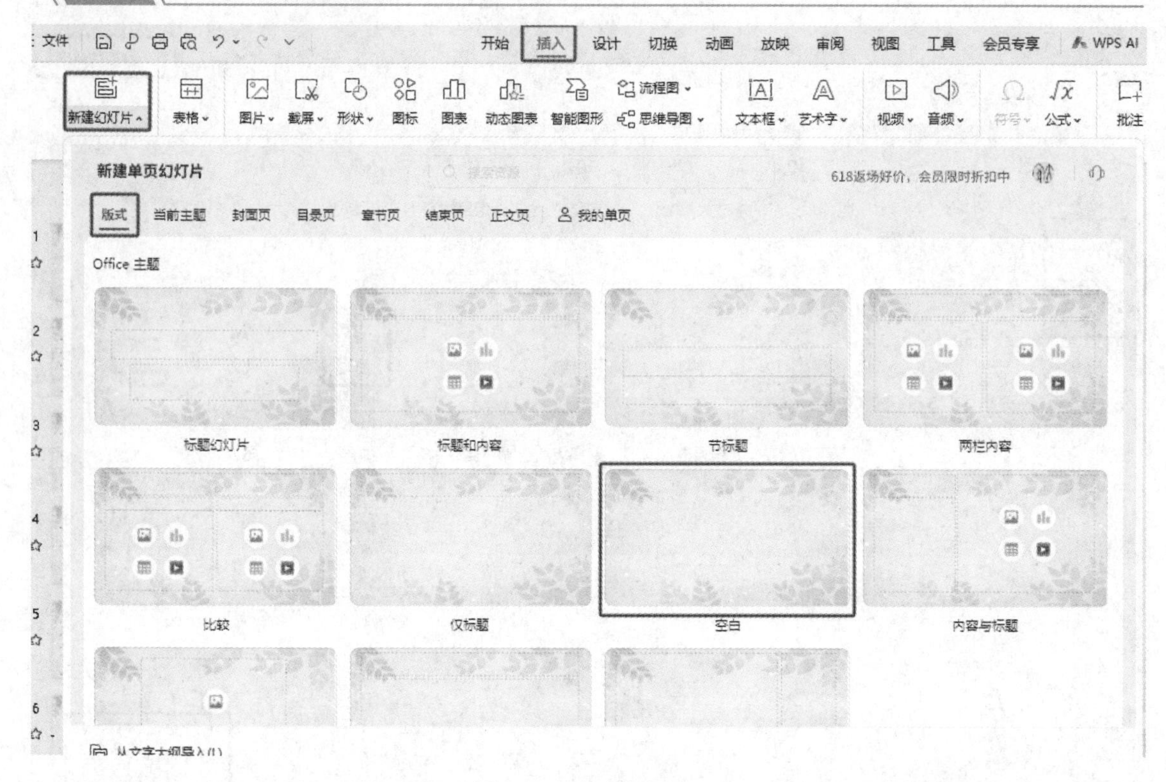

图 16.33 新建幻灯片

图 16.34 插入文本框

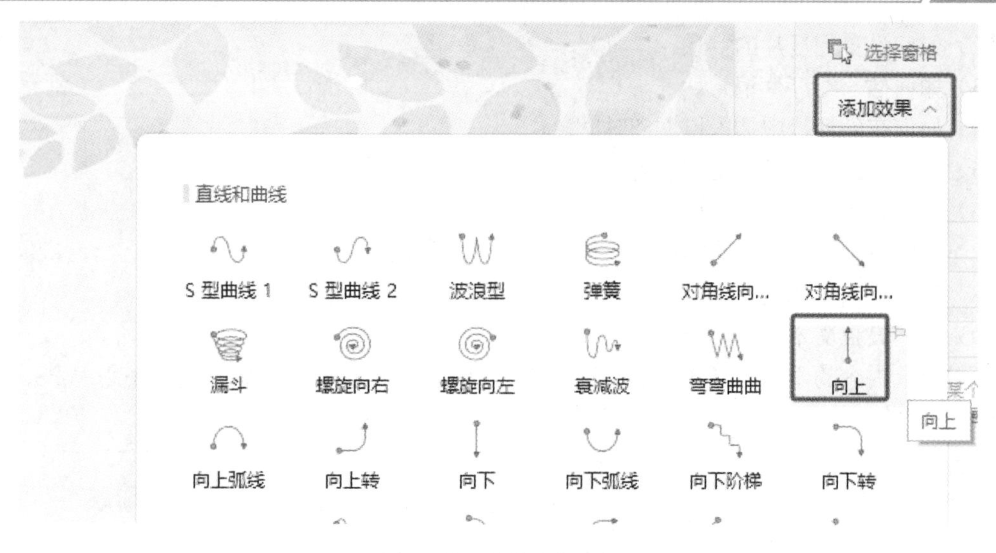

图 16.35 设置动作路径

（4）选中动作路径，按住键盘“Shift”按键，并按住鼠标左键，向上拉伸动作路径，直至拉出幻灯片的最上方，完成操作，如图 16.36 所示。

图 16.36 拉伸动作路径

16.4 项 目 总 结

本项目主要介绍了以下内容：

（1）如何设置幻灯片的大小。

（2）如何设置幻灯片的背景。

（3）如何插入幻灯片编号。

（4）如何在幻灯片中插入日期和时间。

（5）如何对幻灯片进行动画设置。

（6）如何设置幻灯片的切换。

（7）如何设置矩形的放大缩小。

（8）如何依次显示文字。

（9）如何设置文本垂直向上显示。

通过以上内容的学习与操作，能对幻灯片的初步操作有一定的了解，能够使用 WPS 演示完成演示文稿的创建、制作与设计。

16.5 课 后 练 习

打开项“乒乓球.pptx”文件，按要求完成以下内容：

1．幻灯片的大小设置为确保适合的宽屏 16∶9，并将考试文件夹下的图片“背景.png”设置为所有幻灯片的背景。

2．给幻灯片插入日期（自动更新，格式为×年×月×日，标题页幻灯片不显示）。

3．针对第二页幻灯片，按顺序完成以下的自定义动画：

（1）将文本内容“起源”的进入效果设置成“自顶部飞入”。

（2）将文本内容“沿革”的强调效果设置成“波浪型”。

（3）将文本内容“发展”的退出效果设置成“渐出”。

（4）在页面中添加“前进”（前进或下一项）与“后退”（后退或前一项）的动作按钮。

4．按下面要求设置幻灯片的切换效果：

设置所有幻灯片的切换效果为“向右推出”，实现每隔 3 秒自动切换，也可以单击鼠标进行手动切换。

5．在幻灯片最后一页后，新增加一页，设计出如下效果：单击标，文字从底部，垂直向上显示，默认设置，文字内容为：浙江省，简称“浙”，是中华人民共和国省级行政区，省会杭州。

项目 17　成功的项目管理演示操作

17.1　项　目　背　景

万同学帮宣传部解决了前面的问题后，发现了新的问题是宣传部不能解决的。所以万同学就一并帮忙讲解。

17.2　项　目　分　析

本项目中主要设计涉及如下操作：

（1）选择“我国的首都”，若选择正确，则在选项边显示文字“正确”，否则显示文字“错误”。

（2）为圆形及四周的箭头设置超链接：单击“朝上”的箭头，跳转到“上一页”幻灯片；单击“朝下”的箭头，跳转到“下一页”幻灯片；单击“朝左”的箭头，跳转到“第一页”幻灯片；单击“朝右”的箭头，跳转到“最后一页”幻灯片：单击“圆形”打开网址“https://www.nbufe.edu.cn/”。

（3）单击鼠标，圆形四周的箭头向各自方向放大（此处要求箭头在向外移动中变大），放大尺寸为 3 倍，自动翻转为缩小，重复 3 次。

（4）隐藏第五页幻灯片，使得播放时直接跳过隐藏页；选择前十五页幻灯片进行循环放映。

17.3　项　目　实　现

17.3.1　设置触发器

1. 操作要求

在幻灯片最后一页后，新增加一页，设计出如下效果，选择“我国的首都”，若选择正确，则在选项边显示文字“正确”，否则显示文字“错误”。注意：字体、字号不做要求。

2. 操作步骤

（1）单击幻灯片左边的窗格最后的“+”，新建“仅标题”幻灯片，如图 17.1 所示。

（2）在新建的幻灯片中输入“我国的首都”，使用文本框插入文本内容“A 上海”“B 北京”“C 重庆”“D 天津”，如图 17.2 所示。

（3）在上海的右侧插入文本框，输入“错误”，以相同的方法在 C、D 两个选项右侧插入文本框并输入“错误”，在 B 选择右侧插入文本框输入“正确”，如图 17.3 所示。

（4）按住“Ctrl”依次选中三个“错误”和一个“正确”文本框，打开“动画”选项卡“动画窗格”里面的“添加效果”在下拉列表的“进入”组单击“出现”选项，如图 17.4 所示。

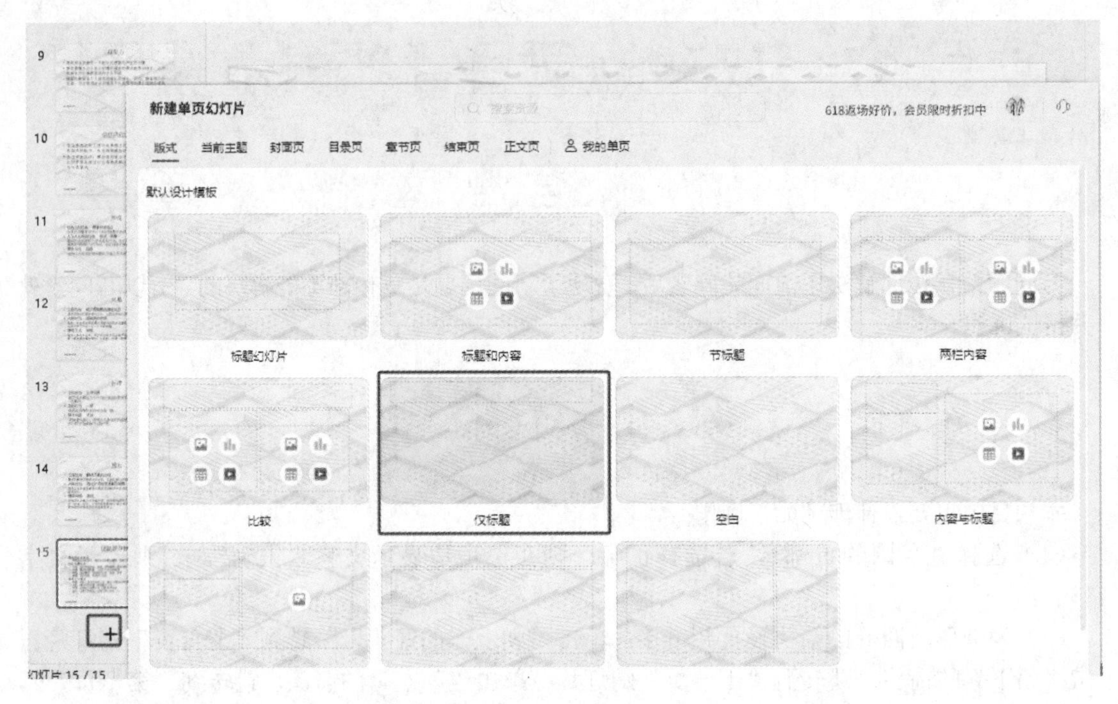

图 17.1　新建幻灯片

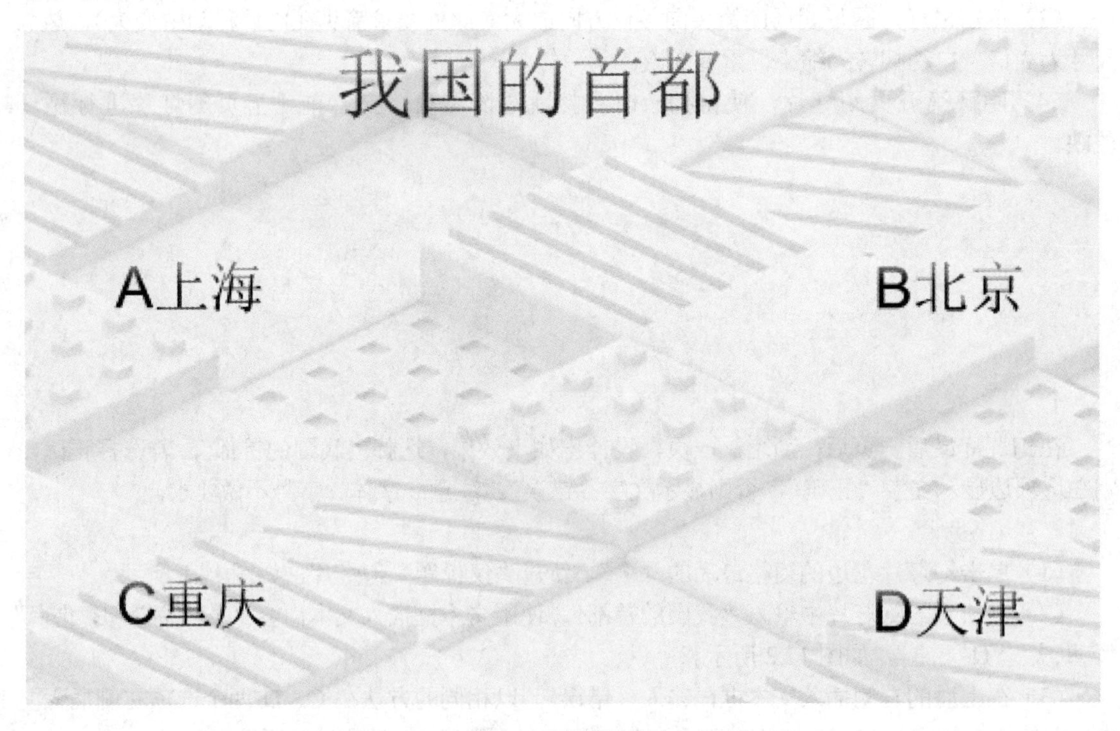

图 17.2　设置选项

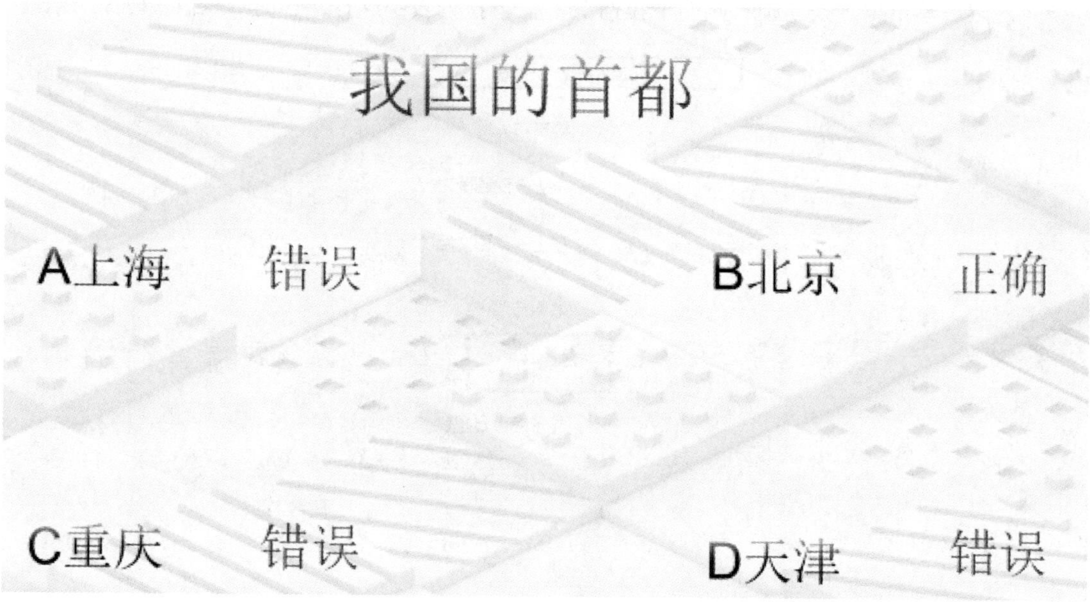

我国的首都

A上海 错误

B北京 正确

C重庆 错误

D天津 错误

图 17.3 设置答案选项

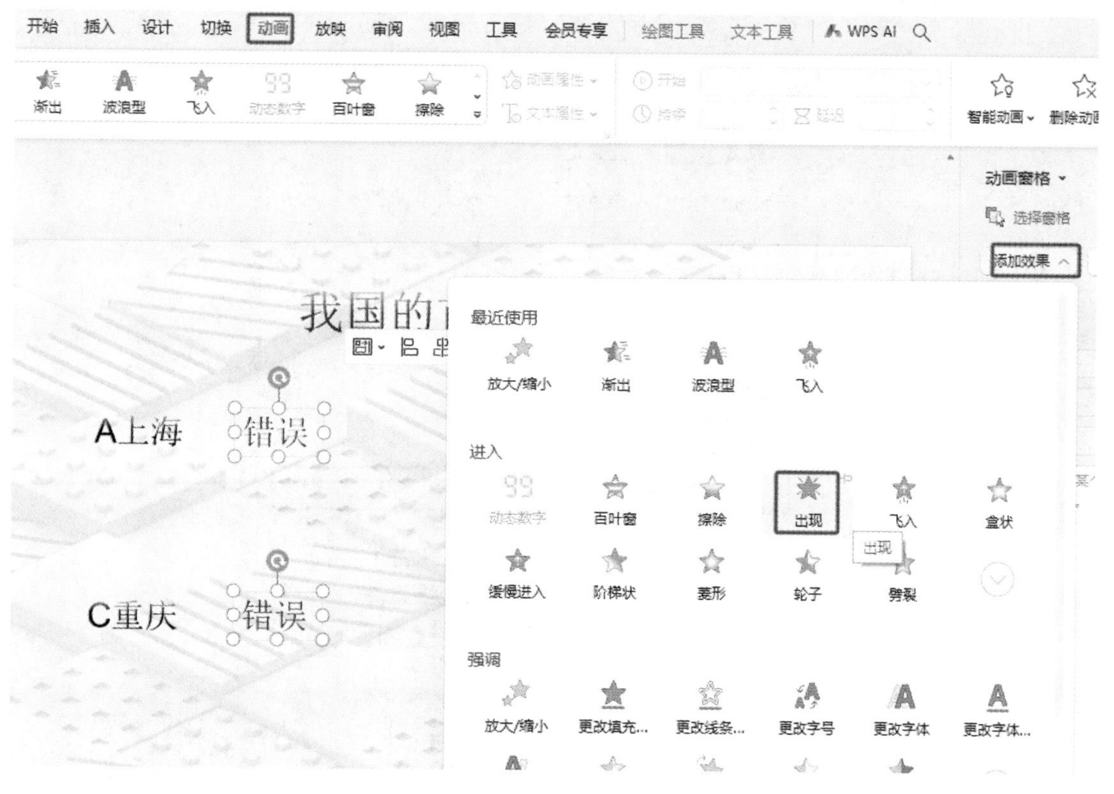

图 17.4 添加动画

（5）在“动画窗格”选中第2条到第4条动画，单击右侧下拉箭头，在下拉列表中选择“单击鼠标”，然后单击第1条动画右侧的下拉箭头，在下拉列表中选择“计时”，如图17.5所示。

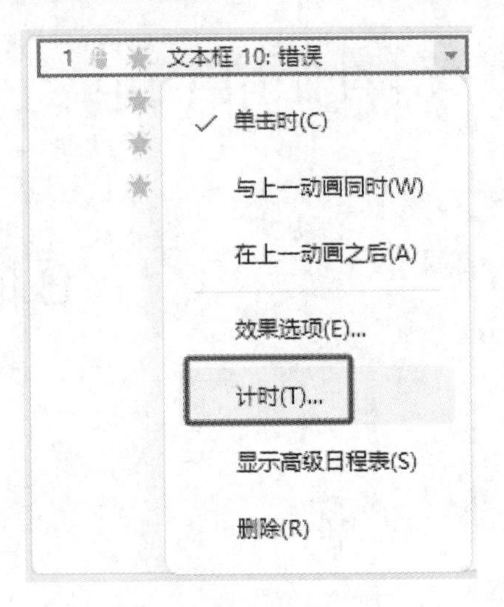

图17.5 打开计时

（6）在弹出的“出现”窗口中，“计时”选项卡单击“触发器”按钮，再单击单选项“单击下列对象时启动效果”在下拉列表中选择“文本框4”然后单击“确定”按钮，如图17.6所示。

（7）使用相同的方法，设置另外三个动画的触发器，效果如图17.7所示。

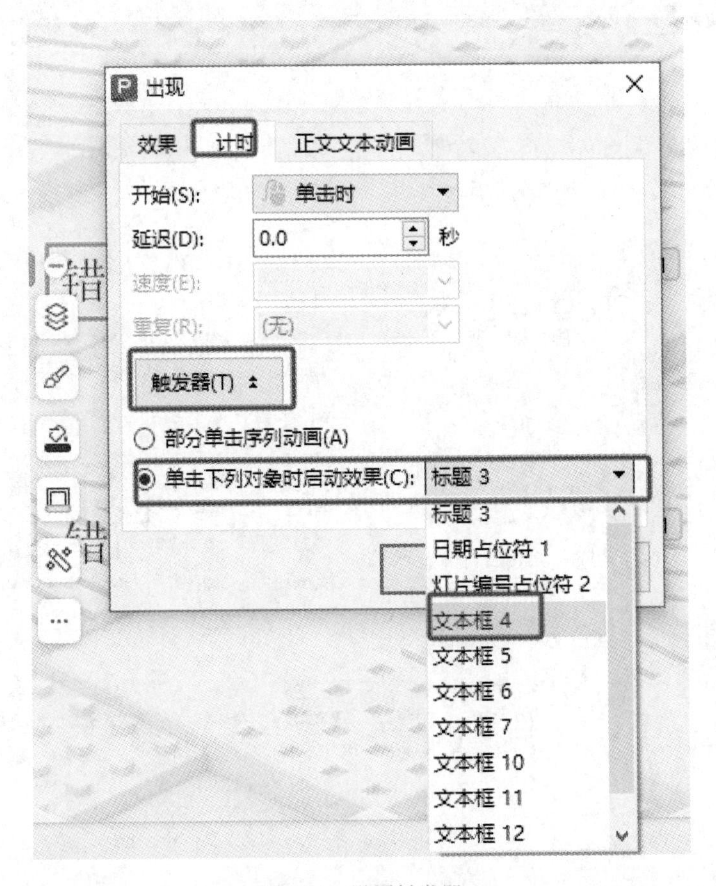

图17.6 设置触发器

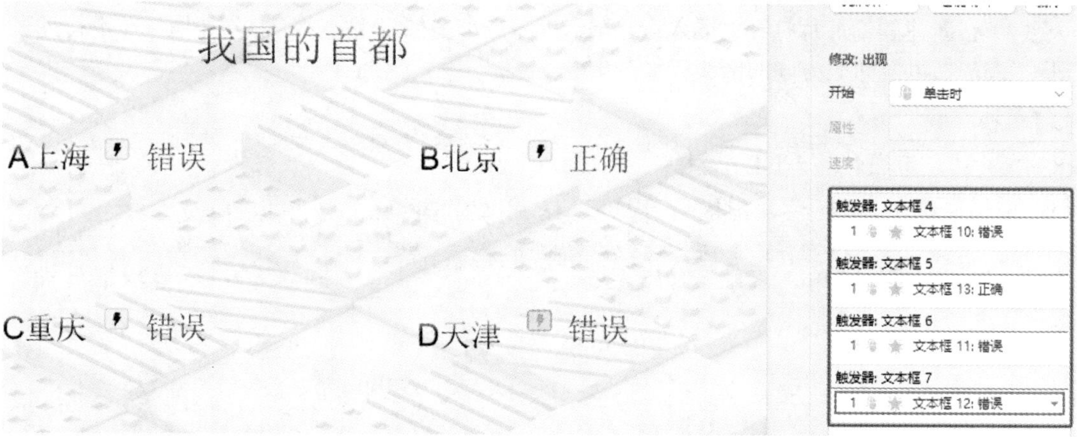

图 17.7　触发器设置效果

17.3.2　设置超级链接

1．操作要求

在最后一页幻灯片后添加一页“空白”幻灯片，插入一个圆形并在圆形上下左右四个方向各插入一个同方向的“箭头”；为圆形及四周的箭头设置超链接：单击“朝上”的箭头，跳转到“上一页”幻灯片；单击“朝下”的箭头，跳转到“下一页”幻灯片；单击“朝左”的箭头，跳转到“第一页”幻灯片；单击“朝右”的箭头，跳转到“最后一页”幻灯片：单击“圆形”则会跳转打开网址“https://www.nbufe.edu.cn/”。

2．操作步骤

（1）单击幻灯片左边的窗格最后的“+”，新建“空白”幻灯片，如图 17.8 所示。

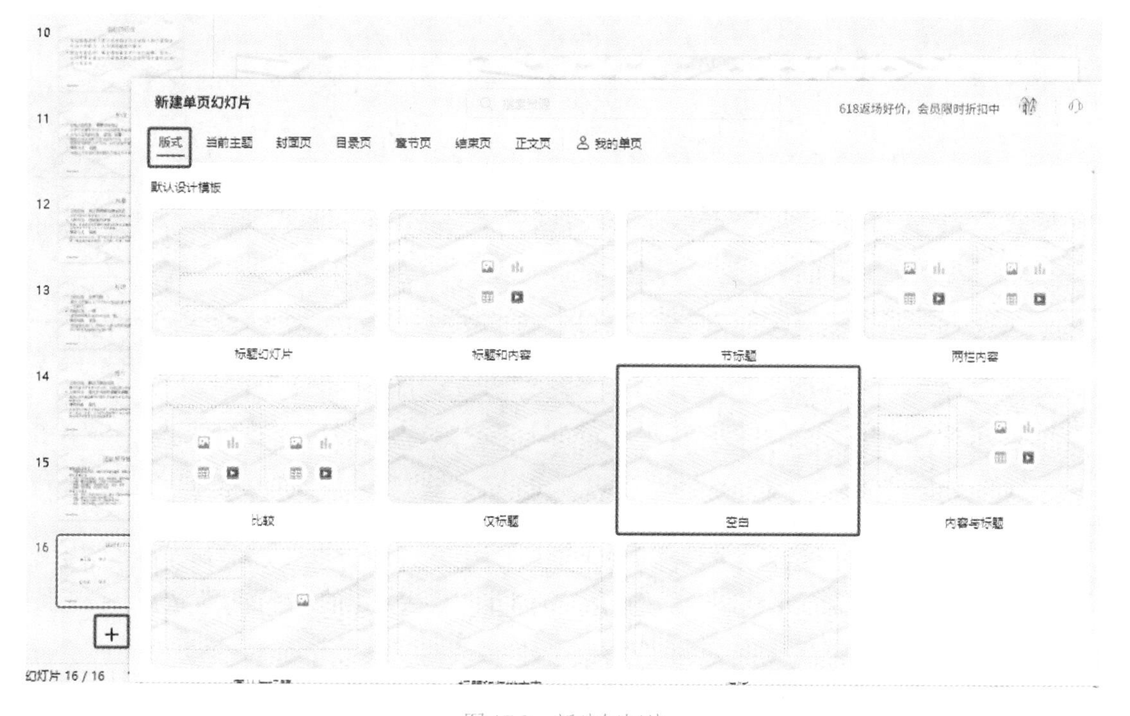

图 17.8　新建幻灯片

（2）在新建的幻灯片打开“插入”选项卡“图形和图像”组的“形状”按钮，在下拉列表中选择“圆形”以及四个方向的箭头，如图 17.9 所示。

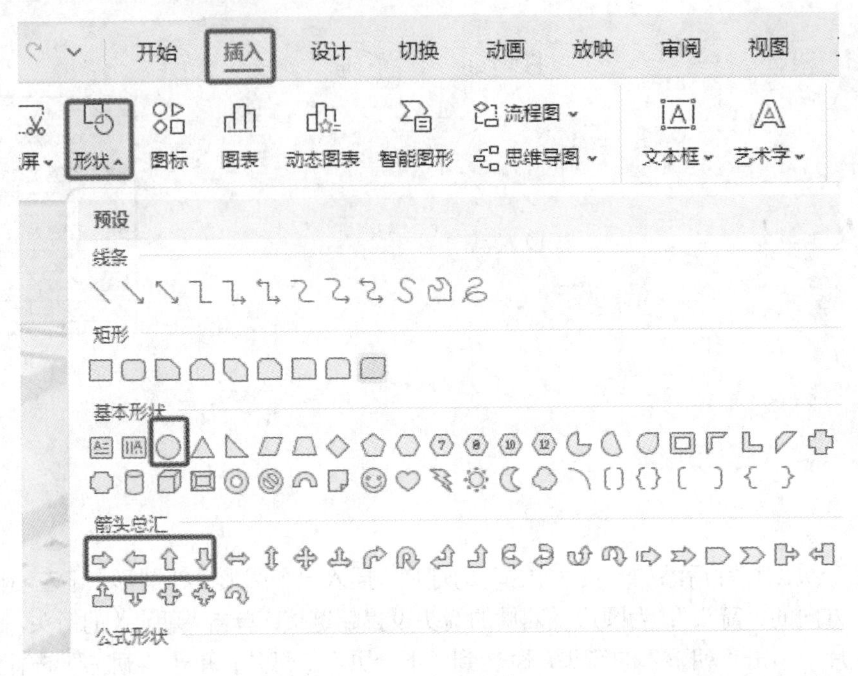

图 17.9 插入形状

（3）完成后效果如图 17.10 所示。

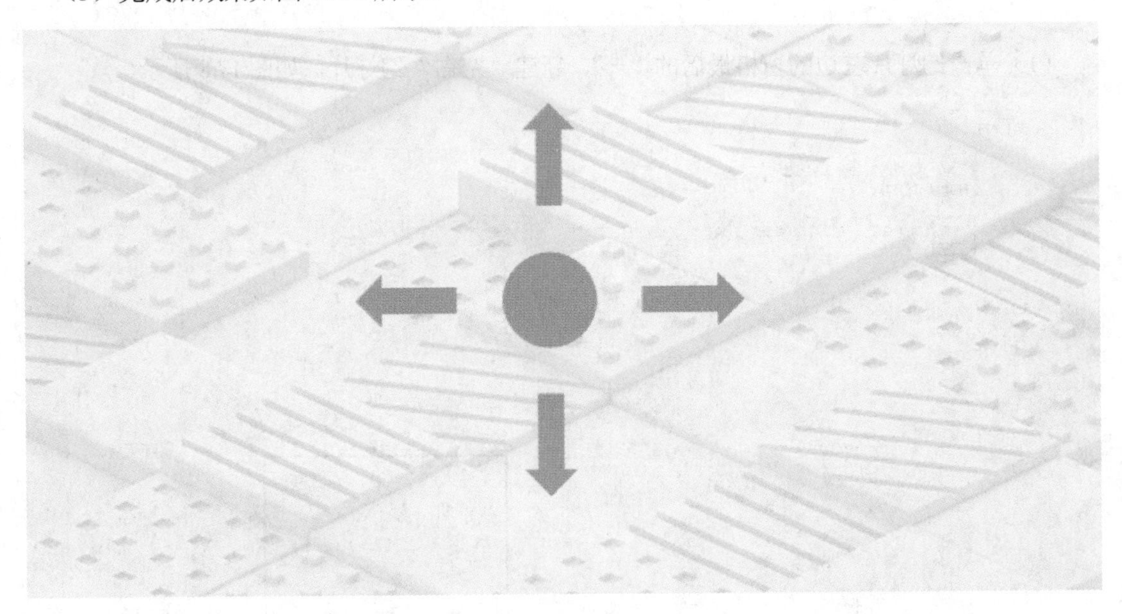

图 17.10 插入形状效果

（4）选中“朝上”箭头形状，单击“插入”选项卡“链接”组的“超链接”按钮，在下拉列表中选择“本文档幻灯片页”，如图 17.11 所示。

（5）在打开的“插入超链接”窗口的左侧选择“本文档中的位置”，右侧选择“上一张幻灯片”，单击“确定”按钮，如图 17.12 所示。

（6）使用相同的方法完成另外 3 个箭头形状的超链接设置。

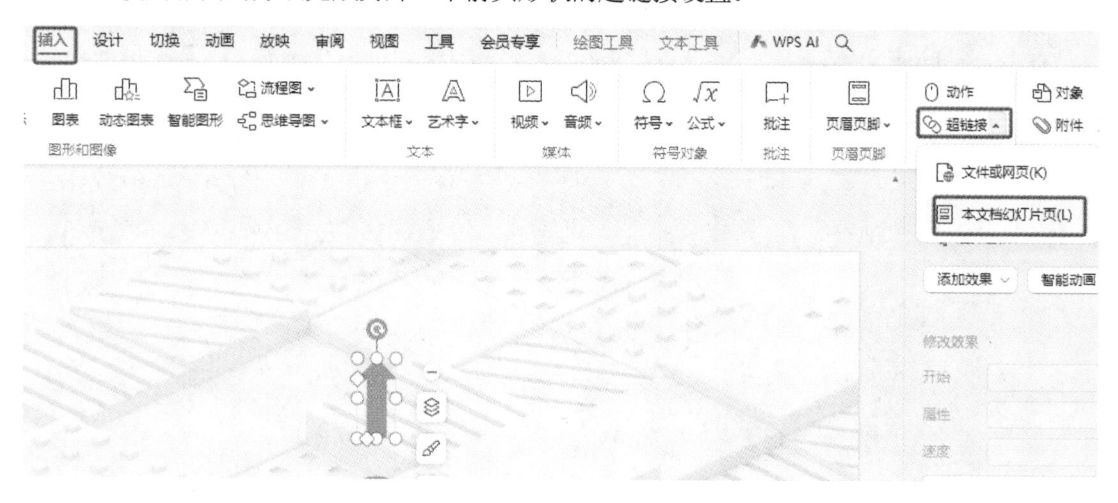

图 17.11　打开超链接设置

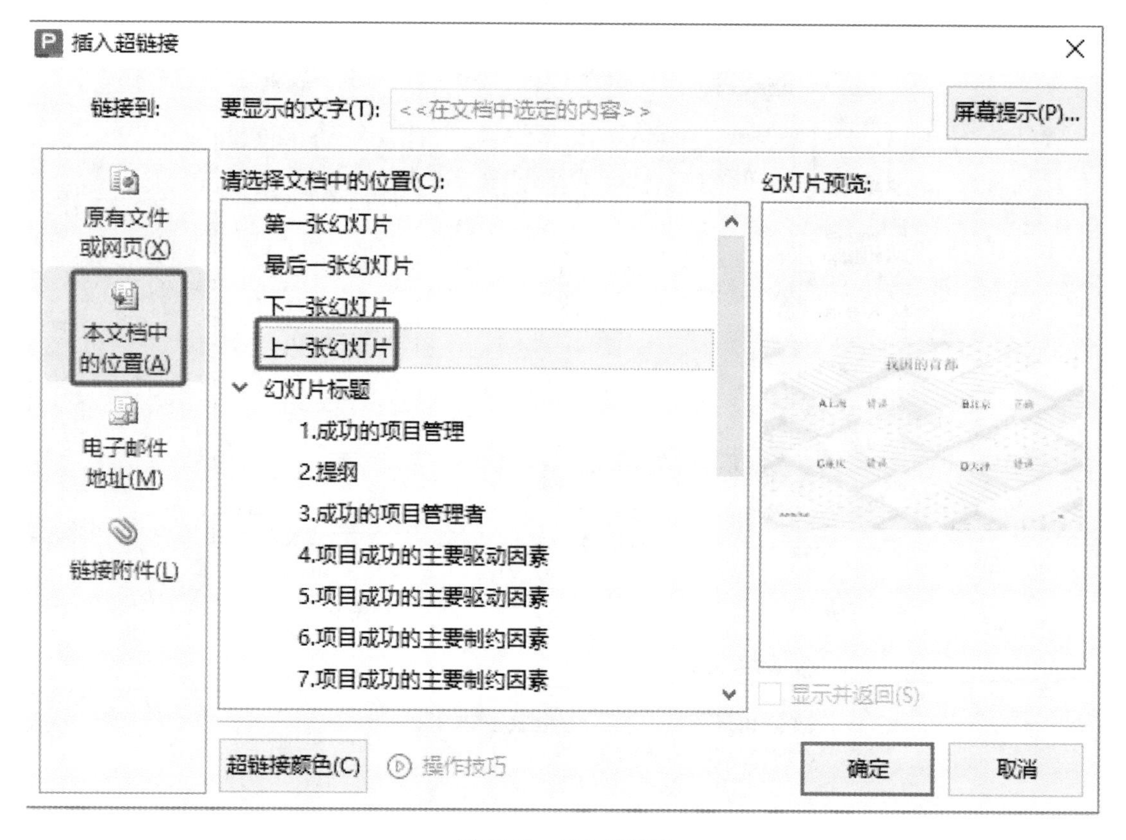

图 17.12　插入超链接

（7）选中“圆形”形状，打开“插入”选项卡“链接”组的“超链接”按钮，在下拉列表中选择“文件或网页”，如图 17.13 所示。

（8）在打开的“插入超链接”窗口左侧选择“原有文件或网页”，右侧的地址处输入网址“https://www.nbufe.edu.cn/”，单击“确定”完成设置，如图 17.14 所示。

（9）在播放状态下，单击“圆形”会跳转到输入的网址页面，如图 17.15 所示。

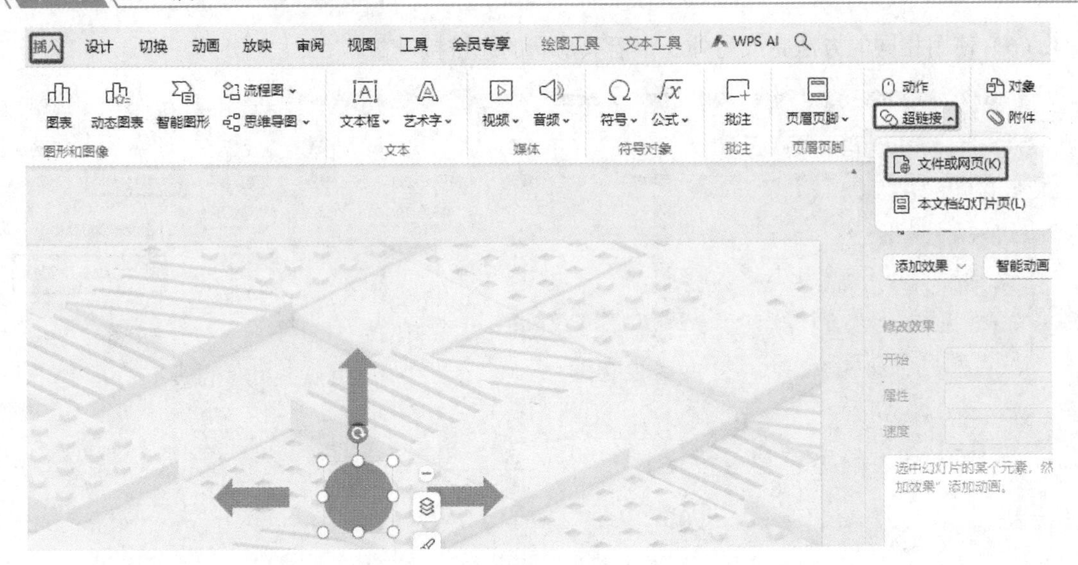

图 17.13 插入网页超链接

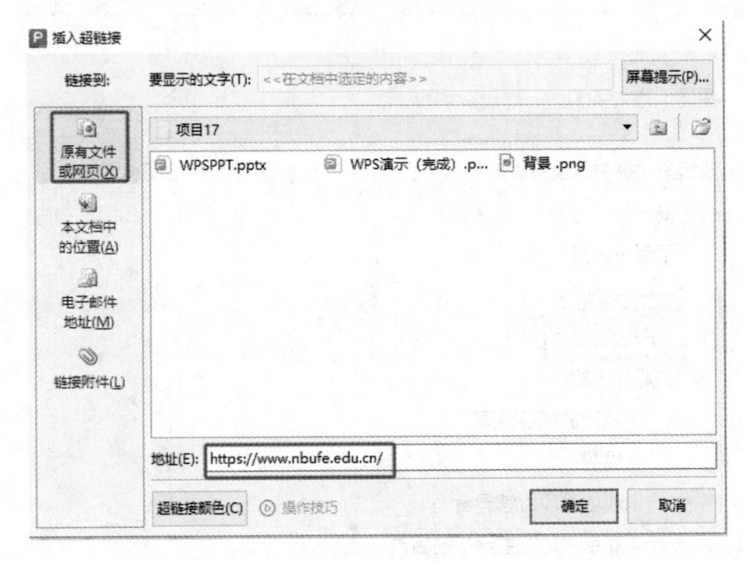

图 17.14 完成插入超链接

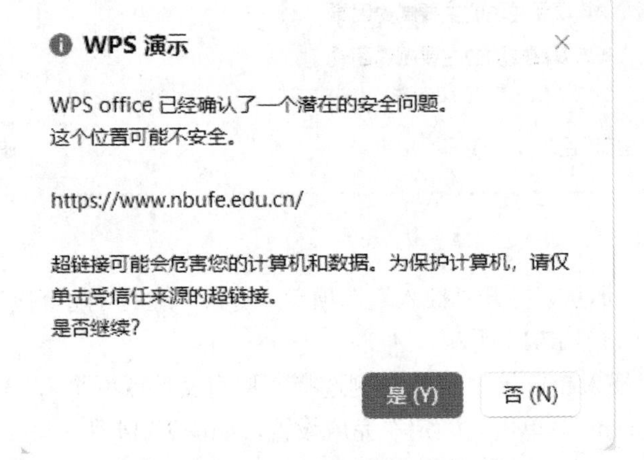

图 17.15 打开超链接

17.3.3 设置箭头扩散

1. 操作要求

在最后一页幻灯片后添加一页“空白”幻灯片，插入一个圆形并在圆形上下左右四个方向各插入一个同方向的“箭头”，单击鼠标，圆形四周的箭头向各自方向放大（此处要求箭头在向外移动中变大），放大尺寸为3倍，自动翻转为缩小，重复3次。

2. 操作步骤

（1）新建“空白”幻灯片，并在空白幻灯片中插入“圆形”及四个方向的“箭头”，如图17.16所示。

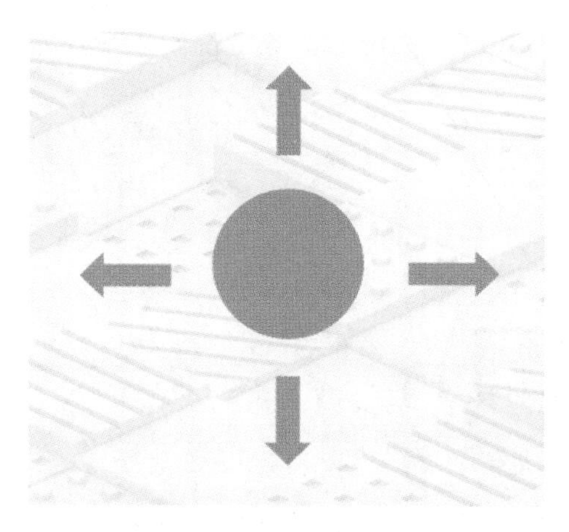

图17.16 插入形状

（2）按住“Ctrl”按键，依次选择四个箭头，打开“动画”选项卡，在“动画窗格”中单击“添加效果”按钮，在下拉列表的“强调”组中选择“放大/缩小”选项，如图17.17所示。

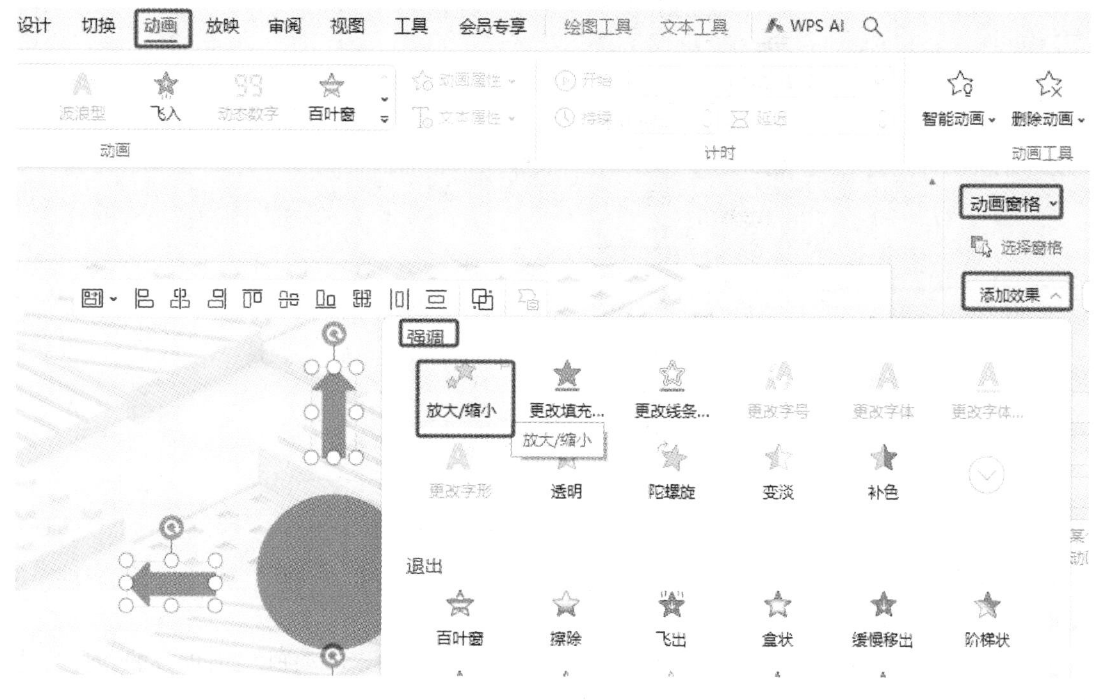

图17.17 添加动画

（3）在“动画窗格”中按住“Shift”键，选中四个动画，单击右侧的下拉箭头，在弹出的“放大/缩小”窗口中选择“效果”选项卡选中“自动翻转”，单击“尺寸”下拉箭头，在下拉列表中选择“自定义”，在弹出的“自定义”窗口中输入“300%”，并单击“确定”按钮，如图 17.18 所示。

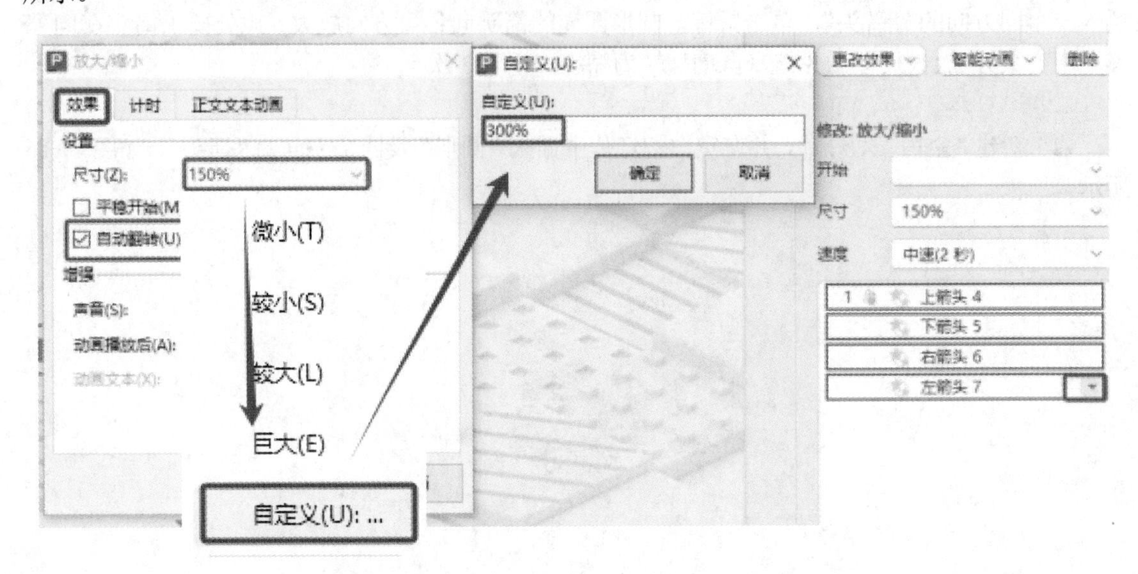

图 17.18 设置效果选项

（4）在“放大/缩小”窗口中打开“计时”选项卡，单击“重复”处的下拉箭头，在下拉列表中选择“3”，然后单击“确定”按钮，如图 17.19 所示。

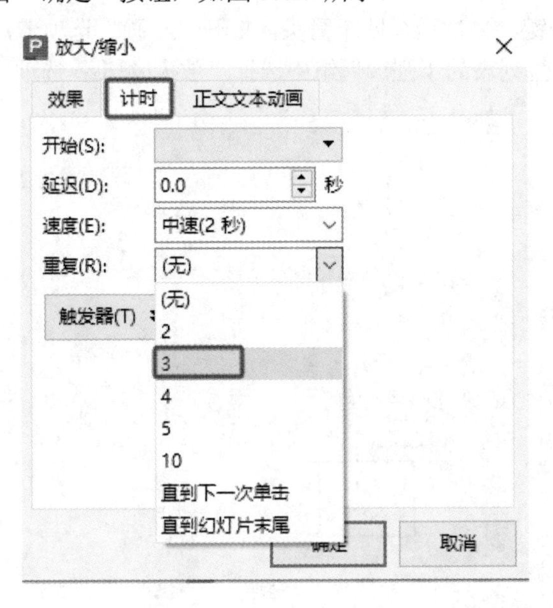

图 17.19 设置计时选项

（5）同时选中“上箭头”和“下箭头”，打开“动画”选项卡“动画”组的“动画属性”按钮，在下拉列表中选择“垂直”，如图 17.20 所示。

（6）同时选中“左箭头”和“右箭头”，打开“动画”选项卡“动画”组的“动画属性”按钮，在下拉列表中选择“水平”，如图 17.21 所示。

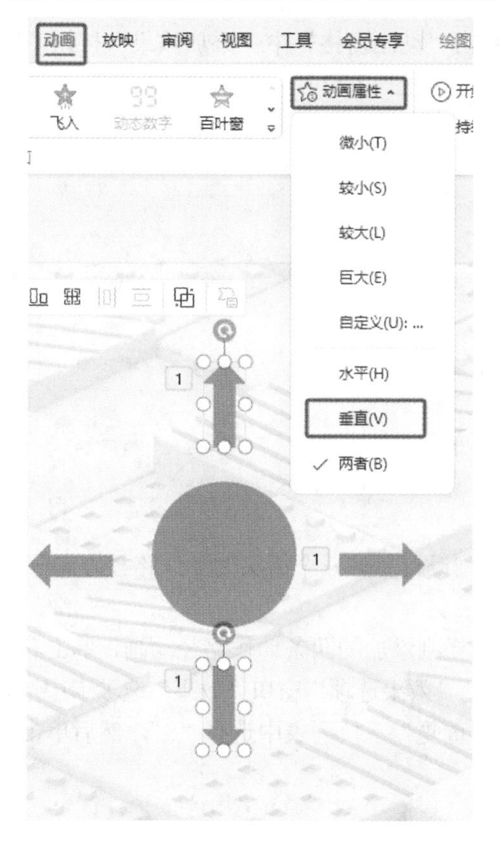

图 17.20 设置上下箭头动画属性

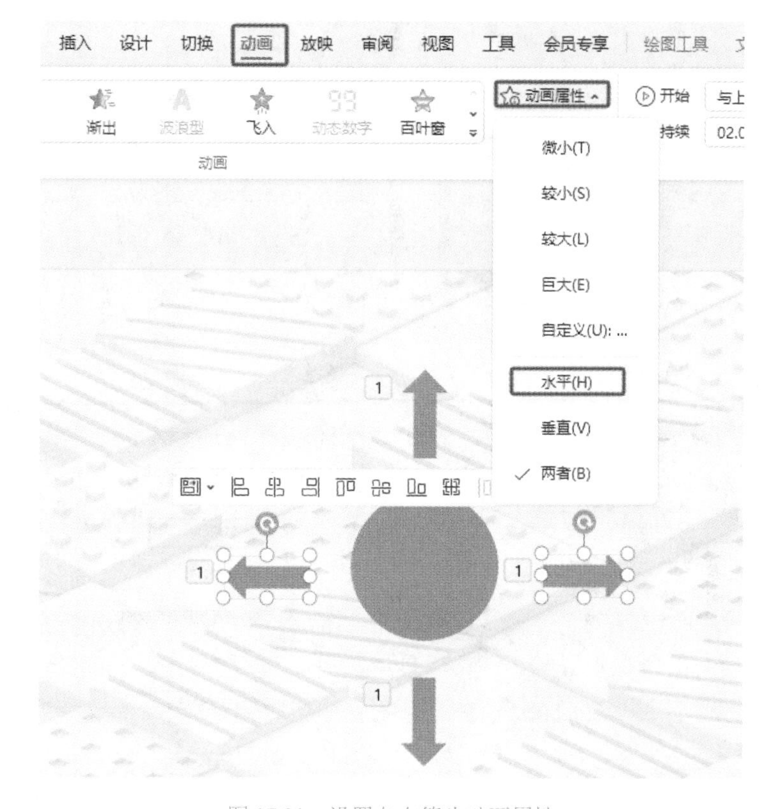

图 17.21 设置左右箭头动画属性

（7）选中“上箭头”，单击“动画窗格”中“添加效果”按钮，在下拉列表“动作路径”组“直线和曲线”中选择“向上”，如图 17.22 所示。

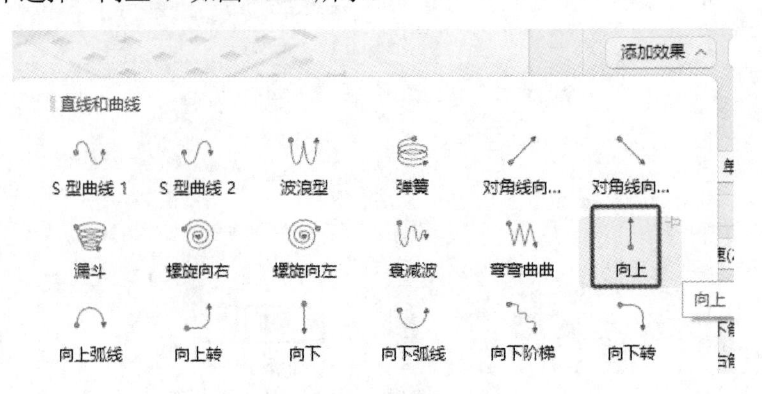

图 17.22 设置动作路径

（8）利用相同的方法，分别设置另外三个箭头的动作路径方向分别为“向右”“向下”“向左”，完成后效果如图 17.23 所示。

（9）在“动画窗格”中选择刚添加的四条动作路径动画，单击右侧的下拉箭头，在下拉列表中选择“效果选项”，在弹出的“效果选项”窗口“效果”选项卡中选择“自动翻转”，如图 17.24 所示；在“计时”选项卡中“重复”下拉列表中选择“3”，然后单击“确定”按钮完成设置，如图 17.25 所示。

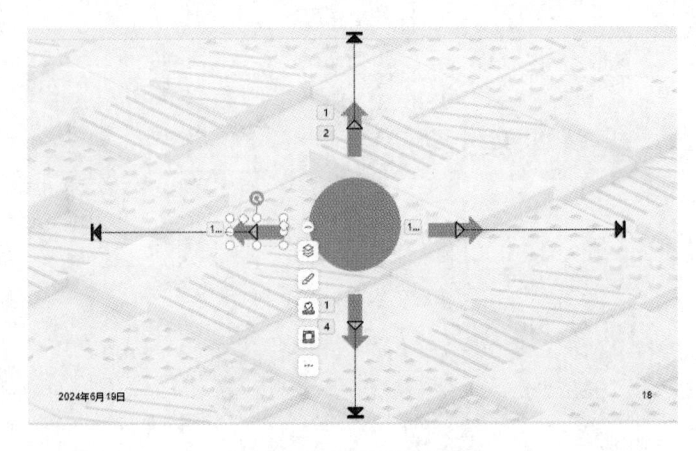

图 17.23 动作路径效果

图 17.24 设置效果

（10）在“动画窗格”中选中后面7条动画，单击右侧下拉箭头，在下拉列表中选择“与上一动画同时”，如图17.26所示，完成后效果如图17.27所示。

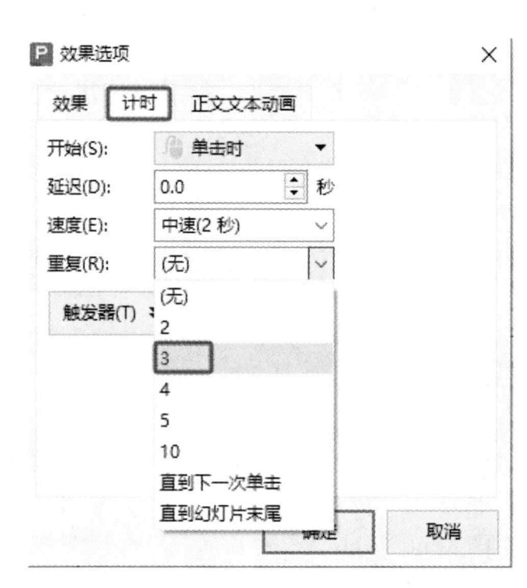

图17.25　设置计时

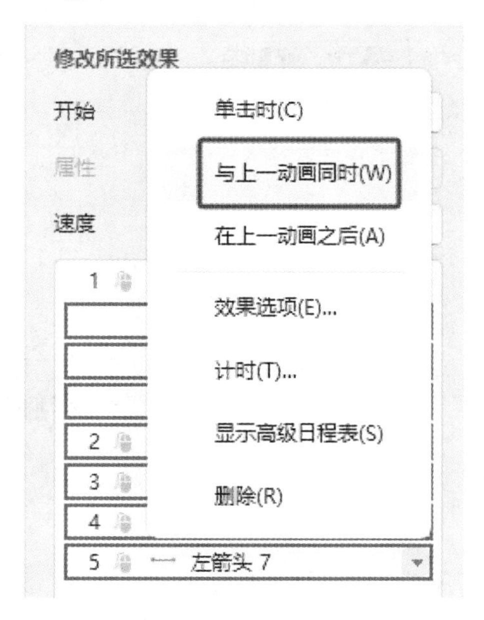

图17.26　设置与上一动画同时

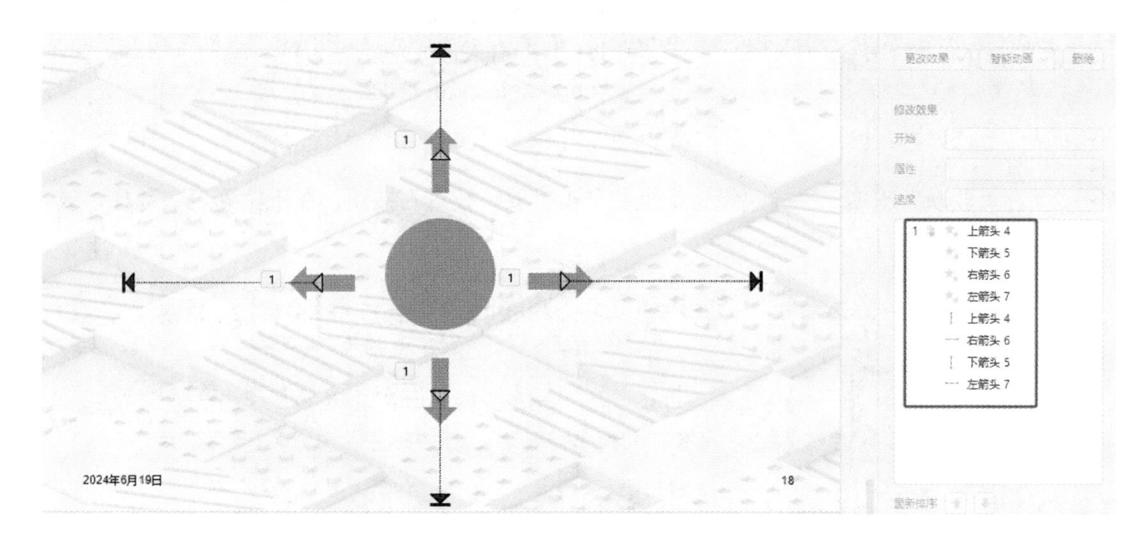

图17.27　完成效果

17.3.4　设置幻灯片放映效果

1. 操作要求

隐藏第5页幻灯片，使得播放时直接跳过隐藏页；选择前15页幻灯片进行循环放映。

2. 操作步骤

（1）在幻灯片左侧窗格中选中第5页幻灯片，单击“放映”选项卡“放映设置”组中的“隐藏幻灯片”命令按钮，实现第5页幻灯片的隐藏，如图17.28所示。

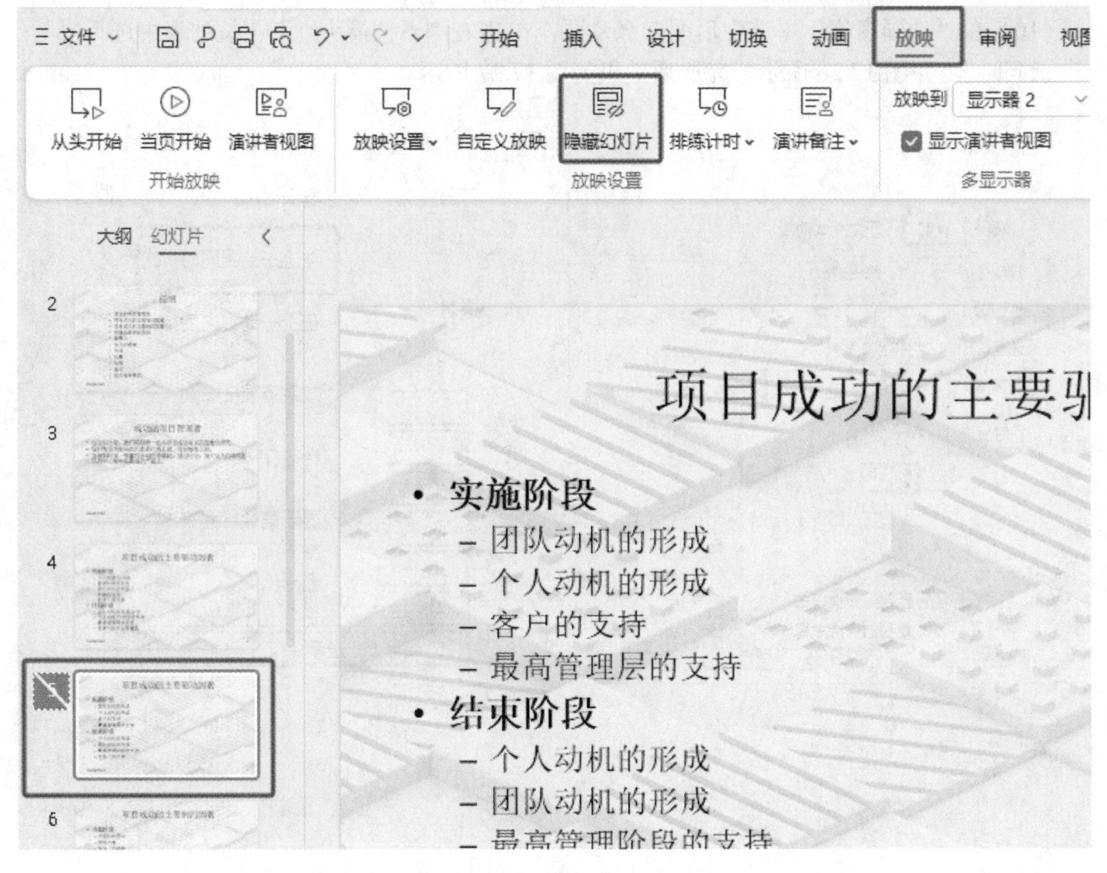

图 17.28　隐藏幻灯片

（2）在“放映”选项卡“放映设置”组中单击“放映设置”按钮，在下拉列表中选择“放映设置”，如图 17.29 所示。

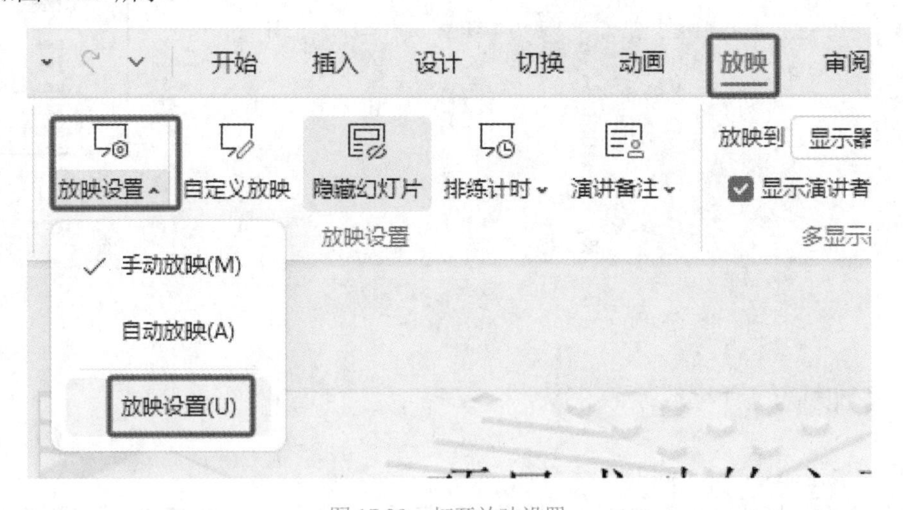

图 17.29　打开放映设置

（3）在打开的“设置放映方式”窗口中“放映幻灯片”处选择并设置“从 1 到 15”，“放映选项”处勾选“循环放映，按 ESC 键终止”，其余选项默认即可，单击“确定”按钮完成设置，如图 17.30 所示。

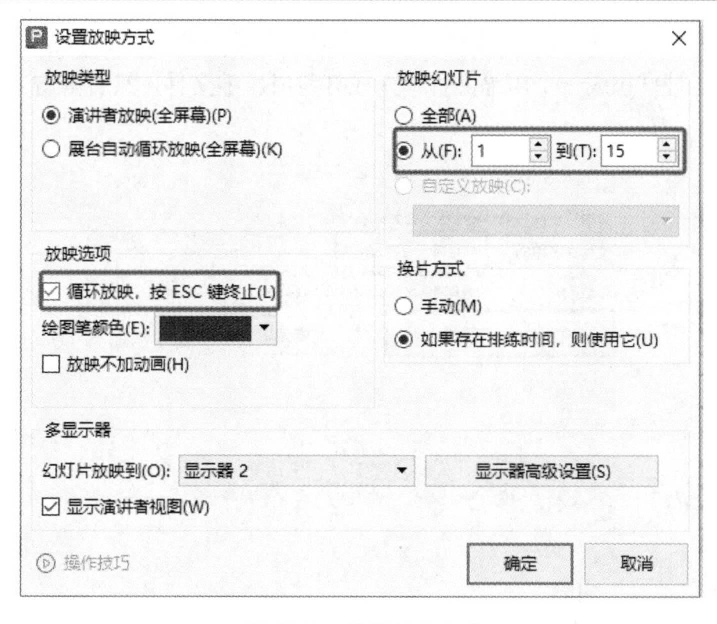

图 17.30 设置放映方式

17.3.5 演示文档打包

1. 操作要求

将演示文档打包成文件夹和压缩文件。

2. 操作步骤

（1）完成演示文档的编辑单击“保存”按钮完成文档的保存。

（2）打开“文件”按钮，在下拉列表中选择“文件打包”“将演示文档打包成文件夹”，如图17.31 所示。

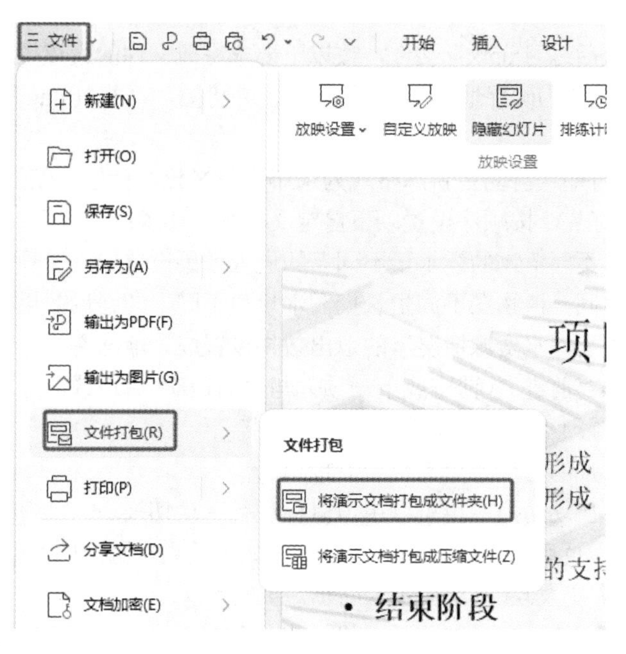

图 17.31 将演示文档打包

（3）在弹出的“演示文件打包”窗口“文件夹名称”处设置文件夹的名称，“位置”处设置存放位置，勾选“同时打包成一个压缩文件”完成打包成压缩文件，然后单击“确定”完成打包，如图 17.32 所示。

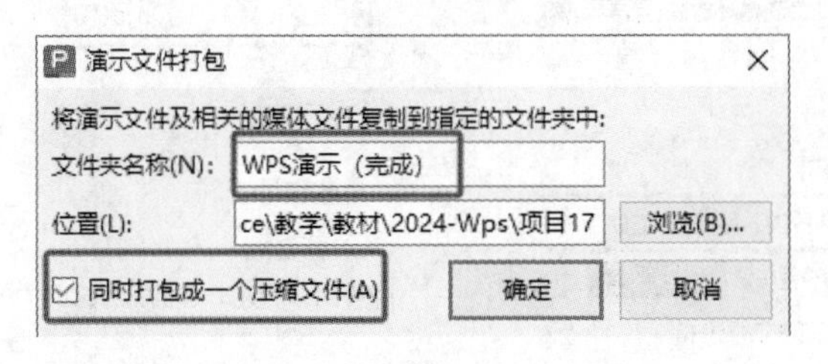

图 17.32　演示文档打包设置

17.4　项　目　总　结

本项目主要介绍了以下内容：

（1）WPS 演示中触发器的设置与使用。

（2）WPS 演示中超链接的设置与应用。

（3）WPS 演示中动画效果的多重设置与应用。

（4）WPS 演示中幻灯片放映效果的设置。

（5）WPS 演示中演示文档的打包。

通过以上内容的学习，可以让演示文档有了更加多的设置与效果，使得演示文档的内容更加丰富。

17.5　课　后　练　习

打开“WPSPPT 课后练习.pptx”文件，按以下要求完成文件的设置操作，要求如下：

1．幻灯片的大小设置为确保适合的宽屏 16∶9，并将图片“背景.png”设置为所有幻灯片的背景。

2．给幻灯片插入日期（自动更新，格式为×年×月×日，标题页幻灯片不显示）。

3．针对第二页幻灯片，按顺序设置以下自定义动画，要求：

（1）将文本内容“不同植物的需水量不同”的进入效果设置成“自顶部飞入”。

（2）将文本内容“同一植物在不同生长期需水量也不同”的强调效果设置成“波浪型”。

（3）将文本内容“我国水资源情况”的退出效果设置成“渐出”。

（4）在页面中添加“前进”（前进或下一项）与“后退”（后退或前一项）的动作按钮。

4．按下面要求设置幻灯片的切换效果：

（1）设置所有幻灯片的切换效果为“向右推出”。

（2）实现每隔 5 秒自动切换，也可以单击鼠标进行手动切换。

5．在幻灯片最后一页后，新增加一页，设计出如下效果，圆形四周的箭头向各自方向放大（要求箭头在向外移动中变大），自动翻转为缩小，重复 5 次。

6．在幻灯片最后一页后，新增加一页，设计出如下效果，选择“我国的首都”，若选择正确，则在选项边显示文字“正确”，否则显示文字“错误”。

参 考 文 献

[1] 何国辉. WPS Office 高效办公应用与技巧大全[M]. 北京：中国水利水电出版社，2021.
[2] 许东平. WPS Office 教程书籍办公应用从入门到精通[M]. 成都：四川科学技术出版社，2023.
[3] 郭绍义，戴雪婷. WPS Office 办公应用从入门到精通[M]. 天津：天津科学技术出版社，2022.